农药环境污染危害调查与评价

李倩　滕葳　柳琪◎编著

化学工业出版社
·北京·

内容简介

本书详细介绍了农药对农业环境和农作物的污染危害，农作物侵染性病害与非侵染性病害的识别，农药对农作物与农业生态环境生物的危害识别等内容，此外，还重点介绍了农药对农作物与农业环境的危害处理程序，内容新颖系统，可读性强。

本书可供从事农产品安全生产和管理、农业环境污染监测以及食品安全研究与管理的人员阅读，也可供高等院校农药、植保、农业环境监测、农学、园艺、果树、水产养殖、食品安全等相关专业师生参考。

图书在版编目（CIP）数据

农药环境污染危害调查与评价 / 李倩，滕葳，柳琪编著. -- 北京 : 化学工业出版社，2024. 11. -- ISBN 978-7-122-46363-0

Ⅰ. X592

中国国家版本馆CIP数据核字第2024CR0673号

责任编辑：刘　军　孙高洁　　文字编辑：李娇娇
责任校对：宋　玮　　装帧设计：王晓宇

出版发行：化学工业出版社
（北京市东城区青年湖南街13号　邮政编码100011）
印　　装：北京天宇星印刷厂
710mm×1000mm　1/16　印张$13^3/_4$　字数255千字
2024年11月北京第1版第1次印刷

购书咨询：010-64518888　　售后服务：010-64518899
网　　址：http://www.cip.com.cn
凡购买本书，如有缺损质量问题，本社销售中心负责调换。

定　　价：88.00元　

前言

农药是重要的农业生产资料，对防治有害生物、应对暴发性病虫草鼠害、保障农业增产及粮食和食品安全有非常重要的作用。我国是一个农业生物灾害多发、频发的国家。近年来，病虫草鼠害年均发生面积约73亿亩（1亩≈667m^2）次，防治面积达到80多亿亩次。根据农业农村部全国农业技术推广服务中心对主要农作物有害生物种类与发生危害特点的研究，确认我国有害生物一共有3238种，其中病害599种、害虫1929种、杂草644种、害鼠66种。近些年来病虫的发作范围虽然在扩大，但农药作为保障我国粮食、蔬菜、水果产量稳定的重要技术条件之一，发挥着极为重要的保障作用，所以，农药的使用是十分必要的。进入环境中的农药，大部分经光、热及微生物作用而分解失效，但仍有部分农药残留在环境中，进入土壤、水体和生物体内，经过生物作用和食物链作用反复循环污染，对农作物和农业生态环境造成危害。

农药的品种繁多，各种农药对植物的作用方式各不相同，同时各种植物对农药的忍受能力也各不相同，因此，若农药使用不当就会出现农药影响敏感植物正常生长发育的现象，这种伤害现象就称为药害。在实际生产中农作物药害症状的识别是很重要的。对农作物药害的识别，是鉴别农药危害的基础。识别农药对农作物与农业生态环境的危害，需要排除农作物侵染性病害、农作物非侵染性病害、农作物营养元素失调等症状的干扰。而对农业生态环境污染症状的识别，是进行农药危害识别的另一重要环节。根据受害症状及调查资料将环境污染事故与自然灾害、病虫害、营养元素失调引发的症状进行区别；通过对污染地区的环境调查，包括大气、水、土壤介质的特征，结合污染物排放方式和受害体的分布位置进行环境暴露分析，最后确定其污染途径及污染和受害症状的因果关系。这些可为农作物和农业生态危害的鉴别提供依据。

本书通过对农业环境和农作物受到的污染危害、农作物侵染性病害的识别、农作物非侵染性病害的识别、农药对农作物的危害识别、农药对农业生态环境生物的危害识别、农药对农作物与农业环境的危害处理程序的介绍，希望使读者初步掌握识别农药对农作物和农业生态环境危害的相关知识，以提高读者鉴别农作物和农业生态环境中农药危害的能力。

本书编著者李倩博士是山东省标准化研究院乡村振兴标准化研究所所长，承担本书的撰写和统稿工作；滕葳、柳琪均为山东省农业科学院研究员，负责本书材料收集与部分内容的撰写工作。

由于作者水平有限，书中疏漏和不妥之处在所难免，恳请广大读者批评指正。

编著者

2024年7月

目录

第二章
农作物侵染性病害的识别

第三章

第一章
农药对农业环境和农作物的污染危害

农药在防治农业病虫害、去除杂草、提高农产品的产量和质量方面起着重要的作用。农药的使用有效地保障了农产品的稳产和增产。但如果农药使用不当，可能会引发病虫害产生抗性，污染土壤、水、大气环境，危害人畜，杀灭某些有益生物。目前，生产中常用的农药，主要是化学合成农药。这些农药按用途可分为：杀虫剂、杀菌剂、除草剂、农作物生长调节剂等。按化学成分则可分为：有机氯类、有机磷类、氨基甲酸酯类、拟除虫菊酯类等。按其毒性可分为高毒、中毒、低毒三类。按杀灭病虫草害等的效率可分为高效、中效、低效三类。按农药在农作物体内残留时间的长短可分为高残留、中残留和低残留三类。目前我国农药的施用方法仍以药液喷洒和粉体喷洒为主。研究表明，此类农药施用方法，仅有1% ～ 2%的农药作用于防治对象本体，有约10% ～ 20%附着在作物本体上，其他约80% ～ 90%的农药主要散落在农作物周边的土壤或飘浮于大气中，与尘埃形成气溶胶。通常把残存在环境中和生物体表、体内的微量农药称作残留农药，它包括农药原体及具有比原体毒性更高或相当毒性的降解物。农药残留不仅造成环境污染、妨碍生物生长，而且直接或间接地危害人体健康。调查发现，在我国每年发生的危害农作物的药害事故中，有80%左右是由除草剂引发的。准确识别农药在农作物和农业生态环境中的药害症状，是进行农作物和农业环境药害事故鉴定的重要基础。

第一节　农作物与农业生态环境受到的危害

农作物在生长过程中，会受到其他生物的侵染或不适宜环境条件的影响，使农作物的正常生长和发育受到干扰和破坏，从生理机能到组织结构上发生一系列的变化，以致在外部形态上表现异常，最后导致产量降低、品质变劣，甚至局部或全株死亡，这种现象称为农作物病害。农作物病害的病因常按其不同性质分为两大类，即侵染性病害和非侵染性病害。侵染性病害又称为病理性病害，非侵染性病害又称为生理性病害。

农作物侵染性病害是由真菌、细菌、病毒、类菌原体、类病毒、线虫及寄生性种子植物等致病的病原生物侵染引起的病害。其中由真菌引起的病害最多，危害也较严重，如番茄灰霉病、叶霉病、菌核病、晚疫病等；黄瓜霜霉病、疫病、枯萎病、炭疽病、白粉病等；白菜霜霉病、黑斑病等；茄子褐纹病、绵疫病等。由细菌引起的病害有茄科青枯病、瓜类细菌性角斑病、多种农作物的软腐病等。由病毒引起的病害也有上百种，如大白菜病毒病、番茄花叶病、黄瓜病毒病等。由线虫引起的病害有多种农作物上的根结线虫病等。

由致病的病原生物引起的病害是可以相互传染的，部分农作物植株发病后，可以传染到相邻或附近健康的农作物植株上，引起成片发病。发病初期常有一个发病中心，然后逐渐蔓延扩大，故称为侵染性病害。侵染性病害有时也称为传染性病害。

农作物非侵染性病害是由非生物因素，如营养元素失调、环境污染、气候条件不适等引起的。发病的植株不会再传染到健康的植株上。诊断的要点是病害发生后较稳定，不会扩展，如多种农作物上的日灼病、番茄脐腐病、白菜干烧心病等，还有冻害、霜害、药害、肥害等。当不良环境得到改善后，植株可恢复正常生长。

非侵染性病害和侵染性病害发生后，常常可互相促进发生，使农作物的病害加重。主要原因是生理性病害影响农作物的新陈代谢，降低农作物对致病微生物的抵抗力，从而使农作物易受病原生物的侵袭，加重侵染性病害的危害。例如，菜苗期多肥缺水，可造成肥害烧根的生理病害；低温、阴雨、光照不足易导致沤根的生理病害；烧根、沤根使幼苗生长不良、抵抗力下降，从而诱发猝倒病、立枯病等。有时由于侵染性病害的发生，农作物长势减弱，光合作用、根吸收功能下降，影响农作物正常生长，造成生理落叶，强光能直射水果果面，发生果实日灼病等，从而加速生理性病害的发生，使植株受害症状加重。

在进行农药对农作物和农业生态环境危害的初步鉴别时，需要排除农作物的侵染性病害、非侵染性病害等的干扰。因为侵染性病害或非侵染性病害因素的存在，在实际工作中，会增加农药危害鉴别的难度。

一、农作物侵染性病害

农作物由微生物侵染而引起的病害称为侵染性病害。由于侵染源的不同，又可分为真菌性病害、细菌性病害、病毒性病害、线虫性病害、寄生性种子植物病害等多种类型。

病原物从接触寄主农作物开始到引起病害的发生，整个过程分为接触、侵入、潜育、发病四个阶段（也有人把接触和侵入合并为侵入期），每个阶段都是人为划分的，发病过程相互联系并具渐进特性。侵染性病害，可通过空气、水流、土壤、生物及种子传播。通过空气流动可传播的病害有霜霉病、锈病、晚疫病、早疫病、叶霉病、白粉病等；通过雨水传播的病害有细菌性角斑病、细菌性软腐病、疫病、绵腐病、炭疽病等；通过土壤传播的病害有根肿病、黄萎病、枯萎病、根结线虫病、菌核病、疫病等；通过虫媒及人畜田间作业传播的病害有病毒病、软腐病等；通过种子带菌传染的病害有黑星病、细菌性溃疡病、黑腐病等。许多病害的传播是多途径的，多数空气传播的病害，有时也借助雨水及人畜传播，雨水传播的病害也可借助于气流或人畜传播。初次侵染由种子传播的病害，在再次侵染时多数也可借助于空气、水、土壤进行传播。

（1）真菌性病害产生的病状　真菌性病害在病害中的比例最大，真菌的营养体主要是菌丝，生长在农作物的体内外。生长到一定阶段会产生孢子继续繁殖。真菌性病害产生的环境大多是潮湿的，会在寄主的组织部位长出霉状物和粉状物。真菌性病害从外部看来表现为腐烂变色、组织坏死、萎蔫畸形、溃烂猝倒等。

（2）细菌性病害产生的病状　农作物感染细菌类病害的比例不高，多表现为急性坏死。细菌性病害的外部表现一般为在发病的部位会有斑点、溃疡，病灶上会出现水渍状、油渍状斑点，有菌脓。

（3）病毒性病害产生的病状　病毒性病害主要是病毒入侵感染引起的，危害的农作物种类繁多，病毒性病害从外部看，表现为植株变色、有斑点、有环纹、明脉、丛生、矮化、畸形坏死等。病毒主要是通过各种昆虫口器进入农作物造成植株感染进而传播。

二、农作物非侵染性病害

非侵染性病害是由非生物因子引起的病害，如营养、水分、温度、光照、有毒物质等，阻碍植株的正常生长而出现不同病症。植物对不利的环境条件有一定适应能力，但不利环境条件持续时间过久或超过植物的适应范围时，就会对植物的生理活动造成严重干扰和破坏，导致发生病害，甚至死亡。

这些由环境条件不适而引起的病害，不能相互传染，故又称为非传染性病害或生理性病害。这类病害主要包括缺镁症、缺锰症、缺锌症、缺铁症、缺钙症、缺钾症、缺铜症、缺硼症等。如当土壤中的植物必需元素供应不足时，可使植物出现不同程度的褪绿，而有些元素过多时又可引起中毒。植物缺氮时植株矮小、叶色淡绿或黄绿，随后转为黄褐并逐渐干枯。氮过剩时，植物叶色深绿，营养体徒长，成熟延迟；过剩氮素与碳水化合物作用形成过量蛋白质，而细胞壁成分中的纤维素、木质素则形成较少，以致细胞质丰富而细胞壁薄弱，这样就降低了植株抵抗不良环境的能力，使植株易受病虫侵害，且易倒伏。长期使用铵盐作为氮肥时，过多的铵离子会对植物造成毒害。磷是细胞中核酸、磷脂和一些酶的主要成分。缺磷时，植株体内积累硝态氮，蛋白质合成受阻，新的细胞核和细胞质形成较少，影响细胞分裂，导致植株幼芽和根部生长缓慢，植株矮小。钾是细胞中许多成分进行化学反应时的触媒。缺钾时，叶缘、叶尖先出现黄色或棕色斑点，逐渐向内蔓延，碳水化合物的合成因而减弱，纤维素和木质素含量因而降低，导致植物茎秆柔弱易倒伏，抗旱性和抗寒性降低，叶片失水、蛋白质解体、叶绿素遭受破坏，叶色变黄，逐渐坏死。镁是叶绿素的组成成分，也参与许多酶的作用，缺镁现象主要发生在降雨多的砂壤土中，受害株的叶片、叶尖、叶缘和叶脉间褪绿，但叶脉仍保持正常绿色。钙能控制细胞膜的渗透作用，同果胶质形成盐类，并参与一些酶的活动。缺钙的最初症状是叶片呈浅绿色，随后顶端幼龄叶片呈破碎状，严重时顶芽死亡。铁在植物体内处于许多重要氧化还原酶的催化中心位置，是过氧化氢酶和过氧化物酶的成分之一，是固氮酶的金属成分，也是叶绿素生物合成过程不可缺少的元素。缺铁导致碳、氮代谢的紊乱，干扰能量代谢，并会导致叶色褪绿。此外，在缺钼、缺锌、缺锰、缺硼和锰中毒等条件下植物也会发生非侵染性病害。在必需元素中，有的是可再利用的元素，如氮、磷、钾、镁、锌等，这些元素缺乏时，首先在下部老叶上表现褪绿症状，而嫩叶则能暂时从老叶中转运得到补充；有的是不能再利用的元素，如钙、硼、锰、铁、硫等，它们缺乏时首先在幼叶上表现褪绿，因老叶中的这类元素不能转运到幼叶中。

农作物非侵染性病害呈现的特点：

（1）突发性　发病时间多数较为一致，往往有突然发生的现象。病斑的形状、大小、色泽较为固定。

（2）普遍性　通常是成片、成块发生，常与温度、湿度、光照、土质、水、肥、废气、废液等特殊条件有关，因此无发病中心，相邻植株的病情差异不大，甚至附近某些不同的作物或杂草也会表现出类似的症状。

（3）散发性　多数是整个植株呈现病状，且在不同植株上的分布比较有规律，若采取相应的措施改变环境条件，植株一般可以恢复健康。

（4）无病征　生理性病害具有只有病状没有病征的特点。可由多种因素引起，其中黄化、小叶、花叶等缺素症状，易与病毒病混淆，确诊时需全面分析观察。

三、农作物虫害

农作物害虫对农作物造成危害的共同特点是取食农作物的组织、器官，干扰和破坏农作物的正常生长，造成品质下降或严重减产，有部分传媒害虫还可传播病毒病或细菌性软腐病，造成的间接为害重于直接危害。

农作物害虫的分类方法有多种。可依据形态特征归属到不同的目、科、属、种；还可根据害虫口器、取食特性的不同分为咀嚼式口器害虫和刺吸式口器害虫等；按作物分类方法（对生产者较适用），常以主要寄主作物如十字花科农作物害虫、茄科农作物害虫、瓜类农作物害虫、豆类农作物害虫等分类；也有以害虫在植株上的为害部位分类，如分为地上害虫和地下害虫；也有以为害农作物的不同时期分为生长期害虫和储藏期害虫。各种分类都有其一定的适用性。

常见的害虫为害方式分为以下几种：

（1）作物器官缺刻为害　如甜菜夜蛾、斜纹夜蛾、瓜绢螟、小菜蛾等取食农作物叶片造成破叶，小地老虎咬幼苗的茎造成断苗。

（2）潜叶为害　如美洲斑潜蝇、番茄斑潜蝇、豌豆潜叶蝇、葱潜叶蝇、潜叶蛾幼虫等潜入叶片内取食叶肉组织，常形成白色弯曲的隧道，使植株叶片枯死。

（3）蛀食为害　豆野螟、豆荚螟、波纹灰蝶、豌豆象、地蛆、黄曲条跳甲幼虫等蛀食农作物花蕾、果实、种子、茎或根，使花、果实、种子等繁殖器官形成蛀孔或器官脱落，造成空粒、果实变形或腐烂。

（4）刺吸汁液为害　如各种虫、叶螨、白粉虱刺吸农作物叶、芽、茎等器官的汁液，被刺吸的叶片常出现卷缩、发黄、生长停滞，提早落叶。

（5）间接为害　鳞翅目幼虫、鞘翅目成虫和幼虫为害所造成的伤口，虫粪污染有利于传播细菌性软腐病；蚜虫、蓟马、白粉虱等是传播多种病毒病的媒介；蚜虫、白粉虱分泌大量蜜露于叶片上，影响光合作用并导致霉菌寄生等。

四、农药对农作物的污染危害

作物对农药的敏感性是不一样的。即使是同种作物，在其不同生育期，对农药的敏感性也不一样，一般幼苗期易发生药害，作物生长中后期较少发生，因为幼苗期的耐药性比较差。同种作物其不同部位对农药的敏感性也不一样，一般叶片易发生药害，茎秆较少发生，因此作物发生药害首先在叶片上显现出来。作物长势不同对农药的敏感性也不一样，一般作物营养充分、长势较旺盛的耐药性强，反之则弱。对农药敏感的作物品种很多，因农药品种的不同，作物的敏感性也有差异。了解作物农药药害的表现症状，在生产中具有很好的应用价值。

在生产实践中，农作物往往会受一些因素影响，可能造成与药害相似或相同的症状。在药害鉴定时，必须仔细加以辨别，以防得出错误的结论。

五、农药对农业生态环境的危害

农药流失到环境中，将造成严重的环境污染，有时甚至造成极其危险的后果。流失到环境中的农药通过蒸发、蒸腾，飘移到大气之中。飘动的农药又被空气中的尘埃吸附住，并随风扩散，造成对大气环境的污染。大气中的农药，通过降雨，进入水体，从而造成水环境的污染，对人、畜，以及水生生物（如鱼、虾）造成危害。同时，流失到土壤中的农药，会对土壤生物和农作物造成危害，同时也会造成土壤板结。长时间使用同一种农药，最终会增强病菌、害虫的抗药性，以后对同种病菌、害虫的防治必须不断加大农药的用药量，形成恶性循环。绝大多数农药是无选择地杀伤各种生物，其中包括对人们有益的生物，如青蛙、蜜蜂、鸟类和蚯蚓等。这些益虫、益鸟的减少或灭绝，实际上是减少了害虫的天敌，会导致害虫数量的增加，从而影响农业生产。野生生物及畜禽吃了沾有农药的食物，会造成它们急性或慢性中毒。最主要的是农药影响生物的生殖能力，如很多鸟类和家禽由于受到农药的影响，产的蛋重量减轻和蛋壳变薄，容易破碎。许多野生生物的灭绝与农药的污染有直接关系。人工合成化学农药的广泛使用，不仅造成环境的污染，同时也对人体健康造成危害。

第二节　农作物危害与环境条件的关系

农作物生活环境中的各种因子称为农作物的生态因子。农作物生态因子可分为两类：一是非生物因子，并可再分为气候因子及土壤-地形因子，如光、温、水、风、气及土壤条件和地形地势等；二是生物因子，可再分为植物因子、动物因子及微生物因子。在众多的生态因子中，它们对作物生长发育影响的程度并不是等同的。其中日光、热量、水分、养分及空气是作物生命活动不可缺少的，如果缺少一个，农作物就不能生存，所以这些因子是农作物的生活因子或基本生活条件。

一、农作物非侵染性病害发生与环境条件的关系

非侵染性病害常归为生理障碍，农作物对不利条件有一定的调节适应能力，但不利的环境条件持续时间过长或超过农作物的可适应范围就会对农作物的生理活动

造成严重干扰和破坏，导致生理失常，甚至死亡。当环境条件恢复正常时，病害就停止发展，并可逐步恢复常态。不利的环境因素主要有以下几个方面。

（1）温度失调　高温灼叶，叶绿素被破坏，叶片变褐、变黄，叶上出现坏死斑，未老先衰，花序或子房脱落。低温对作物的伤害可使受害部位的嫩茎或幼叶出现水渍状萎蔫，如番茄遇低温可使花芽分化不健全，果实畸形等。保护地栽培中最常遇到天阴时突然放晴，短时间升温过高灼伤叶片；突然受寒流侵袭，或风大吹开棚膜使作物受冻害。

（2）水分与光照失调　多雨积涝可使植株根系发育不良或腐烂，叶片黄化，茎秆柔嫩失去支撑力、易倒伏、易折断，严重时器官脱落，整株萎蔫、死亡。干旱可使植株叶片早黄，叶尖和叶缘干枯或呈火灼状，失水严重时整株叶片萎蔫、死亡。光照过多常与干旱相关，光照不足常与多雨积涝相连。

（3）土壤缺素或元素中毒　当土壤中的农作物必需元素供应不足时，可使农作物出现不同程度的形形色色的异常症状，如褪绿、叶片发紫、开花不结实等。例如农作物缺氮时植株矮小、叶色淡绿或黄绿，严重时黄褐并干枯；氮过多时，农作物叶色深绿、营养体徒长、抗逆性下降，且易倒伏。而有些元素过多又会引起中毒或生长不良，在保护地栽培中最常见的为棚室次生盐渍化，土表泛红、泛青，栽培的作物长时间发育不良等。

二、农作物侵染性病害发生与环境条件的关系

农作物侵染性病害导致病害的时空分布及其变化规律发生变化，寄主群体与病原物群体的相互作用与环境条件密切相关。

1. 气候环境

主要是温度、湿度、降雨、光、风等。每种病害都有最适发病环境，根据病害发生所需最基本的温湿度条件进行分类归纳，分为低温高湿型、中温高湿型、高温高湿型等三个类型。

（1）属低温高湿型的病害　有灰霉病、菌核病、猝倒病、霜霉病、细菌性黑斑病等，一般气温20℃以下、空气相对湿度80%以上易发病流行，在中温高湿区内，也易发病，但到30℃以上，病情就可得到有效控制。

（2）属中温高湿型的病害　有炭疽病、黑斑病、黑星病、叶霉病、斑枯病等，一般气温在20～25℃、空气相对湿度在80%以上时易发病流行，在高温高湿、低温高湿条件下也可发病。

（3）属高温高湿型的病害　有细菌性黑腐病、疫病、青枯病、软腐病、枯萎病

等，一般气温在25～28℃、空气相对湿度80%以上易发病流行，在中温高湿条件下也可发病，在低温高湿条件下基本不发病。

还有一些病害在中温干旱、中温高湿的条件下均能流行，如白粉病、病毒病等。降雨和风有利于水传、气传病害的加速传播。光照多少、强弱与保护地病害的发生与流行关系密切，日照不足往往导致植株柔弱，影响农作物的长势，抗病性下降而有利于发病。

病害流行一般需满足三方面的基本要素：有成批感病性较强的寄主（栽培面积多、密度较大）；有致病性较强的病原物（菌源数量较大）；有利于病原物侵染、繁殖、传播的环境条件。由于作物品种和耕作栽培技术引用传统的较多，变化小，而年度间的气象因素变动较大，因而气象因素往往是病害发生轻重与是否流行的主导变动因素。

2. 土壤环境

土壤的含水量、通气性、无机盐和有机物含量及土壤中生物群落等都可影响土壤中病原物的存活和侵染，或通过对农作物抗病性的影响而间接影响土传病害和气传病害的发病程度。同一田块多年连作种植，菜田土壤中的病原菌数量逐年增多、累积，有利于该种作物的病害发生。实行轮作是防止病原菌累积、改善土壤生物群落、减轻病害发生的有效措施。

3. 生物环境

生物环境因素主要包括昆虫、线虫和微生物。土壤中一些线虫能传播病毒或在农作物根部造成伤口，助推真菌和细菌病害的发生与流行；较多的病害可由昆虫传播，昆虫的密度及带毒率对病毒病的发生流行往往起重要作用。

4. 农业措施

可改造土壤团粒结构、养分含量，调节土壤、生物和微气候环境。耕作制度、种植密度、施肥、灌溉、施用农药等都可直接影响田间小气候的生态环境，如种植密度过高、通风不良往往导致高湿，从而满足大多数病害发生与流行的基本条件。

三、农作物害虫的发生与生态环境的关系

昆虫与人类的关系极为密切，有许多以植物为食的昆虫是农作物上的重要害虫。如危害茎秆的稻螟虫、玉米螟，咬食叶片的黏虫、菜青虫，吸食作物汁液的蚜虫、飞虱，啃食根的地老虎、蚂蚁等，给农业生产造成巨大损失。害虫发生为害受

多种因素影响，以下主要介绍气候因素和土壤因素。

（1）气候因素　主要由温度、湿度、降水、光、风等组成，以温湿度的影响最大。害虫都属变温动物，适合生长发育、繁殖的温度范围，一般在10～35℃，在适温范围内，发育快慢、存活率高低、繁殖量多少常与温度密切相关。最适温度范围因虫的种类而不同，大多数在18～28℃之间。温度过低害虫发育进度慢，温度过高体能消耗大、水分散失多、营养积累不足，常导致害虫大量死亡。

湿度对害虫发生的影响因虫而异，如取食农作物叶片的害虫，一般在70%～80%的相对湿度对其较为有利；而潜蛀性的害虫，大气湿度的变化对其基本无直接影响；对于蚜虫等刺吸汁液的害虫，干旱往往使植株汁液更浓，营养更丰富，有利于其种群发生。多阴雨天气不利于害虫活动，对小型害虫而言，雨水还可将虫体冲落地面致其死亡或由于虫体浸泡在水中窒息而死。日照长短可影响害虫的行为和滞育。微风有利于害虫的扩散，暴风则可抑制害虫的活动。

（2）土壤因素　许多害虫的一部分生活史是在土壤中的，如多数鳞翅目害虫的蛹、鞘翅目害虫的幼虫。有些害虫的主要为害期发生在地下，如地蛆、小地老虎等。土壤的温度、含水量等性状，以及化学物质组成可对害虫的发生产生直接影响，如种蝇多发于土壤湿度较高的田块；蛴螬、蝼蛄多发于土质松软的砂壤土。

第三节　农作物常见病害的症状

对于危害症状的识别，首先从对危害形态变化的识别开始，进行感官检验判别。进行感官鉴别主要需要满足两个方面的要求：一是需要较为扎实的基础理论知识；二是通过大量的对农业生态环境和农作物危害特征识别的实践经验积累。

一、农作物病害类型的确认

田间药害诊断时，首先要确认农作物的病态反应是由病变引起的，还是由化学药剂引起的。一些作物的生理性或病理性病害引起的病变症状与化学药害对作物引起的药害症状非常类似，如水稻小苗期到分蘖初期的稻赤枯病是一种常见的生理性病害，表现为嫩叶变为暗绿色，老叶有许多铁锈状病斑并逐渐整株扩展并蔓延至上部新叶片，远望如火烧，严重时叶面形成大量不规则的红褐色斑块，叶片逐渐由下到上枯死，而分析其是赤枯病所致。赤枯病是植株缺钾、缺磷等缺素症或土壤环境不良引起的。土壤通气性差、大量施用未腐成熟的肥料，容易产生有毒物质，使根部中毒变黑；长期积水的低湿地，土壤中氧气不足，还原性加强，产生较多的硫化氢和有机酸等有毒物质，使稻根中毒，吸收能力降低等，均易诱发水稻出现赤枯病。再如由种传病菌引起的恶苗病与激素性除草剂引起的水稻药害症状也有类似的现象；水稻条纹叶枯病发生严重时，水稻出现矮化现象和丁草胺引起的水稻矮化非常相像。因此，药害诊断前，要区分病害和药害，排除病理性和生理性病害的问题，然后再进行下一步药害诊断。

二、营养元素失调的症状

农作物缺素症有很多诊断方法，例如农作物外部形态诊断法、田间试验诊断法、土壤营养诊断法、农作物营养化学诊断法、生物化学诊断法等。这些方法各有优劣，最常用的是第一种方法。

农作物某种营养元素缺乏或过量时，植株往往形成特征性的症状。由于不同营养元素的生理功能不同，症状出现的部位和形态常有其特点和规律。这有助于人们通过肉眼观察作物形态的变化来判断某种营养元素的丰缺状况。

症状在老组织上先出现（通常是氯、磷、钾、镁、锌缺乏）。缺氮和缺磷不易出现斑点，缺氮新叶淡绿，老叶黄化枯焦。缺磷茎叶暗绿或呈紫红色，生育期推迟。缺钾、锌、镁时，容易出现斑点。缺钾叶尖及边缘先枯焦，斑点症状随生育期而加重，早衰。缺锌叶小，斑点可能在主脉两侧先出现，生育期推迟。缺镁脉间明显失绿，有多种色泽斑点或斑块，但不易出现组织坏死。缺乏钙、硼、铁、硫、锰、铜时，症状在幼嫩组织上先出现。缺钙、硼顶芽易枯。缺钙茎、叶软弱，发黄枯焦，早衰。缺硼茎、叶柄变粗、脆，易开裂，开花结果不正常，生育期延长。缺乏硫、锰、铜、铁、钼时，顶芽不易枯死。缺硫新叶黄化，失绿均一，生育期延迟。缺锰脉间失绿，出现斑点，组织易坏死。缺铁脉间失绿，发展至整片叶淡黄或发白。缺铜幼叶萎蔫，出现白色斑点，果穗发育不正常。缺钼叶片生长畸形，斑点散布在整片叶上。

三、农作物病害的诊断

病状和病征常发生在一起，我们识别一种病害时，首先从病状开始，其可以作为病害诊断的重要依据之一。所有农作物病害都有病状，但并不一定都有病征。真菌、细菌、寄生性种子植物和藻类等引起的病害在病部病征较明显，生理性病害及病毒、类菌质体和类病毒、多数线虫引起的病害，不表现病征。

症状是寄主内部发生一系列复杂病变的表现。外部症状表现较明显，常作为诊断病害时一个重要的依据，有一些病变表现外部症状不明显，或者外部症状表现难以作出正确的判断时，就需要通过组织解剖，检查其内部症状，有些相同症状可能有几种病原引发，还要通过病原物镜检才能作出正确的判断。

为了准确地描述病害症状，寄主发病后表现不正常状态称为病状，病原生物在寄主上的特征性表现称为病征。

由不适宜环境因素所引起的病害，其症状仅局限于它本身的外部和内部的病变表现，非侵染性病害不是病原生物所致，故没有病征。

1. 农作物病状

农作物发病时有两种完全不同的病状表现：一种病害发生在某一器官上，没有发展的连续性，而是独立表现，这种病状称为点发性病状。另一类病状的发展是有连续性的，发病初期仅发生于寄主的某一部分，随后病原物可以从一个部位扩展到另一个部位，从一个器官扩展到另一个器官，以致整株发病，属于这一类病状的称为散发性病害或系统性病害。除了病状在寄主的分布上有所差异外，在其内部病理变化的性质上，其病状也可分为坏死性病状、促进性病状和抑制性病状3种。坏死性病状是指寄主的细胞组织死亡，表现为斑点、腐烂等。促进性病状是指病原物侵入寄主体内后，刺激寄主细胞组织增生和增大，使被害部分肥大，形成瘤或肿大物。抑制性病状是指病原物侵入寄主体内后抑制寄主细胞和组织生长发育，表现为全株性或局部性的矮缩和发育不良。通常将较常见的病状归纳为下列三大类。

（1）形态不变、变色类　变色是指寄主被害部分细胞内的色素发生变化，但其细胞并没有死亡。变色主要发生在叶片上，可以是全株性的，也可以是局部性的。常分为以下四种症状。

① 花叶　叶片的叶肉部分呈现浓淡绿色不均匀的斑驳，形状不规则，边缘不明显，如黄瓜花叶病毒病。

② 褪色　叶片呈现均匀褪绿，叶脉褪绿后形成明脉和叶肉褪绿等。缺素病和病毒病都可以发生褪色病状，如十字花科农作物病毒病。

③ 黄化　叶片均匀褪绿，色泽变黄，如蚕豆萎缩病毒病。

④ 着色　着色是指寄主某器官表现不正常的颜色，如叶片变红、花瓣变绿、番茄果实呈青红相间的僵斑等。

（2）坏死和腐烂类　坏死和腐烂都是寄主被害后其细胞和组织死亡所造成的一种病变，只是各自表现的性质不同而已，通常分为以下六种症状。

① 斑枯　主要发生在叶、茎、果等部位上。寄主组织局部受害坏死后，形成多种形状、大小、色泽不同的斑点状病斑。通常具有明显的或不明显的边缘，斑点的形状有圆形、多角形、条形、不规则形等，有时在病斑上伴生轮纹或点状物等特

征。颜色有褐色、灰色、黑色、白色等。

② 孔洞　斑枯病斑的部分组织脱落，形成穿孔。

③ 枯焦　发病初多为斑点状病斑，因环境条件适宜发病，迅速扩大并相互汇合成块或片，最后使局部或全部组织或器官死亡称为枯焦。

④ 腐烂　多发生在柔嫩、多肉、含水较多的根、茎、叶、花和果实上。被害部分组织崩溃、变质，细胞死亡，进一步发展呈腐烂。病部组织溃烂时并伴随汁液流出的称为湿腐；病部组织溃烂过程中水分迅速丧失或形成含水较少的坚硬组织的称为干腐。

⑤ 猝倒　茎基部（幼苗）发病组织坏死腐烂，常缢缩成线状，无法支撑地上部分而倒伏，子叶常保持绿色。

⑥ 立枯　根或茎基部（幼苗）发病变色腐烂，造成全株枯死，病株不倒伏。

（3）萎蔫类　萎蔫是指寄主农作物局部或全部丧失膨压，枝叶下垂的一种失水表现。农作物植株表现出的生理性萎蔫病状可以由各种原因引起，如天气干旱、土壤水量低、水分供应不足，当水分正常供给时，植株就能恢复常态；寄主的根或茎腐烂引起的枝叶萎蔫下垂，主要是指植株的维管束组织受到病原物的侵害或破坏，影响水分向上输送，即使供给水分亦不能恢复常态。农作物的根或主茎的维管束被害，常引起全株性萎蔫。局部性的萎蔫是指寄主农作物的侧枝、叶柄或在叶片上的局部维管束被病原物侵染所致。萎蔫按其病状和不同的病原物，通常分为青枯、枯萎和黄萎三种症状。

① 枯萎与黄萎　发病初期，发病植株萎蔫现象早晚可恢复正常；过2～3天后先从植株下部开始，距地面较近处叶片开始色泽变黄，早晚萎蔫现象也难以恢复正常；随病情发展，病株逐渐全株叶片枯死。解剖病株茎基部维管束明显变褐色，没有乳白色的溢出液。

② 青枯　发病初期，病株叶片色泽略淡，病叶萎蔫现象早晚可恢复正常，但在数日内病株局部或全株迅速萎蔫青枯死亡，叶片一般不发黄，如将距地面较近的茎基部作横切面检查，其维管束部分明显变褐色，并有乳白色菌脓溢出。

此外，农作物受侵染后，亦会表现为畸形。畸形是指农作物被病原物侵染后，发病部位表现细胞数目增多、体积异常增大，为促进性的病变；或发病部位细胞数目减少、体积变小，为抑制性的病变；使被害植株呈局部或全株畸形，畸形多半是散发性的。由病毒引起的抑制性病状大多是叶片皱缩和茎、叶卷曲。各种传染性和非传染性病害所引起的抑制性病状则是残缺、细叶、小叶、缩果、植株矮小等。某些病原物和化学因素可以引起植株徒长。部分病原物能引起花瓣肥肿呈叶片状，如十字花科农作物霜霉病、白锈病在花序上的危害。植株畸形类症状有以下四种。

a. 卷叶　叶片两侧沿叶脉向上卷曲，病叶较健叶厚、硬、脆，严重时呈卷筒状，如马铃薯卷叶病。

b. 丛生　茎节缩短，叶腋丛生不定枝，枝叶密集丛生。

c. 蕨叶　叶片叶肉发育不良，甚至完全不发育，叶片变成线状或鸡爪状。

d. 瘤、瘿　受害农作物组织局部细胞增生，形成不定形的畸形肿大。

2. 农作物病征

病征是指在寄主病部表面由病原生物形成的各种形态结构。主要是病原真菌的营养体或繁殖体的结构物。各种病原细菌的病征大致相同，但在各种病原真菌之间，其病征的表现有较明显的差异。常见的病征类型有下列五种。

（1）霉状物　感病部位产生各种霉是真菌病害常见的病征。由真菌的菌丝和孢子梗（着生孢子的器官）所构成。根据霉层的颜色、形状、结构、疏密等不同，常分为霜霉、黑霉、灰霉等。

（2）粉状物　在病部有一定量的真菌孢子密集在一起产生粉状物的特征。因着生的位置、形状、颜色等不同常分为白粉、锈粉、黑粉等。

（3）粒状物　在病部产生大小、形状、色泽、排列等各种不同的粒状物。有的粒状物为呈针头大小的黑点，埋生在寄主表皮下，部分露出，不易与寄主组织分离，包括分生孢子器、分生孢子盘、子囊壳、子座等；有些粒状物较大，长在寄主表面，包括闭囊壳和菌核等。

（4）绵（丝）状物　在病部表面产生白色绵（丝）状物，一般呈白色，是真菌的菌丝体，或菌丝繁殖体的混合物。

（5）脓状物　在病部表面溢出许多细菌细胞和胶质物混合在一起的液滴或弥散成菌液层，具黏性，称为菌脓或菌胶团，白色或黄色，干涸时形成菌胶粒或菌膜，是细菌所具有的特征性结构。

四、害虫对农作物的危害

蔬菜、水果的根、茎、叶、花、果均可能受到害虫的危害。同一部位可能遭受不同害虫的危害，同一害虫也可能危害不同的部位。

（1）叶片症状　蔬菜水果的叶片受害后，常出现孔洞或缺刻，或仅留下叶脉，或叶肉被取食而留下透明的表皮；被害虫刺吸的叶片常出现卷缩、变黄、生长缓慢甚至停滞，被叶螨刺吸危害的叶片呈大红色；叶肉被潜叶蝇危害后通常表现出白色、蛇形弯曲的隧道。

（2）花果症状　害虫取食花、果实、种子等繁殖器官后，在其上造成蛀孔或留下虫粪或使器官脱落或造成空粒或引起果实畸形。

（3）根、茎部症状　蔬菜水果的根、茎被害虫取食后常会引起植株萎蔫、死亡。

第四节　农作物药害和农业生态环境药害的症状

农药对农作物的病害，是指使用农药不当而引起作物产生的各种病态反应，包括由药物引起农作物的组织损伤、生长受阻、植株变态、减产、绝产，甚至死亡等一系列非正常生理变化。农作物产生药害后，在外表上表现出明显的不正常现象，称为药害症状。

一、农作物药害的主要症状

（1）斑点　斑点是作物表面局部的坏死。坏死是作物的部分器官、组织或细胞的死亡。主要表现在作物叶片上，可以在叶缘、叶脉间或叶脉及其近缘，有时也发生在茎秆或果实的表皮上。坏死部分的颜色差异很大，常见的有褐斑、黄斑、枯斑、网斑等几种。如氟磺胺草醚（虎威）应用于大豆时，在高温、强光下，叶片上会出现不规则的黄褐色斑块，造成局部坏死。

（2）褪绿（黄化）　表现在植株茎叶部位，以叶片发生较多。褪绿是叶片内叶绿体崩溃、叶绿素分解。褪绿症状可发生在叶缘、叶尖、叶脉间或叶脉及其近缘，也可全叶褪绿。褪绿的程度因农药的种类和作物种类的不同而异。有完全白化苗、黄化苗，也有仅仅是部分褪绿。如脲类、嘧啶类除草剂是典型的光合作用抑制剂，禾本科、十字花科、葫芦科和豆科作物的根部吸收后，药剂随蒸腾作用向茎叶转移，首先是植株下部叶片表现症状，豆科和葫芦科作物沿叶脉出现黄白化，十字花科作物在叶脉间出现黄白化。这类除草剂用于茎叶喷雾时，在叶脉间出现褪绿黄化症状，但出现症状的时间要比用于土壤处理的快。

（3）畸形　表现在作物茎叶和根部、果实等部位。常见的畸形有卷叶、丛生、根肿、畸形穗、畸形果等。如水稻受2, 4-滴药害，出现心叶扭曲、叶片僵硬，并有筒状叶和畸形穗产生。番茄受2, 4-滴药害，则表现出典型的空心果和畸形果。又如抑制蛋白质合成的除草剂应用于水稻，在过量使用的情况下会出现植株矮化、叶片变宽、色浓绿、叶身和叶鞘缩短、出叶顺序错位，抽出心叶常成蛇形扭曲，这类症状也是畸形的一种。农作物生长调节剂使用浓度过高或使用次数过多，也会使作物茎叶或果实产生畸形。

（4）枯萎　整株作物表现症状，先黄化后死株，一般发病过程较慢。此类药害症状大多由除草剂使用不当造成。

（5）停滞生长　表现为植株生长缓慢，植株生长受抑制，并伴随植株矮化，一般除草剂的药害抑制生长现象较普遍。如水稻移栽后喷施丁草胺不当，除出现褐斑外，还表现出生长缓慢。

（6）不孕　在作物生殖生长期用药不当，会引起不孕症。如在水稻孕穗期使用稻脚青等有机砷类杀菌剂，就会导致水稻不孕。

（7）脱落　农作物的叶片、果实受药害后，在叶柄或果柄处形成离层而脱落。这类症状主要表现在果树及部分双子叶农作物上，特别是在柑橘上最易见到，大田作物大豆、花生、棉花等也有发生，有落叶、落花、落果等症状。如桃树受铜制剂药害会引起落叶，波尔多液可引起苹果落花、落果，苯磺隆误用于大豆上喷雾，就会出现落叶。

（8）劣果　主要表现在作物的果实上。果实体积变小，果表异常，品质变劣，影响食用和商品价值。

二、农药对农作物药害程度评估分级

农药特别是除草剂药害评估方法也因地、因时、因物等存在一定差异。目前，用于药害程度评估的分级方法主要有以下几种。

1. 3级目测分级

按照作物药害的表现形式和受害程度划分为3个级别，即轻度、中度和重度药害。

（1）轻度　植株少部分叶片黄化或失绿、生长缓慢，易于恢复。

（2）中度　植株部分叶片枯萎、生长弯曲、发育畸形，恢复时间较长。

（3）重度　植株叶片大面积枯萎、生长畸形，最后甚至死亡，基本不能恢复。

2. 5级目测分级法评价除草剂药害

5级药害目测分级方法是除草剂药害早期评估最常用的方法。但由于同种除草剂在不同地区、不同环境条件下以及对不同作物产生药害的表现形式和伤害程度不同，5级药害分级标准也会因时因地存在差异。目前，最常用的5级药害分级标准主要有3种。

（1）0～4级分级方法　触杀型药害和生长抑制型药害相结合的分级方法。

0级——无明显药害症状，即表明喷施除草剂的作物与没有喷施除草剂的对照作物生长状态基本无差异。

1级——叶片产生暂时性的接触型药害斑或生长受到轻微抑制，可以很快恢复。

2级——叶片产生较重的连片药害斑，褪绿、皱缩、畸形，或有明显的生长抑制，但也可以恢复正常生长。

3级——造成生长点死亡，或持续严重生长抑制，较难恢复或恢复时间较长。

4级——造成部分或全部植株死亡。

0～4级除草剂药害分级见表1-1。

表1-1 0～4级除草剂药害分级

药害分级	生长抑制型药害	触杀型药害
0	作物生长正常	作物生长正常
1	生长受抑制（不旺、停顿）	叶片1/4枯黄
2	心叶轻度畸形、植株矮化	叶片1/2枯黄
3	心叶严重畸形，植株明显矮化	叶片3/4枯黄
4	全株死亡	叶片3/4枯黄或死亡

（2）1～5级分级方法　见表1-2。

表1-2 1～5级分级方法

药害分级	对作物伤害程度	对产量影响
1	生长正常，无任何受害症状	无影响
2	轻微药害，药害少于10%	无影响
3	中等药害，能恢复	无影响
4	药害较重，难以恢复	减产
5	药害较重，难以恢复	明显减产或绝产

（3）0～5级药害分级　0～5级药害分级见表1-3。

表1-3 0～5级药害分级

药害分级	分级描述	症状
0	无	无药害症状，作物生长正常
1	微	微见症状，局部颜色变化，药斑占叶面积或叶鞘10%以下，恢复快，对生育无影响
2	小	轻度抑制或失绿，斑点占叶面积及叶鞘1/4以下，能恢复，推测减产0%～5%
3	中	对生育影响极大，畸形叶，株矮或枯斑占叶面积1/2以下，恢复慢，推测减产6%
4	大	对生育影响大，叶严重畸形，抑制生长或叶枯斑3/4，难以恢复，推测减产6%～15%
5	极大	药害严重，死苗，减产31%以上

3. 根据药害指数百分率的0 ~ 10级分级方法

药害指数百分率的0 ～ 10级分级方法见表1-4。

表1-4　作物药害0 ~ 10级（药害指数0% ~ 100%）分级标准

药害分级	百分率/%	症状
0	0	无影响，生长正常
1	10	可忽略的，微见变色、变形，或几乎未见生长抑制
2	20	轻，清楚可见有些植株失色、倾斜，或生长抑制，很快恢复
3	30	植株受害明显、变色，生长受抑，但不持久
4	40	中度受害，褪绿或生长受抑，可恢复
5	50	受害持续时间长，恢复慢
6	60	几乎所有植株受害，不能恢复，死苗小于40%
7	70	大多数植株受害重，不能恢复，死苗40% ～ 60%
8	80	严重伤害，死苗60% ～ 80%
9	90	存活植株小于20%，几乎都变色、畸形
10	100	永久性枯干，死亡

4. 农药对非靶标植物毒性划分标准

按农药对非靶标植物生长抑制半数效应浓度（EC_{50}），将农药对非靶标植物毒性划分为4级，见表1-5。

表1-5　农药对非靶标植物毒性

毒性等级	EC_{50}（14d）/［mg(a.i.)/kg干土］
剧毒	$EC_{50} \leqslant 0.1$
高毒	$0.1 < EC_{50} \leqslant 1.0$
中毒	$1.0 < EC_{50} \leqslant 10$
低毒	$EC_{50} > 10$

由于各种作物的补偿能力不同，药害所造成的损失也就各不相同。例如，同一级药害程度在不同作物上会造成不同的产量损失和经济损失。由于除草剂产生药害后的损失程度受到作物生育阶段、药害程度以及不同作物的忍受力、环境条件等因素的影响。因此，在测定药害损失时，一是要观察药害发展的全过程，二是要对作物所受影响的各部分如水稻、小麦的分蘖数、油菜的角果数进行细致观察，才能做出较为准确的判断。

三、农药对农业生态环境危害

农药的大量使用，造成了对粮食、蔬菜，以及大气、水体、土壤等环境要素的污染。同时，大量的农药进入环境后，还会破坏生物多样性。长时间使用同一种农药，最终会增强病菌、害虫的抗药性。以后对同种病菌、害虫的防治必须不断加大农药的用药量，不然不能达到消灭病菌、害虫的目的，形成恶性循环。

农药的不合理使用，最明显的后果是使病菌、害虫产生了抗药性。因为产生抗药性，所以农药的浓度不得不大幅提高，例如，40年前防治棉铃虫只需用除虫菊酯类农药，每年防治2～3次，每公顷450mL，就可以有效控制虫害；10年后，棉铃虫的抗药性增强，再按之前的药量，收效甚微，于是加大药量，每年防治8～10次，严重的甚至20次，每公顷750mL，防治效果仍不如10年前。当加大农药使用量和提高使用浓度时，虽对害虫有防治，却杀伤了许多以害虫为食的天敌，并进一步危害到农田里以昆虫为生的鸟、蛙等动物，这对农区生态平衡无疑产生巨大破坏。此外，有些农药直接造成害虫加速繁殖，20世纪80年代末，湖北使用甲胺磷对稻飞虱进行治理，却刺激了稻飞虱大量产卵，更为猖獗。农药的使用如果管理不当就是一个恶性循环，一方面成本高，效益却低，另一方面增加人畜中毒事件。调查发现在多年前使用克百威的某甘蔗种植区内，在一个由低丘陵地、村庄、农田组成的约5km^{2}的区域环境中，仅发现1只麻雀；在多年使用克百威的1m^{2}甘蔗地的耕作层土壤中，只发现3条蚯蚓，而在邻近未施用克百威的对照地中有30多条。可见，一些农药试剂的使用会造成土壤功能退化，各种生物资源也直接或间接受害。农药对环境的影响可分为以下几个方面。

（1）农药药害　农药可经消化道、呼吸道和皮肤三条途径进入人体而引起中毒，其中毒包括急性中毒、慢性中毒等。由于人们的生活方式不同，有误服、误食，食用不卫生的水果、蔬菜，以及不注重个人清洁卫生等引起的药物性中毒，而有些农药能溶解在人体的脂肪和汗液中，特别是有机磷农药，可以通过皮肤进入人体，危害人体的健康。我国除农药研制、生产人员外，因运输、贮藏和使用接触农药的人数达几百万之多，这是一个相当庞大的群体。

（2）抗药性增加　由于害虫抗药性的出现，提高了农药的施用量从而对农业生产及环境造成不利影响。

（3）对天敌的影响　在自然环境中，害虫与天敌（包括天敌昆虫、蛙类、蛇类等）之间保持着一种生态平衡关系。使用农药对天敌与害虫都有不同程度的杀伤，残存的害虫仍可以作物作食料，重新迅速繁衍起来，而以捕食害虫为生的天敌，在害虫恢复大量繁殖以前，因食料短缺，生长受到抑制，因此在施药后的一段时期，可能发生害虫的再猖獗。

（4）对土壤生物的影响　土壤微生物和土壤动物是调节土壤肥力的重要指标，农药的使用对土壤生物有一定的影响。使用农药后地表几厘米土层内农药浓度一般可达到mg/kg级别，此浓度通常对土壤微生物总活性影响不大或是短暂的，但施用熏蒸剂和某些药剂时，对一些与土壤肥力有密切关系的敏感性菌种，如硝化菌、固氮菌、根瘤菌等可能产生不利影响。多数农药在正常用量下对蚯蚓无影响，但一些有机氯和氨基甲酸酯类农药对蚯蚓毒性很大，而且在蚯蚓体内有蓄积作用，在整个食物链中，蚯蚓是鸟类的食物来源之一，在土壤生物与陆生生物之间起着传递农药的桥梁作用。

（5）对蜜蜂的影响　农药对蜜蜂的致毒途径分为接触毒性与摄入毒性。接触毒性是指喷药时蜜蜂接触药物而死亡；摄入毒性是指蜜蜂因在施药后的作物上采蜜而受害。农药还可以通过蜜蜂的采蜜进入蜂蜜之中进而危害人类。

（6）对家蚕的影响　分直接危害和间接危害两种。直接危害是由于药粒飘移接触蚕体造成的危害，此种影响在作蚕养殖区易于发生。间接危害多数情况下发生在农田施药时，由于药粒飘移污染了附近的桑园，家蚕食用被污染的桑叶后受害。拟除虫菊酯类农药与杀虫双农药等对家蚕有剧毒，在农田使用时可影响几十米内的桑园，甚至更远一些。

（7）对鸟类的影响　对鸟类的影响通常是因鸟类误食了露于地表的药粒、毒饵，或觅食了因农药中毒的昆虫和受农药污染的鱼类、蚯蚓等所致。食鱼的鸟类，可通过农药在食物链中的传递和富集死亡，它还可影响鸟类的生殖机能，致使鸟类的繁殖数量减少。

（8）对鱼类的影响　水域中的农药多数是通过地表径流或地下渗漏从农田流入的，也有一部分是由于卫生需要或防治水生杂草时直接施入水域的。有一些农药，鱼类对它的富集能力很强，如水中滴滴涕的含量很低，但鱼体内的滴滴涕可比水中高数十万倍，因此，农药容易引起对鱼类的污染与危害。

第五节　农药对农业生产环境和农作物污染危害的鉴别

农药对农业生态环境和农作物污染危害的调查鉴别，需要进行现场勘查、收集证据、询问证人、专业鉴定、分析判断。

（1）调查诊断的原则　环境污染事故调查诊断工作必须有科学的方法和实事求是的态度，同时要求调查诊断工作要在有限的时段内完成，否则会失去最佳的诊断时机。这是因为环境污染事故的调查诊断工作就是取证，对时效要求高，调查诊断的一切工作必须服从这个需要。从这个意义上说，一方面，污染事故调查诊断工作不同于一般的科学研究与调查工作。另一方面环境污染事故调查诊断结果一旦得出，就成为处理事故、裁决污染纠纷的科学依据，要求调查诊断结论做到清楚、明了、准确，尽量达到可量化的要求。

（2）调查诊断工作内容　根据环境污染事故处理的需要，一个完整的农药环境污染事故调查诊断一般分两部分：①确定污染损害客观事实的存在；②建立污染损害与可疑污染物间的因果关系，即受害原因。

第二章
农作物侵染性病害的识别

植物病害是指植物在生长发育过程中遭受不良环境因素的影响或由于病原生物的侵染，使正常的生理机能、新陈代谢受到干扰，植株的外部形态和内部组织结构出现异常。病害的发生，致使植物的品质低劣、产量下降、经济收益受损。本章主要介绍部分农产品病害症状与农药危害类似的症状。对于病害症状与农药危害症状差别较为明显，或病原体表现较为明显，易于识别的农作物侵染性病害，不做介绍。

第一节 蔬菜病害

一、大白菜病害

1. 大白菜霜霉病

主要危害叶片、茎、花梗、种荚。

（1）叶片染病 从莲座期开始，一般先由外部叶片发生。发病初期叶片正面出现淡绿色或黄绿色水渍状斑点，后扩大成淡黄或灰褐色，边缘不明显；病斑扩大时常受叶脉限制而成多角形。幼苗期受害，叶片、幼茎变黄枯死。在病情盛发期，数个病斑会相互连接形成不规则的枯黄叶斑；潮湿时与病斑对应的叶背面长有灰白色霉层，即病菌的孢子梗和孢子囊。当发病环境条件适宜时，病菌在短期内可进行多次再侵染循环，加速病情发展，数天至 15 天内即可使植株叶片自外向内逐渐变黄、干枯，最后剩下菜心或叶球部分。

（2）茎、花梗、采种株染病 呈肥肿扭曲状，被害花器肥大畸形，花瓣变为绿色，不易凋落。

（3）种荚发病　果荚发病可使病部变形，长出白色霜霉状物，导致结实不良、种子减产，使种子携带病菌。

2. 大白菜病毒病

整个生育期均可染病。

（1）苗期染病　发病初始先在心叶上表现明脉或沿脉失绿，进而产生淡绿与浓绿相间的花叶或斑驳症状，最后在叶脉上表现出褐色坏死斑点或条斑，重病株还会出现心叶扭曲、皱缩畸形、停止生长，这种病株常在包心前就病死或不能正常包心。

（2）成株期染病　轻病株或后期感病的植株一般能结球，但表现出不同程度的皱缩、矮化或半边皱缩、叶球外叶黄化、内部叶片的叶脉和叶柄上有小褐色斑点，这种病株商品性差，叶质坚硬，不易煮烂，不耐贮藏。

此外，生产上误把病株作留种株，病株发育迟缓，常不能生长到抽薹便死亡；有的即使能抽薹，花梗短小，弯曲畸形，常有纵裂口，结荚少，籽粒不饱满，发芽率低，即使采到种子也无多大种植价值。

3. 大白菜菌核病

主要危害苗期和成株期植株的叶片、茎及种荚。

苗期染病。在茎基部出现水渍状的病斑，而后腐烂或猝倒。

叶片染病。发病初始产生水浸状，扩大后病斑呈不规则形，淡褐色，边缘不明显，呈湿腐状。田间湿度高时，病部产生一层白色棉絮状菌丝体及黑色鼠粪状菌核。

茎染病。主要发生在茎基部或分枝的叉口处，以留种株症状尤为明显，产生水浸状不规则形病斑，扩大后环绕茎一周，淡褐色，边缘不明显，使植株枯死。终花期湿度高时，茎病部长出一层白色棉絮状菌丝体，茎病部组织腐烂而中空，剥开可见白色菌丝体和黑色菌核。菌核鼠粪状，圆形或不规则形，早期白色，以后外部变为黑色，内部白色。

种荚染病。荚表产生一层白色棉絮状菌丝体，荚内产生白色菌丝体和黑色菌核，留种株结荚率降低，种荚籽粒不饱满，从而影响种子的产量和品质。

4. 大白菜黑腐病

主要为害苗期、成株期的叶球。

幼苗染病时，子叶初始产生水渍状斑，逐渐变褐枯萎或蔓延至真叶，使叶片的叶脉成长短不等的小条斑。

叶球染病，叶缘出现黄色病变，病斑呈“V”形，发展后叶脉变黑，叶缘出现黑色腐烂，边缘产生黄色晕圈。后向茎部和根部扩大造成根、茎部维管束中空，变黑干腐，使内叶包心不紧。

5. 大白菜白斑病

主要为害叶片。叶片染病，发病初始产生灰褐色小斑，扩大后成近圆形或不规则形、灰白色、直径6～18mm的病斑，外缘具污绿色晕圈。田间湿度高时，叶片病部产生灰白色霉层，即病菌的分生孢子梗及分生孢子；后期病部组织坏死后，病斑变薄呈半透明状，易破裂或穿孔。发生严重时，叶片多个病斑连接成片，成大型枯斑，使叶片枯死，田间出现大面积枯白。

大白菜白斑病因品种和发病环境条件的不同，可分为急性型和低温型。

6. 大白菜黑斑病

主要为害叶片、茎、叶柄、花梗、种荚。

（1）叶片染病　受害多从外叶开始，初为水渍状小点，后渐扩大发展为褐色至黑色小点，在潮湿气候条件下，病斑较大。一般白菜上病斑较小，直径2～6mm。叶片上病斑圆形，有明显同心轮纹，病斑周围出现黄色晕圈。后期病斑上长出黑色霉状物，即病菌的分生孢子梗和分生孢子。病害严重时，病斑密布全叶，使叶片枯黄致死。

（2）茎和叶柄染病　病斑长梭形，呈暗褐色条状凹陷，具轮纹。

（3）花梗和种荚染病　出现纵行的长梭形黑色病斑，潮湿时，病部也长黑霉；种荚发育不全，种子弱小、干秕且发芽率低。

7. 大白菜炭疽病

主要为害叶片。在潮湿情况下，病斑上能产生淡红色黏质物，即为病菌的分生孢子盘和分生孢子。

（1）叶片　通常从植株基部外围叶片开始发生，发病初产生灰白色水渍状小点，后扩大为灰褐色的病斑。病斑中部微凹陷，边缘深褐色，稍突起，直径一般为1～2mm，少数有2～4mm的大型病斑。发病中后期，病斑中央呈灰白色，极薄，半透明状。白菜炭疽病的病斑极易穿孔，发病严重时一个叶片上病斑可达数十甚至上百个，可形成大而不规则形的斑块，叶片则因病而变黄早枯。

（2）叶脉　病斑在叶脉上的发生常在叶背面，褐色条状，凹陷较深。

（3）叶柄与花梗　叶柄与花梗上的病斑长圆形至纺锤形或梭形，凹陷较深，中间灰白色，边缘深褐色。

8. 大白菜白锈病

主要为害叶片、花器。

(1) 叶片染病　发病初始叶片正面产生褪绿色小斑，扩大后病斑黄绿色，近圆形或不规则形，边缘不明显，叶背病部稍隆起，产生白色霉斑，即病菌的孢子堆，白色病斑成熟后表皮破裂，散发出白色粉末状物，即病菌的孢子囊。发生严重时，叶片上病斑众多，多个病斑连接成片，成大型枯斑，使叶片枯黄。

(2) 花器染病　采种株花器染病，可使花梗和花器染病部肥大、畸形，成“龙头”状，并产生白色病斑，散发出白色粉末状物。

二、甘蓝病害

1. 甘蓝霜霉病

主要为害叶片。

成株期发病，叶片初生水渍状褪绿斑，随病情发展，病斑颜色逐渐加深，渐变为黑色至深黑色，病斑初期多近圆形，扩展过程中因受叶脉限制呈不规则形或多角形，病斑略凹陷，天气潮湿时，叶背面病斑产生白色稀疏的霉层，即病菌的孢囊梗及孢子囊。温度较高时，病斑常发展为黄褐色或黄白色枯斑。发病严重时，病斑相互融合形成枯死黄斑。老叶发病后，病原菌有时也能侵染茎部，继而侵染叶球内部，使中脉及叶肉组织上出现黄色至褐色不规则形的坏死斑，后期叶片干枯脱落。

2. 甘蓝病毒病

整个生育期均可染病。

(1) 苗期染病　叶脉附近的叶肉黄化，并沿叶脉扩展。有的叶片上出现圆形褪绿黄斑或褪绿小斑点，后变为浓淡相间的绿色斑驳。

(2) 成株期染病　嫩叶表现浓淡不均斑驳，老叶背面有黑褐色坏死环斑。有时叶片皱缩，质硬而脆。甘蓝结球晚且松散。

3. 甘蓝黑腐病

整个生育期均可染病。茎基部染病，因溃疡容易折断，最后导致全株枯死。病苗移栽后，向茎基和根部蔓延，形成黑紫色条斑。

(1) 苗期染病　子叶、幼茎和真叶均出现灰色病斑，上生黑色小粒点。子叶初始产生水渍状斑，逐渐变褐枯萎或蔓延至真叶，使叶片的叶脉成长短不等的小条斑，形成黄褐色的“V”形枯斑，而后病斑逐渐沿叶脉向内扩展，致使周围叶肉变黄或枯死，使叶片产生大面积黄褐色斑或叶脉坏死变黑呈网状。

（2）成株期染病　叶上产生不定形或圆形病斑，中央灰白色，上生许多小黑点。甘蓝结球松散，发病严重的病株球茎维管束变黑或腐烂而不发臭，干燥条件下，维管束形成黑色空心干腐，但并无臭味散发。花梗、花荚上病状与茎上相似。贮藏期发病，叶球可发生干腐症状。将病茎或根部纵切，可见到变黑的维管束。

4. 甘蓝黑斑病

主要为害叶片、茎、叶柄、花梗、种荚。

（1）球叶染病初期　黑褐色小斑点逐渐扩大，斑面具有同心轮纹，边缘色较深，外周黄晕明显或不明显，潮湿时斑面生出黑色霉层，病斑直径4～10mm或更大，严重时叶面病斑密布，有的连合成斑块，病斑表面易破裂或部分脱落成叶面穿孔。叶柄上病斑椭圆形或近梭形，稍凹陷，斑面亦具有同心轮纹和长黑霉。

（2）茎和叶柄染病　病斑长梭形，呈暗褐色条状凹陷，具轮纹。

（3）花梗和种荚染病　出现纵行的长梭形黑色病斑，潮湿时，病部也长黑霉；种荚发育不全，种子弱小且发芽率低。

5. 甘蓝白斑病

主要为害叶片。

叶片发病初产生灰褐色小斑，扩大后成近圆形或不规则形、灰白色、直径6～18mm的病斑，外缘有污绿色晕圈。田间湿度高时，叶片病部产生灰白色霉层，即病菌的分生孢子梗及分生孢子。后期病部组织坏死后，病斑变薄呈半透明状，易破裂或穿孔，发生严重时，叶片多个病斑连接成片，成大型枯斑，使叶片枯死，田间一片枯白。

6. 甘蓝灰霉病

主要为害叶片。

叶片染病，常在植株下部老叶片的叶缘先发生，病斑呈“V”形扩展，伴有深浅相间、不规则的灰褐色轮纹，表面生少量灰白色的霉层；发病末期可使整叶枯死。

三、花椰菜病害

1. 花椰菜霜霉病

整个生育期均可染病。

主要发生在苗期，成株期叶片、花梗、种荚也可受害。

（1）幼苗染病　叶片背部出现白色霜霉状物，正面症状不明显，严重的时候叶片幼茎变黄枯死。

（2）成株期叶片染病　下部叶最先染病，出现边缘不明显的黄色病斑，逐渐扩大，因受叶脉限制，呈多角形或不规则黄褐至黑褐色的病斑；天气潮湿时，病斑的两面可长出疏松的白色霉层，叶的背面更为明显。白色霜霉状物是病原的孢囊梗和孢子囊。

（3）危害花梗、种荚　可造成畸形、弯曲和膨肿，潮湿时也会长出霜状霉层。

2. 花椰菜菌核病

整个生育期均可染病。

（1）幼苗染病　在近地面的茎基部出现水浸状病斑，很快腐烂，生白霉或猝倒。

（2）成株期染病　多在近地面的茎、叶柄、叶片或叶球上出现水浸状、淡褐色不规则的病斑，后期病组织软腐。茎部病斑由褐色变白色或灰白色，病茎皮层腐烂，干枯后病组织表面纤维破裂成乱麻状，茎内中空长出白色菌丝并夹杂着黑色菌核，往往伴随着软腐细菌，发出恶臭。

（3）采种株染病　多在终花期发病，除侵染叶、荚外，可引起茎部腐烂、中空；表面及髓部生白色絮状菌丝和黑色菌核，晚期致茎倒伏。

3. 花椰菜黑腐病

整个生育期均可染病。

（1）苗期染病　子叶呈水浸状，逐渐变褐枯萎或蔓延至真叶，叶片的叶脉出现小黑点或长短不等的细黑条。

（2）成株期染病　病原由水孔侵入引起叶缘发病，在叶缘形成“V”形枯斑，逐渐向内扩展，病斑周围组织变黄，形成较大坏死区或不规则黄褐色大型斑，边缘有黄色黑圈，叶脉坏死变黑。该病流行时叶缘多处受侵染，引起整片叶枯死或造成外叶局部或全部腐烂。天气干燥时，病斑干枯或形成穿孔。花梗颜色变成灰黑色，最后小花球呈灰黑色干腐状。受黑腐病为害的植株容易遭到软腐病原等再次侵染而加速腐烂。

4. 花椰菜黑斑病

整个生育期均可染病。

（1）幼苗染病　叶片初生油浸状小点，扩展后呈3～4mm大小，呈不规则形或圆形，白色、淡黄色至褐色，发病后期病斑中部有黑色霉状物。引起叶片枯黄、脱落。

（2）成株期染病　病菌多从叶缘水孔和伤口处入侵，自叶缘开始向内形成“V”形黄褐色病斑，致病叶发黄、叶脉变黑，如病菌侵入茎部维管束，可引起植株萎蔫。最后花球呈灰黑色干腐状，失去食用价值。

5. 花椰菜病毒病

该病典型症状是叶片褪绿斑驳。

受害幼苗叶片有褪绿近圆形斑，对光检视非常明显，受害叶片呈现斑驳或花叶症状，在受害的老叶背面有黑色坏死环斑。后期叶片颜色明显变淡或变为浓绿相间绿色斑驳。花叶、叶片皱缩，严重时叶面畸形、皱缩，植株矮小，有时死亡。

四、雪菜病害

1. 雪菜黑腐病

整个生育期均可染病。

（1）幼苗期染病　子叶初始产生水渍状斑，逐渐变褐枯萎或蔓延至真叶，使叶片的叶脉成长短不等的小条斑。

（2）成株期染病　叶缘出现黄色病变，病斑呈“V”形，发展后叶脉变黑，叶缘出现黑色腐烂，边缘产生黄色晕圈；后向基部和根部扩展，造成根、茎部维管束中空，变黑干腐。

2. 雪菜早疫病

整个生育期均可染病。

（1）苗期染病　初期叶片呈水渍状暗绿色病斑，扩大后呈圆形或不规则轮纹斑，边缘具有浅绿色或黄色晕环，中部具同心轮纹。

（2）成株期染病　一般从下部叶片向上部发展。潮湿时病部长出黑色霉层，主要症状是病部有（同心）轮纹。

五、芹菜病害

1. 芹菜叶斑病

主要为害叶片、叶柄、茎。

（1）叶片染病　叶缘先发病，逐步蔓延到整个叶片。病斑初为黄绿色水渍状小点，后扩展成近圆形或不规则灰褐色坏死斑，边缘不明显，呈深褐色，不受叶脉限制。空气湿度大时病斑上产生灰白色霉层，即病原分生孢子梗和分生孢子，严重时病斑扩大成斑块，最终导致叶片变黄枯死。

（2）茎或叶柄染病　茎或叶柄受害时，病斑椭圆形，开始时为黄色，逐渐变成灰褐色凹陷，茎秆开裂，后缢缩、倒伏。温度高时亦产生灰白色霉层。

2. 芹菜叶枯病

主要为害叶片、叶柄、茎。

（1）叶片染病　一般从植株下部老叶开始，逐渐向上发展，病斑初为淡黄色不规则叶斑，后变为淡褐色油渍状小斑点，边缘明显。发病中期的病斑由浅黄色变为灰白色中心坏死斑。发病后期病斑边缘为深褐色，中央散生小黑点，即病菌的分生孢子器。叶斑根据大小常分为大斑型和小斑型。

（2）叶柄和茎染病　病斑初为水渍状小点，发展后为淡褐色长圆形凹陷病斑，中间散生黑色小点。严重时叶枯，茎秆腐烂。

3. 芹菜病毒病

主要为害叶片。

（1）苗期染病　出现黄色花叶或系统花叶，发病早的嫩叶上出现斑驳或呈花叶状，病叶小，有的扭曲或叶片变窄。叶柄纤细，植株矮化。

（2）成株期染病　成株表现的症状有叶片变色黄化、畸变，植株矮化等。通常叶片症状与植株矮化复合出现，以叶畸变引起的植株矮化更为严重。

六、苋菜病害

1. 苋菜病毒病

主要为害叶片。

发病初期，病株明显少于健株，轻度发病症状表现为植物轻度花叶、叶片颜色浓淡不均匀，呈斑驳状。

重度发病时，表现为植株叶片皱缩或卷曲 ，叶面不平展，有的出现轻花叶，有的会出现斑点，直至枯死。

2. 苋菜褐斑病

主要为害叶片、茎。

（1）叶片染病　产生圆形或不规则形黄褐色病斑，大小为2 ～ 4mm，后期病斑中部褪为灰褐色至灰白色，病健分界明晰，叶面和叶背病部密生小黑点，即病菌的分生孢子。分生孢子近椭圆形，一端稍细，单胞，无色。

（2）叶柄和茎染病 病斑椭圆形，稍凹陷，褐色，后期密生小黑点。

3. 苋菜炭疽病

主要为害叶片、茎。

（1）叶片染病 发病初期，产生水浸状小斑点，后发展成圆形或椭圆形至不规则形、边缘褐色、中间灰白色的病斑。严重时病斑融合成大斑，边缘褐色，略微隆起。叶片枯死，病部常生黑色小粒点。湿度大时病部溢出黏状物。

（2）茎部染病 病斑褐色、长椭圆形，略凹陷。

七、生菜病害

1. 生菜霜霉病

可使全株染病。

（1）发病初期 在叶面形成浅黄色近圆形至多角形病斑，空气潮湿时，病叶腐烂，叶背病斑长出白霉即病菌的孢囊梗及孢子囊，有时蔓延到叶片正面。识别要点为病斑呈多角形，叶背面病斑上生有白霉。

（2）发病后期 病斑枯死变为黄褐色并连接成片，致全叶干枯，严重时全部外叶枯黄死亡。

2. 生菜病毒病

主要为害叶片。

（1）苗期染病 苗期发病，叶片上出现不规则病斑，淡绿色，明脉，以后发展为黄绿相间的花叶；有的叶片出现不明显的坏死斑点，呈褐色。

（2）成株期染病 成株期发病，有的表现为叶脉变褐，出现褐色坏死斑点，叶片皱缩，叶缘下卷成筒状，植株矮化。

八、茼蒿病害

1. 茼蒿叶枯病

主要为害叶片。

病斑圆形或不规则形，中央浅灰色，边缘褐色或浅褐色，湿度大时叶背面和正面具有黑色霉状物，即病原菌的分生孢子梗和分生孢子。后期病斑相互连合成大块病斑，导致叶片枯死。茼蒿染病后严重降低茼蒿产量和品质，严重的情况下，甚至会导致绝产。

2. 茼蒿病毒病

整个生育期均可染病。

（1）早发病　全株明显矮缩。

（2）迟发病　植株生长受抑制，发育迟缓。病株叶片有的表现褪绿或叶色浓淡不均，呈轻花叶或重花叶；有的叶片表现畸形、皱缩、卷曲；有的叶片变得窄细，呈条状或线状；甚至有的病株出现顶芽或腋芽簇生状。

3. 茼蒿灰霉病

主要为害叶片。

茼蒿灰霉病属真菌病害，叶片上生成圆形、近圆形病斑，生于叶片边缘的呈半圆形或不规则形。病斑直径2～4mm，中部灰褐色，边缘深褐色，有宽轮纹。高湿时，病斑上生出灰色霉状物。病原菌主要随病残体越冬或越夏，病株产生分生孢子，随风雨传播，引起再侵染，多雨、高湿时发病重。

九、莴苣病害

1. 莴苣霜霉病

主要为害叶片。

莴苣霜霉病在莴苣幼苗期至成株期均可发生。生长中后期发生较重，多从植株下部、外部叶片开始发病。发病初期，叶片上出现黄绿色、无明显边缘的病斑，病斑逐渐扩大成不规则形，或因受叶脉限制而呈多角形，颜色转为黄褐色，潮湿时病斑背面长出稀疏的霜状霉层，有时蔓延到叶面。发病后期病斑连片，天气干燥时，叶片呈褐色干枯状，最后莴苣茎表面变褐变黑，整株腐烂。

2. 莴苣灰霉病

主要为害叶片、茎部。

叶片病斑类型主要有两种：一种从叶尖或叶缘发病，形成褐色湿腐不规则形病斑，有时呈“V”形或半圆形；另一种病斑从叶片内部发生，呈近圆形。灰霉病病斑一般较大，有明显轮纹，湿度低时病斑易破裂。

叶柄基部染病，茎上病斑初呈淡褐色水浸状，后期扩大后形成褐腐，与茎连接的叶片，从叶柄开始，沿叶柄向前扩展，形成深褐色斑，最后整株逐步干枯死亡。

潮湿时病部表面上产生灰色霉层（分生孢子梗及分生孢子）。

3. 莴苣黑斑病

主要为害叶片。

发病后叶片上出现褐色斑点，圆形或近圆形，后渐扩大至3～15mm，褐色或灰褐色，病斑上有同心轮纹，在田间病斑一般表面看不到霉状物。随着病斑的蔓延，病斑表面出现霉状物。病害发生严重时，病斑密布全叶，致叶片枯死。对产量和质量有一定影响。

4. 莴苣病毒病

整个生育期均可染病。

（1）苗期染病　出苗后半个月叶片出现淡绿或黄白色不规则斑驳或褐色坏死斑点及花叶。

（2）成株染病　症状与苗期相似，严重时叶片皱缩，叶缘下卷成筒状，植株矮化。

（3）采种株染病　新生叶出现花叶或浓淡相间绿色斑驳，叶片皱缩变小，叶脉出现褐色坏死斑，病株生长衰弱，采种株结实率下降。

十、菠菜病害

1. 菠菜病毒病

整个生育期均可染病。

菠菜病毒病最初为心叶叶脉褪绿，称明脉症。随病情的发展，主要出现3种症状。

（1）花叶型　病株叶片上出现许多黄色斑点，逐渐发展成不规则的深绿和浅绿相间的花叶。叶片边缘向下卷，病株无明显矮化。

（2）矮化型　病株除出现花叶症状外，叶片还变窄、皱缩并有瘤状突起，心叶卷缩，植株严重矮化。

（3）坏死型　病株叶片上有坏死斑，甚至心叶坏死，导致全株死亡。

2. 菠菜灰霉病

主要为害叶片。

初生浅褐色不规则形斑点，后扩展成淡褐色润湿性大斑，并在叶背病斑上产生灰色霉层，即病菌分生孢子梗和分生孢子。发病严重的病叶变黑褐色并腐烂，干燥条件下失水发黑，可见很多灰色霉状物。

3. 菠菜炭疽病

主要为害叶片、茎。

（1）叶片染病　叶片上初生淡黄色小病斑，水浸状，周边污绿色，不清晰，扩大后成为椭圆形或不规则形大小不一的病斑，灰褐色至黄褐色，有的具不清晰的轮纹。后期病斑上生有多数黑色小粒点（病原菌的分生孢子盘）。发病严重的叶片有多数病斑，腐烂枯死。

（2）叶柄染病　叶柄上生长条形灰褐色病斑。采种株茎部病斑梭形或纺锤形，密生轮纹状排列的黑色小粒点。

（3）茎部染病　病斑为纺锤形或梭形，病部组织逐渐干腐，造成上部茎叶折倒，在病斑上密生黑色轮纹状排列的小粒点，即病菌的分生孢子盘。

十一、落葵病害

落葵蛇眼病整个生育期均可发生。

（1）染病初期　在叶片上产生水渍状小点，以后形成白色圆形小斑，明显凹陷，质薄，易破裂穿孔，边缘具有紫红色环。

（2）染病后期　在病斑上产生黑色小粒点，即病菌分生孢子器。严重时，病叶布满病斑，不能食用。此病与褐斑病的区别是紫红色病斑无论大小，中央都具有清晰可见的圆形、灰白色至黄白色斑，多为较明显整圆形凹陷，与外围紫红色环交界分明，中心更易破裂，田间不易产生分生孢子器，可腐生其他杂菌，与褐斑病相混。

十二、萝卜病害

1. 萝卜霜霉病

整个生育期均可染病。

（1）叶片染病　萝卜霜霉病由基部向上部叶发展。一般先从下部叶片开始，发病初始叶片产生淡绿色水浸状小斑点，后扩大成多角形或不规则形的病斑，淡黄色至黄褐色。空气潮湿的时候，叶背会产生霜状霉层，有时还会蔓延到叶面。后期病斑枯死连片，呈黄褐色，严重时全部外叶枯黄死亡。

（2）茎染病　有黑褐色不规则斑点。

（3）种株染病　茎、花梗、花器、种荚上都长出白色霜状霉层，病部呈淡褐色不规则斑。种荚淡黄色，出现黑褐色长圆条斑，细小弯曲，结实少。

2. 萝卜病毒病

主要为害叶片。

萝卜病毒病主要由芜菁花叶病毒、黄瓜花叶病毒、萝卜耳突花叶病毒三种病毒侵染萝卜植株引致。

（1）芜菁花叶病毒侵染　致叶面叶绿素分布严重不均，形成深绿与浅绿相间花叶，严重时叶片凹凸不平，畸形或矮化。

（2）黄瓜花叶病毒侵染　单独侵染症状轻，显轻花叶症。

（3）萝卜耳突花叶病毒侵染　叶片沿脉向内皱缩成耳突状，并产生轮纹花叶。

3. 萝卜炭疽病

整个生育期均可染病。在潮湿情况下，病斑上能产生淡红色黏质物。

（1）叶片染病　发病初始出现针尖大小的水浸状小斑点，扩大后成褐色小斑，小斑相互融合形成深褐色大病斑，直径1～2mm，后期病斑灰白色、病部组织薄，半透明，叶片病斑会开裂或穿孔，引起叶片黄枯。

（2）茎染病　病斑近圆形或梭形，稍凹陷。

（3）种荚染病　种荚上病斑与叶片上的近似。

4. 萝卜白斑病

主要为害叶片。

发病初期，叶面上散生灰褐色微小的圆形斑点，后渐扩大成为不规则圆形病斑，中央变成灰白色，有1～2道不明显的轮纹，周缘有苍白色或淡黄绿色的晕圈，稍凹陷，直径一般在3～10mm。后病斑变薄呈半透明，易破裂或成穿孔状。后期病斑互相合并，形成不规则的大病斑，病斑半透明，薄如窗纸，有时开裂、穿孔。重时病斑连片，叶片枯死。

田间湿度高时，病斑背面产生灰白色霉层，即病菌的分生孢子梗和分生孢子。发病严重时，大小病斑连结成片，使叶片枯死。

十三、山药病害

1. 山药褐斑病

主要为害叶片。

叶斑出现在叶片两面，近圆形至不规则形，大小因寄主不同而异，一般2～21mm，叶斑中心灰白色至褐色，常有1～2个黑褐色细线轮纹圈，有的四周具有黄色至暗褐色水浸状晕圈，温度高时病斑上生有灰黑色霉层。叶背色较浅，为害重。严重时病斑愈合，可导致叶片穿孔或枯死，引起茎蔓枯死，但枯死叶片一般不掉落。

2. 山药炭疽病

主要为害山药叶片和藤茎。

（1）叶片染病　初期叶尖或叶缘生暗绿色水渍状小斑点，产生褐色下陷的不规则小斑，之后逐渐扩大成黑褐色、边缘清晰的圆形或不规则形病斑，病斑直径约0.5mm；后期病斑中部呈灰白色，有不规则轮纹，病斑周围叶片发黄。

（2）藤茎部受害　初期产生褐色小点，之后逐渐扩大成圆形或菱形黑褐色病斑，病部略下陷或干缩，病部以上茎叶生长不良或干枯。

天气潮湿时，病部可产生粉红色黏状物，后期部分病斑穿孔。该病病菌以分生孢子盘和分生孢子在病叶上越冬，6～8月份发病严重，常造成山药植株枯黄、落叶。一般叶片数日后即脱落，严重时叶片几天即掉光。

十四、甜菜病害

1. 甜菜病毒病

主要为害叶片。

病株染病，先从底层老叶叶尖或叶缘变为橙黄色，渐向叶中心处扩展，致叶脉间出现大小不一、形状不定的黄色斑块，后斑块扩展致全部变黄，仅叶脉保持绿色。病叶片增厚，变脆易破裂，就全株来说仅心叶保持绿色，外层叶均变黄干枯。盛夏中午时健叶下垂，病叶直立。有的后期病叶被交链孢菌腐生，出现黑褐色霉状物，叶枯萎卷曲。

2. 甜菜褐斑病

主要为害叶片。

症状主要是在中层和外层叶片和叶柄上出现褐色或紫褐色圆形病斑。叶柄染病，形成褐色菱形病斑。在甜菜采种植株上，甜菜褐斑病病菌除侵染叶片、叶柄外，还能侵染花，使种球带菌。

（1）初期染病　初期斑点很小，以后逐渐扩大，直径3～4mm，斑点周围有由花青素形成的紫褐色边缘。因品种和环境条件的不同，有时颜色略深或不明显。

（2）后期染病　后期病斑的中央有灰白色霉层；在湿润天气更明显可见，病斑上有大量灰白色霉状物。病斑中央较薄，易破碎。

染病严重时，病斑连成片，叶片干枯死亡。病菌在自然条件下，不侵染幼龄叶，只侵染成龄叶。因此，甜菜褐斑病主要在甜菜植株的中外层叶子上发生。环境条件有利于病害流行时，病菌逐渐从外层向内层扩展。后期染病叶陆续枯死、脱落，再生新叶引起甜菜根伸长，并形成带有叶痕的根，状似菠萝。

十五、胡萝卜病害

1. 胡萝卜白粉病

主要为害叶片。

病害发生初期，叶背或叶柄上产生白色至灰白色粉状斑点，后发展为叶表面和叶柄覆满白色粉霉层，形成许多黑色小粒点。发病严重时，植株叶片由下至上逐渐变黄枯萎。

2. 胡萝卜黑斑病

主要为害叶柄、茎。

叶片多从叶尖或叶缘发病，产生褐色小病斑，有黄色晕圈。扩大后呈不规则形黑褐色、内部淡褐色的病斑，布满叶片后叶缘上卷，从下部枯黄。潮湿时，病斑上密生黑霉（分生孢子）。茎、花梗发病，产生长圆形黑褐色稍凹陷病斑，易折断。种子不饱满，并带病菌。

十六、番茄病害

1. 番茄叶霉病

主要为害叶片、茎、果柄。

（1）叶片染病　初期在叶片正面出现边缘不清晰的微黄色褪绿斑，而后叶片背面对应位置长出灰白色后转紫灰色的致密绒状霉层。病害常由下部叶片先发病，逐渐向上蔓延，发病严重时霉层布满叶背，叶片卷曲，整株叶片呈黄褐色干枯卷缩。

（2）嫩茎及果柄染病　嫩茎及果柄上也可产生与上述相似的病斑，并可延及花部，引起花器凋萎或幼果脱落。果实上病斑从蒂部向四周扩展，扩大到果面的1/3左右，病斑呈圆形，后期硬化稍凹陷，果不能食用。

2. 番茄病毒病

病毒病常见的有花叶、蕨叶、条斑、混合侵染四种类型。其发病率以花叶型为主，蕨叶型次之，条斑型较少。而为害程度以条斑型、混合型为重，甚至造成绝收，蕨叶型居中，花叶型较轻。

（1）花叶型　主要有两种症状：一种是叶片上有轻微的花叶或略显斑驳，植株不矮化、叶片不变形，对产量的影响不太明显；另一种有明显的花叶，叶片变得细长、狭窄、扭曲，植株矮小，落蕾、落花严重，果实变小，果实表面呈花脸状，品质差，对产量影响较大。

（2）蕨叶型　叶片呈黄绿色，并直立上卷，叶背面的叶脉出现淡紫色。由于叶肉组织退化，从而使叶片扭曲成线状，表现为蕨叶型，同时植株丛生、矮化、细小。

（3）条斑型　叶脉出现坏死条斑或散生黑色油渍状坏死斑，然后顺叶柄蔓延至茎秆，初期表现为暗绿色凹陷的短条纹，后期变为深褐色凹陷的坏死条斑。果实上产生不同形状的褐色斑块，并且这种褐色斑块只发生在表皮组织上。

（4）混合型　症状与上述条斑型相似。但为害果实的症状与条斑型不同。混合型为害果实的斑块小，且不凹陷，条斑型则斑块大，且呈油渍状，褐色凹陷坏死，后期变为枯死斑。

3. 番茄灰斑病

主要为害番茄叶片、茎、果实。

（1）叶片染病　发病初期叶面产生褐色小点，后扩大成椭圆形或近圆形，具不明显轮纹，轮纹上着生小黑点。本病与番茄早疫病症状相近，区别是病斑有无同心轮纹。

（2）茎染病　初期为水浸状小点，后扩展为长椭圆形或长条形的黑斑，无同心轮纹，湿度大时病斑上出现灰褐色霉层。严重时引起植株病茎以上部分枯死。

（3）果实染病　在番茄蒂部产生黄褐色水渍状凹陷斑，病部有深褐色轮纹状排列小点，发生严重时果实腐烂，但病部一般不软化。

4. 番茄枯萎病

主要为害根茎部。病害症状主要表现在成株期。

番茄刚开始发生枯萎病时，先是中下部叶片萎缩发黄，但不脱落，随着病情发展，病叶会从下部慢慢向上部变黄、变褐，直到整棵全部枯萎死亡。此外，病株有时一侧发病枯萎，另一侧却正常生长；病情严重时，病株根部从里到外呈现黄褐色。茎基部接近地面处呈水浸状，高湿时产生粉红色、白色或蓝绿色霉状物。拔出病株，切开病茎基部，可见维管束变为褐色。

5. 番茄炭疽病

主要为害近成熟的果实。

果面任何部位都可以受侵染，一般以中腰部分受侵害较多。染病果实先出现湿润状褪色的小斑点，逐渐扩大成近圆形或不定形的病斑，直径1～1.5cm，中间部分略凹陷，且颜色变为黑褐色，有同心轮纹并长出黑色小粒点。湿度较高时，发病后期染病果实长出粉红色黏稠状小点，病斑常呈星状开裂，病斑四周有一圈橙黄色的晕环。发病严重时，病果在田间就可以腐烂脱落。

6. 番茄细菌性斑点病

主要为害叶片、茎、果实和果柄。

（1）叶片染病　下部老熟叶片先发病，再向植株上部蔓延，发病初始产生水渍状小圆点斑，扩大后病斑暗褐色，圆形或近圆形，将病叶对光透视时可见病斑周缘具黄色晕圈，发病中后期病斑变为褐色或黑色，如病斑发生在叶脉上，可沿叶脉连续串生多个病斑，叶片因病致畸。

（2）茎染病　初始产生水渍状小点，扩大后病斑暗绿色，圆形至椭圆形，病斑边缘稍隆起，呈疮痂状。

（3）果实和果柄染病　初始产生水渍状小斑点，稍大后病斑呈褐色圆形至椭圆形，逐渐扩大后病斑转成黑色，中央形成木栓化疮痂。苗期染病，主要发生在叶片上，产生圆形或近圆形暗褐色斑，周缘具黄色晕圈。

7. 番茄细菌性黑斑病

主要为害叶片、叶柄、果实等。

（1）叶片染病　先侵染下部老熟叶片，逐渐向上部叶片发展，发病初始多数在叶缘产生水渍状小点，扩大后呈2～5mm的多角形病斑，黑褐色，遇发病条件适宜病斑沿叶脉呈树杈状向叶中心扩展。发病严重时叶片变畸、枯黄，产生落叶。

（2）叶柄染病　病斑黑褐色，呈条状，叶片沿病斑凹陷弯曲，茎部染病，常在叶腋附近形成水渍状黑褐色大型病斑。花萼染病，常在现蕾时发病，花和蕾因病而脱落。

（3）果实染病　通常在幼果发育成直径1～1.5cm时表现症状，果肉因病原侵害变成黑褐色，发病严重时，幼果大批脱落。

8. 番茄疮痂病

主要为害叶、茎、果实。

（1）叶染病　早期在叶背出现水浸状小斑，逐渐扩大成近圆形或连结成不规则形黄褐色病斑，粗糙不平，病斑周围有褪绿晕圈，后期干枯质脆。

（2）茎部染病　先出现水浸状褪绿斑点，后上下扩展成长椭圆形、中央稍凹陷的黑褐色病斑。

（3）果实染病　主要危害着色前的幼果和青果，初生圆形、四周具较窄隆起的白色小点，后中间凹陷成暗绿色或者黑褐色、直径0.2～0.5cm大小、近圆形粗糙枯死斑，有的相互连结成不规则形大斑块，果柄与果实连接处受害时易落果。

9. 番茄溃疡病

整个生育期均可染病。

（1）幼苗染病　始于叶缘，由下部向上逐渐萎蔫，有的在胚轴或叶柄处产生溃疡状凹陷条斑，致使病株矮化或枯死。

（2）成株染病　病菌在韧皮部及髓部迅速扩展。下部叶片凋萎或卷缩，似缺水状，一侧或部分小叶凋萎；茎内部变褐，并向上下扩展，长度可由一节扩展到几节，后期产生长短不一的空腔，最后下陷或开裂，茎略变粗，生出许多不定根。多雨或湿度大时，菌脓从病茎或叶柄中溢出或附在其上，形成白色污状物，后期茎内变褐以致中空，最后全株枯死，上部顶叶呈青枯状。

（3）果实染病　病菌多数通过维管束侵染果实，发病的幼果果面皱缩、滞育和畸形。也可由病菌直接再侵染引起青果局部侵染，病斑为稍隆起的圆斑，外缘白色、中央褐色，似鸟眼状。

10. 番茄脐腐病

主要为害番茄果实。

（1）幼果期染病　脐腐病在番茄幼果期开始发病，发病初期果实顶部（脐部）呈水渍状，暗绿色或深灰色，很快变为暗褐色，果肉失水，顶部扁平或凹陷，有的病斑中心有同心轮纹，果皮和果肉柔软，不腐烂。在空气湿度大时病果常被某些真菌寄生而腐烂。

（2）青果期染病　脐部形成水渍状、暗绿色病斑，逐渐变成褐色或黑色，严重时，病斑扩大至半个果面，病部果肉收缩。在湿润条件下，因病菌寄生而形成黑色或红色霉状物。第1、2穗果实常发生该病，这些果实往往长不大，发硬，提早变红。严重的时候病斑还会扩展到半个果面，果实全部变红。

十七、辣椒病害

1. 辣椒病毒病

辣椒病毒病由于毒源种类不同，其症状表现也不尽相同，按症状表现分成以下五种。

（1）轻型花叶　病叶、病果略微褪绿，仔细观察病叶可见浓绿和淡绿相间的斑驳，病株无明显畸形或矮化，不造成落叶，也无畸形叶片。

（2）重型花叶　除褪绿斑驳外，还表现为病叶和病果皱缩畸形，叶面凹凸不平，严重时，叶片变硬、变厚，叶缘向上卷曲，幼叶呈线形，生长缓慢，果实瘦小难以转红或只局部转红并出现深浅不同的线斑，矮化严重。

（3）黄化　病叶明显变黄，形成上黄下绿，植株矮化并伴有明显的落叶。

（4）坏死　病部组织变褐坏死或表现为条斑、坏死、斑驳，主茎及生长点呈“枯顶”性坏死，造成落叶、落花、落果，严重时整株枯干。

（5）畸形　病株变形，出现畸形现象，如叶片变成线形叶，即蕨叶，或植株矮小、分枝极多，后期呈丛簇型、条斑型。

在辣椒生产中，几种症状往往同时出现，引起落叶、落花、落果的“三落”现象，严重影响辣椒的产量和品质。

2. 辣椒疫病

主要为害苗期和成株期的叶、茎、枝、根。

以成株期发病为主，病菌可侵染根、茎、叶、果。在日光温室内发生普遍，是日光温室辣椒生产上毁灭性病害，发生严重时常造成绝收。

（1）苗期发病　茎基部呈暗绿色水浸状软腐或猝倒，即苗期猝倒病；有的茎基部呈黑褐色，幼苗枯萎而死。

（2）成株期叶片染病　出现污褐色边缘不明显的病斑，病叶很快湿腐脱落。

果实染病，特别是菜椒，多始于蒂部，初生暗绿色水浸状斑，病果迅速变褐软腐，湿度大时病果表面长出白色霉层，干燥后形成暗褐色僵果，残留在枝上。

（3）成株期茎和枝染病　病斑初为水浸状，环茎枝表皮扩展，后导致茎枝“黑秆”，病部以上枝叶迅速凋萎。

（4）成株期根部染病　主根染病，初呈淡褐色湿腐状斑块，后逐渐变为黑褐色，导致根及根颈部韧皮部腐烂，木质部变淡褐色，引起整株萎蔫死亡，可称为“根腐型”，常和辣椒根腐病相混。

3. 辣椒炭疽病

常见的辣椒炭疽病主要有三种。

（1）黑色炭疽病　果实及叶片均能受害，特别是成熟的果实及老叶易被侵害。果实病斑为褐色、水渍状的长圆形或不规则形、凹陷、有稍隆起的同心环纹斑，病斑上生出无数的黑色小点，周缘有湿润性的变色圈，干燥时病斑常干缩似羊皮纸易破裂。叶片上病斑初呈褪绿水渍状斑点，逐渐变成褐色，稍呈圆形斑而中间为灰白色，上面轮生黑色小点。病叶易脱落。茎及果梗上产生褐色病斑，稍凹陷，呈不规则形，干燥时容易裂开。

（2）黑点炭疽病　成熟果实受害严重，病斑很像黑色炭疽病，但病斑上生出的小黑点较大，色更深，潮湿条件下小黑点处能溢出黏质物。

（3）红色炭疽病　成熟果及幼果均能受害。病斑圆形，黄褐色，水渍状，凹陷，斑上着生橙红色小点略呈同心环状排列，潮湿条件下整个病斑表面溢出淡红色黏质物。

4. 辣椒黄萎病

为辣椒系统性病害。

辣椒黄萎病病害导致辣椒叶尖渐渐变黄，辣椒作物全株萎蔫。一般苗期虽有发病但极少表现病症，植株表现病症多在开花坐果盛期后开始。

植株染病，初期先从植株半边下部叶片近叶柄的叶缘部及叶脉间发黄，逐步发展为半边叶片或整叶变黄，叶缘稍向上卷曲，有时病斑只限于半边叶片，引起叶片歪曲。早期病叶晴天高温时呈萎蔫状，早晚尚可恢复；后期病叶由黄变褐，终致萎蔫下垂以致脱落，严重时中下部叶片枯黄脱落，仅剩顶端新叶，数日后整株枯死。

5. 辣椒白粉病

主要为害叶片。

老熟或幼嫩的叶片均可被害，正面呈黄绿色不规则斑块，无清晰边缘，白粉状霉不明显，背面密生白粉（病菌分生孢子梗和分生孢子），较早脱落。温室湿度大时，褪绿斑迅速向四周扩展，导致整个叶片及叶柄褪绿变黄，直至脱落；湿度较小时，大量分生孢子及分生孢子梗聚生在叶背面形成一层致密的白色粉状霉层，严重时这种粉状霉层可覆盖整个叶片背面，一部分叶片上出现局部坏死的褐色病斑，有时叶片正面也能产生粉状霉层。

6. 辣椒白星病

主要为害叶片。

叶片染病，从下部老熟叶片发生，并向上部叶片发展，发病初始产生褪绿色小斑，扩大后病斑成圆形或近圆形，边缘褐色，稍凸起，病健部明显，中央白色或灰白色，散生黑色粒状小点，即病菌的分生孢子器。田间湿度低时，病斑易破裂穿孔。发生严重时，常造成叶片干枯脱落，仅剩上部叶片。

7. 辣椒脐腐病

主要为害果实。

一般在果实膨大期发病。初期果实出现暗绿色或深灰色水渍状病斑，后发展为直径可达2 ～ 3cm的病斑。随着果实的发育，病部呈灰褐色或白色扁平凹陷状，病部一般由尖部向中部蔓延，可以危害到半个果实。受害后果实表皮发黑，逐渐形成边缘褐色的水浸状病斑，病斑中部呈扁平状革质化，后逐渐扩大，有时可占据果面的1/3 ～ 1/2，颜色变污褐色，病部边缘色深，病健界限分明，变褐的部分与正常的相比较为疲软。当外界条件非常潮湿时，病斑表面可出现黑色霉斑。有的果实在病健交界处开始变红，提前成熟。

8. 辣椒白绢病

主要为害茎部和根部。

（1）茎染病　茎病部初为暗褐色水渍状，后表面生有白色绢丝状菌丝体，呈放射状扩展，至发病中后期，白色菌丝上产生油菜籽状褐色小菌核。

（2）根染病　根际湿度大时地表面根际处的菌丝体向周围扩张，能长出小菌核，植株上部萎蔫，整株死棵。

十八、茄子病害

1. 茄子绵疫病

主要为害叶片、茎、果实。

（1）幼苗染病　常引起幼苗猝倒，直至死亡。

（2）叶部染病　病斑近圆形，水渍状，呈淡褐色至褐色，边缘不明显，病斑产生明显的轮纹，潮湿时病斑迅速扩展，边缘产生稀疏的霉状物。

（3）茎染病　形成梭形水浸状病斑，稍凹陷，严重时绕茎一周，病部缢缩，上部枝叶下垂，湿度大时上生稀疏霉层，病部易折断。

（4）果实染病　常从下部果实开始，初为圆形水渍状病斑，稍凹陷，黄褐色至暗褐色，潮湿时病斑扩展迅速，病部长出茂密的白色绵毛状霉层，病果易脱落，在潮湿地面上普遍产生白霉迅速腐烂。

2. 茄子褐纹病

主要为害叶、茎、果实。

（1）叶片染病　叶片病害先发生在成株期下部叶片，逐渐向上部扩展，叶片上出现灰白色水渍状圆形斑点，后期扩展为不规则形，边缘渐变褐色，中央呈灰白或浅褐色，其上轮生许多小黑点，后期病斑扩大连片，常造成干裂、穿孔、脱落。

（2）茎基部染病　出现梭形浅褐色病斑，边缘紫褐色，中部淡褐至灰白色凹陷，病斑绕茎扩展形成干腐溃疡斑，密生小黑点。病斑环茎一周时，整株枯死。

（3）果实染病　初呈浅褐色圆形凹陷斑，后变为黑褐色，呈圆形或不规则形，上有明显斑纹，出现同心轮纹，着生许多小黑点。许多病斑常连片，使整个病果落地腐烂或仍挂在枝上干腐。

3. 茄子灰霉病

主要为害苗期植株，成株叶片、花、茎，果实。

（1）苗期染病　茄子苗期发病，茎秆缢缩变细，或顶芽变色呈水渍状，严重时，植株死亡。

（2）成株染病　茄子成株期发病，叶、花均可受害。叶片受害多从叶尖或叶缘开始，初呈褪绿水渍状，后向叶内扩展，形成“V”字形病斑。花器受害，花瓣萎蔫。

（3）果实染病　多从果实与花瓣粘连处开始，或直接从花托处侵入，病斑初呈水渍状，然后变褐腐烂，病健部分界明显，不会自然脱落；湿度大时，病叶、病果、花器等均可长出灰色霉状物。

4. 茄子枯萎病

整个生育期均可染病。

（1）初期染病　顶部叶片似缺水萎蔫，后萎蔫加重，植株下部叶片开始叶脉变黄，枯萎而死。病情严重时，整株叶片枯黄，枯黄的叶片不脱落。症状多表现在一、二层分枝上。也有同一叶片仅半边变黄，叶片不脱落，另一半健全如常，劈开病茎，病部维管束变深褐色，易与黄萎病混淆。

（2）中后期染病　果皮发干，光泽度不好，品质下降。发病中后期，病叶由黄变褐，萎蔫下垂脱落，直至全株叶片脱落仅剩茎秆。枯萎的病程较长，15 ～ 30天枯死。

5. 茄子褐轮纹病

整个生育期均可染病。

幼苗染病。茎基部出现褐色凹陷斑，生有小黑点，随后幼苗猝倒死亡。

成株期染病。叶片上生苍白色小点，扩大后呈近圆形至多角形斑，边缘深褐，中央浅褐或灰白，有轮纹，上生大量小黑点。

茎部染病。病斑梭形，边缘深紫褐色，中央灰白色，上生许多黑色小点，病部组织干腐，皮层脱落，露出木质部，容易折断。

果实染病。产生黑色圆形凹陷斑，上生许多黑色小点，排列成轮纹状，病斑不断扩大，可达整个果实，最后病果落地干腐，或在枝干上呈干腐状僵果。

6. 茄子斑枯病

主要为害茄子叶片、果实。

（1）叶片染病　发病初期在叶背面出现水浸状小圆斑，后逐渐扩展到叶片正面表现为近圆形或椭圆形的深褐黄色病斑。

（2）果实染病　在果实上产生中间灰白色、边缘深褐色的近圆形或椭圆形略凹陷病斑，后期散生黑色小粒点。

7. 茄子褐斑病

主要为害叶片。

茄子植株中下部叶片容易发病，果实也会受到危害。褐斑病发病初期叶面上的病斑为小点状，水浸状，淡褐色。随病情发展，病斑逐渐扩大，形成不规则形或近圆形斑，中央灰褐色至灰白色，边缘褐色至深褐色。褐斑病后期病斑中央有很多小黑点，病斑周围有较宽的黄色晕圈。发病重时病斑连成片或满布叶片，出现干枯或脱落。

8. 茄子白绢病

主要为害茎基部。

病株茎基部表皮呈褐色腐烂，稍凹陷，并产生白色具光泽的绢丝状菌丝体及黄褐色油菜籽状的小菌核。发病后，植株叶片、叶柄凋萎，叶片不脱落。有的叶片枯黄，也有的始终青绿，最后干枯脱落或整株枯死，但根系完整。

十九、黄瓜病害

1. 黄瓜霜霉病

整个生育期均可染病。

（1）幼苗期染病　子叶正面发生不规则的褪绿，有黄褐色斑点，病斑直径0.2 ～ 0.5cm，潮湿时病斑背面产生灰褐色霉状物，严重时子叶变黄干枯。

（2）成株染病　多从温室前沿开始，发病株先是中下部叶片背面出现水渍状、淡绿色小斑点，正面不显，后病斑逐渐扩大，正面显露，病斑变黄褐色，受叶脉限制，病斑呈多角形。在潮湿条件下，病斑背面出现紫褐色或灰褐色稀疏霉层。严重时，病斑连成一片，叶片干枯。

2. 黄瓜细菌性角斑病

主要为害叶片、叶柄、卷须、茎蔓、果实。

（1）叶染病　初呈水渍状近圆形凹陷斑，后微带黄褐色干枯。

成株期染病，叶片发病，初为鲜绿色水渍状斑，渐变淡褐色，病斑受叶脉限制呈多角形，呈灰褐或黄褐色，湿度大时叶背溢出乳白色、浑浊水珠状菌脓，干燥后具白痕，后期干燥时病斑中央干枯脱落穿孔。

（2）茎、叶柄、卷须染病　侵染点水渍状，沿茎沟纵向扩展，呈短条状，湿度大时也见菌脓，严重的纵向开裂呈水渍状腐烂，变褐干枯，表层残留白痕。

（3）果实染病　出现水渍状小斑点，扩展后不规则或连片，病部溢出大量污白色菌脓。条件适宜时，病斑向表皮下扩展，并沿维管束逐渐变色，并深至种子，使种子带菌。幼瓜条感病后腐烂脱落，大瓜条感病后腐烂发臭。瓜条受害常伴有软腐病菌侵染，呈黄褐色水渍腐烂。

3. 黄瓜花叶病毒病

整个生育期均可染病。

（1）幼苗期染病　子叶变黄枯萎，真叶表现出叶色深浅相间的花叶症状。

（2）成株期染病　症状在新出幼叶上表现最为明显，老熟叶片症状不明显。表现为在新出叶片上出现黄绿相间的花叶症状，叶片成熟后叶小、皱缩、边缘卷曲。果实上表现为瓜条出现深浅绿色相间的花斑，染病后瓜条生长缓慢甚至停止，果表畸形。发病严重时，植株矮小，茎节间缩短，植株萎蔫。

4. 黄瓜细菌性斑点病

主要为害叶片，以中下部叶片发病较重。

叶片发病初期幼叶症状不明显，出现油渍状褪绿色圆形小斑点，逐渐扩大成近圆形或多角形淡黄褐色病斑。成熟叶片叶面出现黄化区，出现畸形水浸状褪绿斑，逐渐扩大成近圆形或多角形褐斑，直径1～2mm，周围有褪绿色晕圈，但无菌脓，在田间常常容易与黄瓜细菌性角斑病混淆。发病重时，叶片上布满病斑，造成叶片早枯。

5. 黄瓜细菌性缘叶枯病

主要为害叶、叶柄、茎、卷须和果实。

（1）叶片染病　发病初始叶缘产生水浸状小点，扩大后病斑呈不规则形，边缘有黄色晕环，中央淡褐色，并向叶片中部扩展。发生严重时，产生大型水浸状病斑。

（2）叶柄、茎、卷须染病　病斑褐色，呈水浸状。

（3）果实染病　由果柄引起，初在果柄上产生水浸状斑，后果柄呈褐色，果实黄化，脱水缢缩。田间湿度高时，病部产生乳白色混浊黏液，即菌脓。

二十、冬瓜病害

1. 冬瓜绵疫病

主要为害叶片、茎和果实。

（1）叶染病　叶片上的病斑黄褐色，潮湿时产生白色霉层并腐烂。

（2）茎染病　茎上的病斑初为水渍状条斑，暗绿色，后湿腐，上部茎叶枯萎。

（3）果实染病　先在接触或靠近地面的部分产生黄褐色水渍状稍凹陷的病斑，条件适宜时，病斑迅速扩大，表面密生棉絮状白色霉层，病瓜腐烂发臭。

2. 冬瓜炭疽病

主要为害叶片和果实。

（1）叶片染病　叶片染病，病斑圆形，大小差异较大，褐色或红褐色，周围有黄色晕圈，中央色淡，病斑多时叶片干枯。

（2）果实染病　发病时在顶部出现水浸状小点，扩大后出现圆形褐色凹陷病斑，湿度大时病斑中部长出粉红色粒状物。病斑连片致皮下果肉变褐，严重时腐烂。

3. 冬瓜蔓枯病

主要为害茎、叶、果。

（1）茎染病　病部初呈暗褐色，后变黑色，病茎开裂，溢出琥珀色胶状物。

（2）叶染病　叶部病斑多在叶缘处，半圆形黄褐色至淡褐色大病斑，后期病斑上散生小黑点。

（3）果染病　引起幼瓜果肉呈淡褐色或致心腐。

二十一、丝瓜病害

1. 丝瓜花叶病毒病

主要为害叶、果实。

（1）叶染病　上部幼嫩叶染病后，出现浅绿色与深绿色相间的小环斑，叶片皱缩；下部老叶染病后，出现黄色环斑或黄绿相间花叶，叶脉皱缩，叶片扭曲、变硬，叶缘缺刻加深，产生枯死斑，从下逐渐往上发展。

（2）果实染病　果实产生褪绿色斑、畸形，表现为细小扭曲或呈现出上小下大状。

2. 丝瓜绵疫病

主要危害叶片、成株的茎和果实。

（1）幼苗期染病　危害幼苗的根茎部，呈水渍状湿腐，使幼苗猝倒、叶片染病，发病初始产生水渍状斑点，后病斑扩大呈深绿色，湿度大时病斑呈湿腐状，并长出白色霉层。

（2）成株茎染病　初为水渍状条斑，后发展成茎病部深绿色湿腐状长条斑，严重时病部以上茎叶枯萎。

（3）果实染病　初为近地面处出现水渍状黄褐色病斑，扩展后变暗褐色，病部凹陷，以致病部或全果腐烂，并出现灰白色霉状物，即病菌的孢子梗和孢子囊。

二十二、西葫芦病害

1. 西葫芦灰霉病

主要危害瓜类的花、叶片、茎、果实，苗期至成株期均可染病。幼苗期染病，初为茎、叶上产生水浸状褪绿斑，随着病斑扩大长出灰色霉层，造成幼苗枯死。该病病部灰色不同于西葫芦褐腐病，两种病症相似但病原菌不同，因此在防治方法上应注意区分。

（1）花染病　灰霉菌首先从开败的雌花入侵，侵染初期花瓣呈水浸状，花表面有密集的白霜，之后变软腐烂并生出灰褐色霉层，导致花瓣腐烂、枯萎、脱落。由病花向幼瓜蒂部扩展，导致幼瓜蒂部褪绿，渐成水渍状湿腐、萎缩，产生灰色霉层。

（2）叶片染病　叶片上的病斑，初为水渍状，后为浅灰褐色，其边缘较明显，中间有灰色状物，有时有不明显的褐色轮纹，形成不规则大斑。

（3）茎部染病　茎蔓发病，出现灰白色的病斑，绕茎一周后可造成茎蔓折断。

（4）果实染病　果实往往多从先端发病，受害部位先变软腐烂，直至整个果实软腐，果面产生灰色霉层。发病组织如果落在叶子或茎蔓上也会引起茎、叶发病。

2. 西葫芦花叶病毒病

主要为害叶片和果实。

在西葫芦的整个生育期都有发生，是全株系统性侵染的病害。主要表现在叶片和果实上。病株上部叶片出现黄绿斑点，或有高低不平的斑驳，有的叶片有深绿色疱斑。随之整个叶片成花叶，有的新叶先成明脉，继而出现褪绿斑，后期叶片变小、变灰，呈鸡爪状。病株矮化，不能结瓜或结瓜小，且表面布满大小不等的瘤状突起或瓜畸形。发病严重时，植株矮小，茎节间缩短，植株萎蔫。

二十三、金瓜病害

1. 金瓜炭疽病

主要危害瓜类的叶片、瓜蔓和果实，苗期至成株期均可发病。苗期染病，子叶边缘产生淡褐色稍凹陷病斑，半圆形或椭圆形，外圈常具黄褐色晕圈，后期病部长出红褐色至黑褐色点状胶质物，即病菌的分生孢子盘和分生孢子。严重时，病害发展到茎基部，引起缢缩，使折倒枯死。

（1）叶片染病　发病初始产生水浸状小点，扩大后病斑近圆形或不规则形，淡褐色，边缘红褐色。发生严重时，病斑连接成片，形成不规则形大病斑，病部长出小黑点，使叶片干枯，潮湿时叶面生粉红色黏稠物，干燥时病斑易破裂穿孔。

（2）瓜蔓和叶柄染病　产生黄褐色长条形病斑，稍凹陷，发展后病斑环绕茎蔓和叶柄，可造成叶片或植株病部以上枯死，高温高湿时表面生粉红色黏稠物。

（3）果实染病　产生初呈水浸状、扩大后为黄褐色的椭圆形病斑，稍凹陷，病部长出小黑点，高温高湿时病部表面生粉红色黏稠物，病部后期开裂。

2. 金瓜花叶病毒病

整个生育期均可染病。

（1）幼苗期染病　子叶变黄枯萎，真叶表现出叶色深浅相间的花叶症状。

（2）成株期染病　症状在新出幼叶上表现最为明显，老熟叶片症状不明显。表现为在新出叶片上出现黄绿相间的花叶症状，叶片成熟后叶小、皱缩、边缘卷曲。

（3）果实染病　果实上表现为瓜条出现深浅绿色相间的花斑，染病后瓜条生长缓慢甚至停止，果表畸形。发病严重时，植株矮小，茎节间缩短，植株萎蔫。

二十四、菜瓜病害

1. 菜瓜花叶病毒病

整个生育期均可发生。

（1）苗期染病　生长点、嫩叶、幼茎初呈水渍状，后变褐色软腐。

（2）成株期染病　全株矮缩，叶面及果实上形成浓绿色与淡绿色相间的斑驳。瓜小或呈螺旋状扭曲，瓜面斑驳或凹凸不平，或有疣状突起，风味差，味苦。叶片呈花叶、斑驳、黄化、畸形（皱缩、疱斑、蕨叶、扇叶、卷叶等）及叶质硬脆等症状。

2. 菜瓜霜霉病

整个生育期均可发生。

苗期先在子叶反面产生不规则褪绿枯黄斑，潮湿时叶背病斑上产生灰黑色霉层，病情逐步发展时，子叶很快变黄、干枯。叶片染病，由下部叶片向上蔓延，发病初始仅在叶背产生水浸状受叶脉限制的多角状斑点，发病中期叶面病斑成淡黄色，叶背呈黄褐色，病斑扩大后仍受叶脉限制呈多角形，多个病斑可汇合成小片，病健边缘交界明显。潮湿时，叶背病斑部生成紫灰色至黑色霜霉层，即病菌从气孔伸出成丛的孢囊梗和孢子囊。发病严重时，病斑连结成片，全叶变为黄褐色干枯、卷缩，整株除顶端保存少量新叶外，全株叶片均发病，田间一片枯黄，但病叶不易穿孔腐烂。

二十五、南瓜病害

1. 南瓜灰霉病

整个生育期均可发生。

病菌从开败的花部侵入，使花腐败。花瓣、柱头被病菌侵染发病后，发展到果实。嫩瓜感病后，蒂部初呈水浸状，幼瓜迅速变软，表面密生灰褐色霉层，后期有时在霉层长出褐色小菌核，导致果实萎缩腐烂。脱落的烂花和幼瓜附着在叶面，可引起叶片发病，在接触处产生褐色病斑，出现同心轮纹和灰霉，引起腐烂，形成大型的枯斑；如附着在茎上，引起茎部腐烂。

2. 南瓜花叶病毒病

整个生育期均可发生。

主要表现为叶绿素分布不均，叶面出现黄斑或深浅相间斑驳花叶，有时沿叶脉叶绿素浓度增高，形成深绿色相间带，严重的致叶面呈现凹凸不平，叶脉皱缩变形。一般新叶症状较老叶明显。白粉状物布满整个叶片，致叶片枯黄或卷缩，但不脱落。病情严重时，茎蔓和顶叶扭曲。果实染病出现褪绿斑或果面现瘤状凸起或畸形，开花结果后病情趋于加重。

3. 南瓜白粉病

主要为害叶片。

初期叶片两面出现近圆形白色粉状小霉点，以叶面为多，后渐扩大，白粉斑连成大块，发病严重时全叶布满白粉，白粉下面的叶组织先为淡黄色，后变褐色，后期变成灰白色，叶片干枯卷缩。叶柄和嫩茎的症状与病叶相似但白粉较少。

4. 南瓜疫病

主要为害茎、叶、根、果实。

（1）茎部染病　病部初呈水渍状，淡褐色，后渐渐变褐色，呈湿腐状，病部有粉状的白色小点，为其游动孢子囊。

（2）叶片染病　发病初期出现圆形暗褐色水浸状斑，干燥时呈灰褐色，易脆裂，致叶片软腐、下垂。

（3）根部染病　最先根尖变褐，后整条根渐渐变褐、腐烂，失去根的功能，导致整个植株萎蔫死亡。

（4）果实染病　主要是爬地栽培的南瓜果实，病斑初呈暗绿色水渍状，后渐湿腐，病部表面有粉状的白色小点。

二十六、苦瓜病害

1. 苦瓜花叶病毒病

主要为害叶、果实。

（1）叶片早期染病　病株叶片变小，呈浅绿色与深绿色相间的小环斑，叶片皱缩。下部老叶染病后，呈黄色环斑或黄绿相间花叶，叶脉皱缩，叶片扭曲、变硬，叶缘缺刻加深，产生枯死斑，从下逐渐往上发展，节间缩短，植株明显矮化，不结瓜或结瓜少。

（2）叶片中期至后期染病　中上部叶片皱缩，叶色浓淡不均，幼嫩蔓梢畸形，生长受阻，瓜小或扭曲，产量锐减，严重时造成绝收。

（3）果实染病　产生褪绿色斑，畸形，表现为细小扭曲或呈现上小下大状。

2. 苦瓜蔓枯病

主要为害叶片、茎蔓、果实。

（1）叶片染病　病斑圆形或近圆形，褐色。

（2）茎蔓染病　发病轻时茎蔓接合部附近龟裂，严重时茎蔓病部表皮黑腐，出现褐色凹陷斑，后茎蔓干枯死亡。蔓上病斑为褐色，并分泌出琥珀色胶状物，病斑发展至绕茎一周时形成枯蔓。

（3）果实染病　初期形成水渍状斑并逐渐下陷，造成果腐。后期病部会生出黑色小粒点。

3. 苦瓜疫病

主要为害叶、茎蔓、果实。

（1）叶片染病　叶片发病先失去光泽，后呈水烫状萎凋下垂，沿叶缘形成灰绿色不规则形大斑，以后叶片腐烂或干枯。下部叶片先发病，后逐渐向上蔓延。

（2）茎蔓染病　茎蔓部染病，病部凹陷呈水浸状，变细变软，致病部以上枯死，病部产生白色霉层。

（3）果实染病　呈水渍状灰绿至灰褐色坏死，病斑不规则，边缘多为水渍状，随病害发展，病斑上产生白色霉层，很快病瓜腐烂。

4. 苦瓜霜霉病

主要为害叶片。

发病初期，叶正面出现浅黄色失绿小斑点，后扩大，病斑受叶脉限制呈多角形或不规则形，颜色由黄色逐渐变为黄褐色至褐色，严重时病斑融合为斑块。湿度大时，在叶背面长出白色霉状物，有时叶正面也可见白色菌丝或霉层。天气干燥时则很少见到霉层。

二十七、豇豆病害

1. 豇豆病毒病

主要为害叶片、花器和豆荚。

（1）叶片染病　叶片上表现为黄绿相间，或叶色深浅相间的花叶症状，也可出现叶面皱缩、叶片畸形、植标矮化等症状。

（2）花器染病　表现为花朵稀少，花器畸形。

（3）豆荚染病　表现为结荚率低，出现褐色坏死条纹，所结豆荚瘦小细短。幼苗期表现为矮缩，新生叶片偏小、皱缩，甚至幼苗死亡。

2. 豇豆根腐病

主要危害根部、植株。

（1）根染病　以主根为主，初始变成红褐色，扩大后表皮粗糙易开裂，稍凹陷，后地下部分侧根开始脱离主根，主根腐烂，致植株死亡。剖视茎部，可见维管束变褐色。

（2）植株染病　初发病时症状不明显，发病中期开始下部叶片叶缘褪绿变黄，发生严重时植株矮小、茎叶枯黄，随着根的腐烂，病株易拔起。田间湿度高时，在植株茎基部产生粉红色霉层，即病菌的分生孢子梗和分生孢子。

3. 豇豆白粉病

主要危害叶片、茎蔓、豆荚。

（1）叶片染病　发病初在叶背产生黄褐色小斑，扩大后为不规则形紫色或褐色病斑，并在叶背或叶面产生白粉状霉层，粉层厚密，边缘不明显，白色粉状物即为病菌的分生孢子梗和分生孢子，及无色透明的菌丝体。发生严重时，多个粉斑可连接成片，布满整张叶片，使叶片迅速枯黄，并引起大量落叶。

（2）茎蔓和豆荚染病　生出白色粉状霉层。发生严重时，可布满茎蔓和荚，使茎蔓干枯、荚干缩。

4. 豇豆煤霉病

主要为害叶片。

豇豆成熟的叶片很容易被感染，病斑在初发生的时候为近圆形黄绿色斑，不明显，然后黄绿斑会越来越多，此后会慢慢扩大。在变黄的叶上，病斑周围仍然可以保持绿色。遇到湿度大时，可在叶片背面看到病斑表面生暗灰色或灰黑色煤烟状霉。发生严重时，多个病斑常连接成片，使叶片枯黄脱落，产生早期落叶，仅剩植株顶部嫩叶，使结荚量减少，产量降低。

5. 豇豆锈病

主要为害叶片。

一般多从较老的叶片开始发病，先出现稍微隆起的褪绿色黄白斑点，后逐渐扩大形成黄色晕圈的红褐色脓疱。发病严重时，叶片布满锈褐色病斑，叶片枯黄脱落，植株早衰，收荚期缩短。随着植株衰老或天气转凉，叶片上形成黑色椭圆形或不规则形病斑。偶尔在叶片正面产生栗褐色粒点，在叶片背面产生白色或黄白色的疱斑。茎蔓、叶柄及豆荚染病，症状与叶片相似。豆荚染病，形成突出表皮的疱斑。

6. 豇豆红斑病

主要为害豇豆叶片。

一般多在老叶上先发病，发病初期在叶片上形成受叶脉限制的多角形病斑，大小2～15mm，紫红色或红色，边缘灰褐色，后期病斑中间变为暗灰色，叶背生有灰色霉状物，即病菌分生孢子梗和分生孢子。

7. 豇豆灰斑病

主要为害叶片、茎蔓、豆荚。

（1）叶片染病　发病初期，叶背出现褪色小点，很快扩大成水渍状透明病斑，后变成黑褐色，病斑因受叶脉限制而呈多角形或不规则形。以后病斑部变灰褐色，坏死，常常撕裂脱落。有时病斑沿叶脉呈长条弯曲状黑褐色病斑。严重时叶片上病斑密布，连成不规则的褐色枯死大斑块。

（2）茎蔓和豆荚　茎蔓和豆荚上发生的病斑与叶片上的相似。

8. 豇豆轮纹病

主要危害叶片、茎蔓和豆荚。

（1）叶片染病　发病初始叶片上产生红紫色的小病斑；扩大后为近圆形褐色病斑，病斑上有明显的赤褐色同心轮纹。潮湿时生暗色稀疏霉状物，即病菌的分生孢子梗。发病严重时，单一叶片上可布满病斑，相互间重叠，造成枯叶、落叶。

（2）茎蔓染病　现浓褐色不规则形条斑，后绕茎扩展，使病部以上的茎枯死。

（3）豆荚染病　病斑为紫褐色，有轮纹，病斑数量多时荚呈赤褐色。

9. 豇豆叶烧病

主要危害叶片、茎蔓和豆荚。

（1）叶片染病　初期染病，呈暗绿色水渍状小病斑，后扩大成不规则形褐色、周围有黄色晕圈的坏死斑，病部薄而透明，易脆裂。叶片干枯如火烧状。叶片发病时表现皱缩、变形易脱落。

（2）茎蔓染病　开始为水渍状病斑，后发展成褐色、凹陷的条形病斑，发病严重时病斑可扩散为环绕茎1周，后引起病部以上枝叶枯死。

（3）豆荚染病　初为水渍状小病斑，后为褐红色、稍凹陷的近圆形病斑。豆荚严重受害时荚内种子也受侵染，出现黄褐色凹陷病斑。在潮湿条件下，病荚及种子脐部，常有黄色菌脓溢出。

二十八、菜豆病害

1. 菜豆锈病

主要为害叶片、豆荚。

（1）叶片染病　病初叶上生黄绿色或灰白色小斑点，随后凸起，变成黄褐色小疱。病斑扩大后，表皮破裂，散出红色粉末（夏孢子）。发病后期夏孢子堆转变为黑色的冬孢子堆。发病叶片会变形早落。叶片正面和豆荚上产生黄色小斑点，小点四周会产生橙红色斑点。

（2）豆荚染病　豆荚表皮破裂散发锈褐色粉状物。

2. 菜豆炭疽病

主要为害叶、豆荚。

（1）幼苗染病　子叶上形成红褐色近圆形病斑，病部稍凹陷，溃疡状。

（2）成株期染病　叶上病斑多沿叶脉发展，初期产生红褐色条斑，后变黑褐色或黑色，逐渐扩展成多角形网斑，叶柄和茎蔓病斑梭形或长条形，锈红色，中央凹陷，边缘龟裂，严重时病斑绕茎一周。

（3）豆荚染病　初期产生褐色小点，扩大后呈圆形或椭圆形病斑，边缘稍隆起，具红色晕圈，中央凹陷。

二十九、马铃薯病害

1. 马铃薯病毒病

马铃薯病毒病主要有以下表现。

（1）一般花叶病　常见症状为轻型花叶，感病的马铃薯植株生长发育正常，叶片平展，只在病株的中上部叶片颜色表现浓淡不一的稍微花叶症或斑驳花叶症，而斑驳花叶常沿叶脉进展，有时在叶片褪绿部位上产生坏死斑点。

（2）条斑花叶病　常见症状有五种：无症状、花叶、花皱叶、条斑花叶、条斑垂叶坏死。叶片、叶柄及茎部均易脆折，感病初期病株的中上部叶片呈现轻皱斑驳花叶或伴有褐枯斑，病株的生育中后期，其叶片由下至上干枯而不脱落，呈垂叶坏死症。

（3）轻花叶病　在多数马铃薯品种上引起花叶、斑驳，叶脉凹引起叶面粗缩，叶脉上或脉间呈现不规则的浅色斑，暗色部分比健叶颜色深，叶缘皱褶呈波状，病叶变黄，早期脱落，块茎瘦小。有的品种只表现轻花叶症或叶脉坏死症。病株的茎枝向外弯曲，常呈开散状。

（4）脉间花叶病　依株系、品种，症状有一定差异。病毒强株系侵染后，马铃薯幼苗期小叶表面带有油脂状光泽，同时小叶快速向下卷曲，叶背条斑坏死消失，随着马铃薯生长发育，产生明显花叶，叶片变形，之后全株叶片均向下卷曲，下部叶片有坏死斑点，并很快黄化至枯干，病株严重萎蔫和矮化，其株高只相当于健株的1/3，叶背呈卷曲状。常引起病株小叶脉间花叶，小叶尖端稍扭曲，叶呈波状，病株顶叶有些卷叶叶面表现光泽。

（5）潜隐花叶病　感病植株的典型病症是叶脉下凹，叶片粗缩，叶尖微向下弯曲，叶色变浅，轻度垂叶，植株呈开散状。但因马铃薯品种的抗病性不同，病株症状表现有些差别。具有抗耐病性的品种感病后，病株叶片常产生轻度斑驳花叶和轻皱缩。抗病性较弱的品种感病后，病株生育后期叶片现青铜色，严重皱缩，明显花叶，在叶片表面上产生细小坏死斑点，老叶片出现不匀称变黄，常有绿色或青铜色斑点。抗病性强的品种感病后没有明显症状，只有与健株相比较才能区分出病株，如有的病株较健株很少开花。

（6）黄斑花叶病　因品种和病毒株系不同而异。病株叶片轻皱缩变形，呈现明显脉间黄斑花叶症状。复合侵染后，病株叶片黄绿相间斑花叶症状消失。

（7）卷叶病　当年初次侵染的症状，主要表现为病株顶部的幼嫩叶片直立变黄，小叶沿中脉向上卷曲，小叶基部有紫红色。一般在马铃薯现蕾期以后，病株叶片由下部至上部沿叶片中脉卷曲，呈匙状，叶肉变脆呈革质，叶有时紫红色消失，上部叶片褪绿，重者全株叶片卷曲，整个植株直立矮化。块茎变瘦小，薯肉呈现锈色网纹斑。初侵染病株减产程度低于再侵染病株。

2. 马铃薯青枯病

主要为害植株、块茎。

（1）植株染病　苗期症状不明显，现蕾开花期症状明显，发病初期，植株顶部细嫩叶片或花蕾出现萎蔫，接着主茎或分枝的上部出现急性萎蔫，刚开始，在早晚时分仍旧可以恢复，但在持续4～5天后，整株茎叶全部萎蔫死亡，但叶片仍保持青绿色，只是颜色稍淡，不凋落。

（2）块茎染病　切开染病块茎，可以观察到维管束呈褐色，并且不需要挤压切面，就会流出白色菌脓，严重的时候，外皮龟裂，髓部溃烂如泥。

3. 马铃薯环腐病

主要为害茎、薯块。薯块染病，病薯的脐部变皱并向内凹陷，薯皮颜色变为褐色，将其横向切开，在横切面上能够明显观察到维管束环变成有光亮的乳黄色至黄褐色腐烂，用手按压，就会有黏稠的乳黄色菌液从腐烂环里溢出，没有臭味。

（1）苗期染病　明显看出植株矮小细弱、叶片变小变皱、茎部的分枝减小变细，病斑颜色为褐色，叶边缘好像烧焦状向上卷曲。比较严重的情况下，小苗黄化、枯萎死亡。

（2）成株期染病 叶片同样也是变小，叶片向上卷曲，颜色变为褪绿色。随着病害发生严重，叶片颜色变为浅褐色、灰绿色，在中午出现高温天气时，植株出现萎蔫症状。发病中后期，叶片枯死、茎部柔软无力、维管束变为黄褐色，横向掰开用手挤压，会流出乳白色浓稠的菌脓。

三十、芋类病害

1. 芋污斑病

主要为害叶片。

病害通常从植株下部老熟叶片开始发生，并逐渐向上部叶片发展。发病初始叶面产生淡黄色斑，病斑扩大后呈淡褐色至暗褐色，呈近圆形或不规则形，直径0.3～1cm，边缘不明显，叶背病部色淡，呈淡黄褐色。田间湿度高时，病斑表面产生灰色霉层，即病菌的分生孢子梗及分生孢子。发生严重时病叶产生许多病斑，多个病斑相互连接成片，可布满整张叶片，使叶片变黄枯死。

2. 芋炭疽病

炭病主要危害叶片、球茎。

（1）叶片染病 初现水渍状暗绿色病斑，圆形或不定形，后渐变为近圆形，呈黄褐色至暗褐色，四周具黄色晕环。湿度大时，病斑上面出现黑色小点或朱红色小液点。干燥时，病斑干缩成羊皮纸状，易破裂或部分脱落成叶片穿孔。

（2）球茎染病 病斑圆形，似漏斗状深入肉质球茎内部，去皮后可见病组织呈黄褐色，无臭味。

三十一、葱类病害

1. 葱疫病

主要危害叶片、花梗、葱茎、根。初期染病，病斑暗绿色，水浸状；扩大后为灰白色病斑，边缘不明显。

（1）叶片和花梗染病 病部失水后缢缩变细，叶片枯萎，病部以上易折倒。

温湿条件适宜时，病斑迅速扩展，重病田枯死部位常达葱管长度的一半，甚至2/3。当病斑扩展到叶片的一半时，呈湿腐状，并导致葱叶下垂。受害部位黄化干枯，只残留两层膜状表皮。

（2）葱茎部染病 根盘处呈水渍状浅褐色至暗绿色腐烂。

（3）根部染病　根毛少，变褐腐烂。湿度大时病部长出白色稀疏霉层。有别于葱尖生理性干枯，田间一片枯白。

2. 葱类黑斑病

主要危害叶、茎。

（1）叶染病　出现褪绿长圆斑，初黄白色，迅速向上下扩展，变为黑褐色，边缘具黄色晕圈；之后病情扩展，病斑连片后仍保持椭圆形，病斑上略现轮纹，层次分明；后期病斑上密生黑短绒层，病斑连片，略现同心轮纹，层次分明，病斑略凹陷，被害部软化，容易折断。

（2）茎部染病　发病严重的叶片变黄枯死或茎部折断，采种株易发病。

3. 大葱、洋葱紫斑病

大葱、洋葱紫斑病主要危害叶和花梗，也可危害洋葱鳞茎。

（1）叶和花梗染病　初始产生水浸状白色小点，扩大后病斑呈椭圆形或纺锤形，由淡褐色转变成紫褐色，稍凹陷，周缘具黄色晕圈。田间湿度大时，病斑上长出同心轮纹状排列的黑褐色霉状物，即病菌的分生孢子梗和分生孢子。发病严重时，病斑可绕叶和花梗一周使叶和花梗枯死或折断，种子皱缩，品质低劣。

（2）洋葱鳞茎染病　多在鳞茎颈部发病，造成软腐和皱缩，茎肉组织呈深黄色或红色。

4. 大葱、洋葱黄矮病

大葱、洋葱黄矮病在大葱和洋葱上的表现有所不同。病症常在生长中后期表现严重。

（1）大葱染病　表现为在叶片上出现长短不一的黄绿相间斑驳或黄色条斑症状，叶片扭曲，稍扁平，叶尖逐渐黄化；发病严重时，植株生长受抑制或停滞生长，使植株矮小，叶片黄化无光泽、下垂，最后全株萎缩枯死。

（2）洋葱染病　多在育苗期开始发病，表现为叶片上出现黄绿花斑或黄色长条斑症状，叶片呈波状，稍扁平，植株生长缓慢或停滞生长，病株明显表现为矮缩。

三十二、大蒜病害

1. 大蒜锈病

主要危害叶片。

叶片染病，发病初期在病部产生梭形的褪绿斑，随后在表皮下产生圆形或椭圆形稍凸起的四周具淡黄色晕环病斑（病菌夏孢子堆），后期的病斑表皮会自然破裂，散出橙黄色粉末（夏孢子）。发病严重时叶片上的数十上百个病斑相连成片，造成整叶枯死，病部形成黑褐色疱斑（冬孢子堆）。

2. 大蒜病毒病

主要危害叶片。

病毒病在大蒜苗期至成株期均可表现症状。其典型症状是在叶片上出现明显的黄色褪绿条斑，其长短不一。病株表现不同程度矮化，生长纤细而瘦弱，叶片蜡质减少或消失，失去光泽。重病株叶片呈半卷曲状，有的上下叶片捻合在一起卷曲呈筒状，致使心叶无法抽出。重病株一般不能抽薹，即使抽薹，蒜薹上也呈现明显的褪绿斑。病株根系一般发育较差，根短而少，蒜头明显变小。

三十三、韭菜病害

1. 韭菜灰霉病

主要危害叶片。

发病初始，在叶片正面产生白色至浅灰褐色的小点，一般正面多于叶背面，扩大后病斑呈椭圆形至梭形，潮湿时表面密生灰色至灰褐色的绒毛状霉层，即病菌的分生孢子梗及分生孢子，后期病斑互相联合成大片枯死斑，致使半叶或全叶枯死。

2. 韭菜菌核病

主要危害叶片。

叶片染病，发病初始叶片变褐色或灰褐色，后腐烂干枯，田间可见成片枯死株，病部可见黄白色至黄褐色菜籽状小菌核。

三十四、芦笋病害

1. 芦笋茎枯病

主要为害茎、侧枝（叶枝）。

（1）茎染病　发病初期形成纺锤形或线条状暗褐色、周缘水渍状的病斑；发病中期病部呈现梭形或短线形，中心部凹陷，呈亦褐色，逐渐不规则地扩展开来，最后变成灰白色，其上着生许多小黑点，待病斑绕茎一周时，被侵染的茎、枝干枯死亡。病茎感病部位易折断。

（2）侧枝（叶枝）染病　发病初期形成线条状暗褐色水渍状的病斑。随之病斑扩展，粗枝绕枝一周需5～10天，细枝和叶枝只需3～5天，病枝上部干枯，呈枯黄略偏红色，当田间植株侧枝、叶发病严重时，可见芦笋田内一片似火烧的枯死症状。

2. 芦笋炭疽病

主要为害茎秆、侧枝。

主茎发病多从茎基部开始侵染，初为水浸状暗灰色小点，逐渐形成红褐色至黑褐色椭圆形斑，略凹陷，随后病斑表面产生许多明显突出的小黑点，即病菌分生孢子盘。多个病斑汇合常形成不规则大斑，黑点随病害发展亦逐渐扩展，明显粗大变形，最后致植株枯死。侧枝及叶片染病易折断或脱落。病害严重时植株成片死亡。

三十五、枸杞病害

枸杞白粉病主要为害植株。

被害部位覆盖白色或灰白色粉层，导致叶片皱缩，新梢卷曲，果实皱缩或裂口。病株光合作用受阻，并长出小黑点，即病菌的闭囊壳。终致叶片逐渐变黄，易脱落。后期病组织发黄、坏死，叶片提早脱落。

三十六、紫苏病害

1. 紫苏疫病

主要危害叶和茎。

（1）叶片染病　发病初始在叶片边缘处产生水渍状斑；扩大后成不规则形的暗绿色大斑，边缘不明显。潮湿时病斑发展迅速，病叶腐烂、干燥时病斑干枯易破裂。

（2）茎染病　多在蔓茎基部及嫩茎节部发生，发病初始产生暗绿色水渍状斑，扩大后病斑绕茎蔓一周，病部明显缢缩，变细软化，造成病部以上枝叶逐渐枯萎。如植株有多处节部发病，全株很快萎蔫干枯，维管束不变色，不产生粉红色霉状物。

2. 紫苏斑枯病

主要危害叶片。

染病叶片，多从叶缘发病，初出现水渍状小斑，后逐渐扩大成不规则形、黑褐色至黑色的大病斑，最后病斑干枯形成穿孔，直至叶片脱落。空气潮湿时，病斑上散生小黑点。严重时，病斑干枯导致叶枯死。

三十七、黄秋葵病害

1. 黄秋葵灰霉病

主要危害花、果实。

花器染病，易在开花后的残花上发病，初始产生水渍状黄褐色大斑，扩展后表面生灰白色的霉层，随后往往引起果实发病腐烂。

2. 黄秋葵曲霉病

主要为害茎基部、花、果实。

（1）茎基部染病　茎基部发病初出现水渍状斑块，随后扩展到花和果实上。茎基被害后病部变褐色，出现湿腐。其上长出绒毛状黑霉。

（2）花及果实染病　发病初始在病部产生白色菌丝体，后长出点点黑霉，即病菌的分生孢子。严重时，整个花和果实全部变熟褐色，病果逐渐腐烂。

3. 黄秋葵枯萎病

主要为害叶片。

苗期、成株期均可发病，以现蕾期、开花期更明显。病株矮化，叶片小、皱缩，叶尖、叶缘变黄，病变区叶脉变成褐色或产生很多褐色坏死斑点。严重的病叶变褐干枯、易脱落。纵剖茎秆维管束变成褐色或深褐色。

第二节　水果病害

一、草莓病害

1. 草莓灰霉病

主要为害叶片、花器、果实。

（1）叶片染病　发病初始为水浸状褪绿斑，病斑扩大后呈不规则形，田间湿度高时，病斑表面产生灰色霉层，发生严重时病叶枯死。

（2）花器染病　初在花萼上产生水渍状小点，后扩展为椭圆形或不规则形病斑，并侵入子房及幼果，使其呈湿腐状。湿度大时，在病部产生厚密的灰色霉，即病菌的分生孢子梗及分生孢子。

（3）果实染病　主要发生在青果上，先在柱头上产生水渍状，后转为淡褐色病斑，并向果内发展，使果实软化呈湿腐状，在病部产生灰色霉层，果实易脱落。天气干燥时，果实是干腐状。

2. 草莓白粉病

主要为害叶片、果实。

（1）叶片染病　从植株下部叶片起发生，发病初始在叶背产生白色粉状小圆斑，后逐渐扩大为不规则形、边缘不明显的白粉状霉层粉斑，粉层厚密，白色粉状物即为病菌的分生孢子梗和分生孢子。发生严重时，多个粉斑可连接成片，甚至布满整张叶片。发病叶片的细胞和组织被侵染后并不迅速死亡，受害部分叶片抹去粉层一般只表现为褪绿或变黄。

（2）果实染病　发病初始在果表产生白色粉状小斑，扩大后呈白色不规则形密粉斑，与成熟期的红色草莓形成强烈的色差。

3. 草莓枯萎病

主要为害叶、维管束。

植株染病初期症状仅出现在茎的一侧，表现心叶变黄绿或黄色，有的卷缩或产生畸形叶，叶片失去光泽，发病中期老叶呈紫红色萎蔫。发病后期叶片枯黄至全株枯死。发病严重时，剖开根冠观察，可见纵切面上的维管束变成褐色至黑褐色。

4. 草莓芽枯病

主要危害花蕾、芽、新生叶，引起幼苗立枯也可侵染成龄叶、果柄、短缩茎等。

（1）苗期染病　定植刚返青的草莓发病使嫩芽表层腐烂，上覆黑色黏稠物，继而干枯变黑。过冬老叶叶柄紫红，慢慢地从根部腐烂，干枯而死。

（2）植株基部染病　发病初近地面部分初生无光泽褐斑，逐渐凹陷，并长出米黄至淡褐色蛛巢状菌丝体，茎基部和根受害皮层腐烂，地上部干枯容易拔起。

（3）叶柄基部和托叶染病　发病的病部干缩直立，叶片青枯倒垂；开花前受害，使花序失去生机，并逐渐青枯萎倒。

（4）新芽和花蕾染病　发病的芽和花蕾逐渐萎蔫，呈青枯状或猝倒，后变黑褐色枯死。

（5）果实染病　病果表面产生暗褐色不规则斑块、僵硬，最终全果干腐。

5. 草莓褐斑病

主要危害叶片、叶柄、果梗。

（1）叶片染病　发病初始出现褐紫色小圆斑，后扩大成3 ～ 4mm圆形至椭圆形或不规则形病斑，中部褪绿呈黄褐色至灰白色，边缘紫褐色，有不十分清晰的轮纹，其上密生小黑点，即病菌的分生孢子器发病严重时，叶片变黄后干枯。

（2）叶柄、果梗染病　发病初期产生紫褐色斑点，病斑扩大向纵向延伸，使叶柄、果梗变为黑褐色。

6. 草莓病毒病

草莓受单种病毒侵染，往往症状不明显；被复合侵染后，主要表现长势衰弱、退化，新叶展开不充分，叶片稀少、无光泽、失绿变黄、叶缘不规则上卷、皱缩扭曲，植株矮化，坐果少、产量低。四种常见草莓病毒病的危害症状表现特点如下：

（1）草莓斑驳病毒病　单独侵染时草莓无明显症状，与其他病毒复合侵染时，可致草莓植株严重矮化，叶片变小，产生褪绿斑，叶片皱缩扭曲（该病毒分布极广，有草莓栽培的地方，几乎都有该病毒病发生）。

（2）草莓轻型黄边病毒病　单独侵染时草莓植株稍微矮化，复合侵染时引起叶片黄化或失绿，老叶变红，植株矮化，叶缘不规则上卷，叶脉下弯或全叶扭曲。

（3）草莓镶脉病毒病　单独侵染时无明显症状，复合侵染后叶脉皱缩，叶片扭曲，同时沿叶脉形成黄白色或紫色病斑，叶柄也有紫色病斑，植株极度矮化，匍匐茎发生量减少，产量和品质下降。

（4）草莓皱缩病毒病　病毒侵染草莓后，可致草莓植株矮化，叶片产生不规则黄色斑点，扭曲变形，匍匐茎数量减少，繁殖率下降，果实变小；与斑驳病毒复合侵染时，植株严重矮化，再与轻型黄边病毒三者复合侵染，会导致草莓大幅度减产，甚至绝产。

7. 草莓轮斑病

主要危害叶片。

叶片染病。发病初期在叶尖或叶面上产生紫红色小斑点，并逐渐扩大成圆形或近椭圆形的紫黑色大病斑，中心深褐色，周围黄褐色；边缘紫红色或红色、黄色，病斑上有较明显的轮纹，后期会在病斑上出现小黑斑点（即病菌分生孢子器），严重时病斑连成一片，致使叶片枯死。

此病与草莓蛇眼病的区别关键是病斑上会产生小黑斑点（即病菌分生孢子器）。

8. 草莓黄萎病

整个生育期均可发生。

植株染病，最初表现为新生叶变黄绿色，并扭曲成舟形。同叶柄的3片小叶中常有1～2片不对称地变小或成畸形叶，表面粗糙无光泽，常发生在植株的某一侧，呈现半边畸形或凋萎症状。发病中期，下部叶变黄褐色，上部叶自叶缘开始干枯，最后全株死亡。拔出病株可见根系减少、根部的维管束不均匀变褐或变黑褐色，甚至腐败。

与草莓枯萎病的区别：草莓黄萎病的发病进程相对较枯萎病慢，先是心叶不正常畸形黄化，萎蔫症状表现先从植株的一侧开始，夏季高温季节不发病。

9. 草莓褐角斑病

主要危害叶片。

叶片染病，初侵染时产生暗紫褐色的似多角形病斑，扩展后变成灰褐色，边缘色深，后期病斑上有时现轮纹，病斑大小3～6mm，后期有时病斑上表现不清晰的轮纹。发病严重时，多个病斑可愈合成大病斑。

10. 草莓青枯病

主要危害叶片。

草莓青枯病是系统性维管束组织病害，主要发生在定植初期或夏季高温时。植株染病初，发病的植株呈现发育不良，基部叶的叶柄变为紫红色，凋萎脱落。随着病情进展，部分叶片开始出现叶片下垂的失水状、绿色未变似烫伤而萎蔫；初始的2～3天只在中午出现萎蔫，夜间或雨天尚能恢复；随后4～5天夜间逐渐无法消除萎蔫，并逐渐枯萎死亡。将病株从根茎部横切，可见导管已经变褐，湿度高时可挤压出乳白色菌液。严重时根部变色腐败。

二、苹果病害

1. 苹果花叶病

主要危害叶片。

叶片上出现淡黄色斑点，叶斑无特定大小和形态，有时沿大叶脉形成带状斑，严重时叶片局部或全部褪绿，会造成树体长势衰退、产量降低、单果重下降等慢性危害。

2. 苹果褐斑病

病斑褐色，边缘绿色不整齐，故有绿缘褐斑病之称。病斑有三种类型。

（1）同心轮纹型　病斑圆形，四周黄色，中心暗褐色，有呈同心轮纹状排列的黑色小点（病菌的分生孢子盘），病斑周围有绿色晕。

（2）针芒型　病斑似针芒状向外扩展，无一定边缘，病斑小而多。

（3）混合型　病斑很大，近圆形或不规则形，暗褐色，中心为灰白色，其上亦有小黑点，但无明显的同心轮纹。有时果实亦能受害。病斑褐色，圆形或不规则形，稍凹陷，表面有黑色小粒点。病部果肉褐色，呈海绵状干腐。

3. 苹果斑点落叶病

主要危害叶片。

天气潮湿时，病部正反面均可长出墨绿色至黑色霉状物。严重时，多斑融合成不规则大斑叶即穿孔或破碎，生长停滞，枯焦脱落。在一年生枝和徒长枝上，出现褐色至灰褐色病斑，边缘有裂缝。

果实染病，在幼果果面上产生黑色发亮的小斑点或锈斑。病部有时呈灰褐色疮痂状斑块，病健交界处有龟裂，病斑不剥离，仅限于病果表皮，但有时皮下浅层果肉可呈干腐状木栓化。

4. 苹果花叶病

主要在叶片上形成各种类型的鲜黄色病斑，其症状变化很大，一般可分为三种类型。

（1）重花叶型　夏初叶片上出现鲜黄色后变为白色的大型褪绿斑区。

（2）轻花叶型　只有少数叶片出现少量黄色斑点。

（3）沿脉变色型　沿脉失绿黄化，形成一个黄色网纹，叶脉之间多小黄斑，而大型褪绿斑较少。此外，有些株系产生线纹或环斑症状。

5. 苹果锈病

主要为害叶片、果实。

（1）叶片染病　叶片先出现橙黄色、油亮的小圆点，后扩展，中央色深，并长出许多小黑点（性孢子器），溢出透明液滴（性孢子液）。此后液滴干燥，性孢子变黑，病部组织增厚、肿胀。叶背面或果实病斑四周，长出黄褐色丛毛状物（锈孢子器），内含大量褐色粉末（锈孢子）。

（2）果实染病　多在萼洼附近出现橙黄色圆斑，直径1cm左右，后变褐色，病果生长停滞，病部坚硬，多呈畸形。

6. 苹果黑腐病

主要危害叶片、枝干、花器、果实。

（1）叶片染病　先形成紫色小黑点，后扩展成边缘紫色的圆斑，中部黄褐色或褐色，中间凹陷，边缘隆起，严重的病叶褪绿脱落。

（2）枝干染病　多发生在衰老树的上部枝条上，初现红褐色凹陷斑，自皮层下突出许多黑色小粒点，树皮粗糙或开裂，严重的致大枝枯死。

（3）花器染病　多始于萼片处，初现红色小斑点，后成紫色，外缘红色，数周后，整个萼片变成黑褐色。

（4）果实染病　产生边缘有红晕的病斑，或形成黑褐色相间的轮纹，病斑坚硬，不凹陷，常散有分生孢子器。

三、梨病害

1. 梨果顶腐病

主要危害梨幼果。

发病初期果实萼洼处出现淡褐色浸润状小斑点，后逐渐扩大，颜色加深，最后扩展至果顶部，病部变褐稍凹陷，肉质坚硬，中央灰褐色，后期常染杂菌，生出黑色霉层或红色霉层，病果脱落。严重时病斑可及果顶的大半部，完全失去商品价值。此病多发生于西洋梨的品种上。

2. 梨果粗皮病

主要为害果实。

粗皮病（梨轮纹病）是果实上发生的一种病害，果面凸凹不平，呈橘皮状，轻者症状只发生在萼端，重者可遍及大部分果面。果实成熟后，病果萼端由绿变黄的速度减慢，形成“绿头果”或称“青顶果”。采收之前达到高峰。此病多发生在库尔勒香梨上。

四、桃病害

1. 桃黑星病

主要为害果实。

果实染病，初期多发生在肩部，产生暗绿色圆形小斑点，后逐渐扩大，呈略突起的黑色痣状斑点，直径 2 ～ 3mm，病斑表面长有黑色霉状物，病斑一般不凹陷；严重时，病斑连片，果面粗糙；近成熟期病斑变为紫黑色或红黑色。但病菌扩展一般仅限于表皮组织，即使表皮因死亡而停止生长，但发病后果肉仍可继续生长，因而病果常发生“生长性”的龟裂现象，呈疮痂状，此种裂果较细菌性黑斑病造成的裂果浅，一般不引起烂果。当果梗染病时，病果常会早期脱落，丧失经济价值。

2. 桃疮痂病

主要为害果实。

发病时果实出现暗绿色病斑，病斑随着果实生长而不断变化，到了果实成熟时，病斑变为暗紫色或黑色，病斑处凹陷，病情严重时产生裂果症状。而树梢在染病后出现浅褐色的病斑，随着病斑扩大，病变处会隆起，还会发生流胶现象。

3. 桃穿孔病

桃穿孔病可分为细菌性穿孔病、霉斑穿孔病和褐斑穿孔病。它们除为害桃树外，还危害李、梅、杏、樱桃等。各桃区都有发生，尤其沿海滨湖地区在多雨年份发生较多，影响产量。

五、柑橘病害

1. 柑橘褐斑病

主要为害果实。

幼果表面的病斑大多为褐色，近圆形，病斑很小，中央凹陷，在整个果面上均可发生，大多病果最终脱落。成熟果实病斑表现为木塞状，外观品相差，影响销售。

2. 柑橘油斑病

主要为害果实。

柑橘油斑病俗称虎斑病，是一种生理性病害，多数发生在成熟或接近成熟的果实上，也可发生在采后贮藏初期。主要表现为果皮出现形状不规则的浅绿色或淡黄色的病斑，病、健交界处明显。有的品种病斑边缘为紫褐色，病斑内油胞显著突出，油胞间的组织稍凹陷，后变为黄褐色，油胞萎缩。油斑病一般为柑橘外果皮组织发生病变，内果皮组织没有变化，如果病斑被炭疽病菌或青霉菌等孢子侵染，往往引起果实腐烂。

六、芒果病害

1. 芒果露水斑

主要为害果实。

芒果露水斑是芒果反季节生产的主要病害之一，主要分为病理性病害和生理性病害。该病多在果实采收期造成危害，发病初期在果皮表面出现水渍状花斑，病斑大小无明显规律，形状不规则，在田间湿度大时病斑上常伴有墨绿色霉层；该病对芒果肉质影响不大，但会极大地影响果实的外观品质，严重发生时则可使整个果面布满黑色至深褐色污斑，上覆菌丝呈放射状，大大降低芒果的商品价值，对其后期销售有影响。

2. 交链孢霉叶枯病（叶疫病）

主要为害叶片。

属常发次生病害，初生灰褐色至黑褐色圆形至不规则形病斑，后发展为叶尖枯或叶缘枯，严重时叶片大量枯死，在夏季多雨季节容易流行，栽培管理差或树龄较大的果园常见。湿度大时病斑上现灰色霉状物，即病菌分生孢子梗和分生孢子。

七、黄皮果病害

1. 黄皮果炭疽病

主要为害果实。

黄皮果受害部位呈褐色小斑点，后期会扩大为褐色果皮凹陷，潮湿环境的果皮表面还会出现粉红色的分生孢子，直到整个黄皮果变成棕黑色的病果。

2. 黄皮果梢腐病

主要为害新梢。

梢腐病就是以危害新梢为主的一种病害，在潮湿不通风的环境下，抽出的新梢会逐渐卷曲成干枯状，包括叶子和叶柄，以及幼果，只要是幼嫩部位都会发生梢腐病危害。果实感染梢腐病的症状跟炭疽病如出一辙，肉眼根本分辨不出来。危害严重会造成果树生长缓慢，进而造成减产。

八、香蕉病害

1. 香蕉焦腐病

主要为害果实。

蕉梳最初局部变褐，逐渐扩大，使整个冠部变黑，并向果指扩展，整个冠部变黑腐烂。果指从果蒂开始变黑，迅速扩展，病部腐烂，果肉发黑，后期可见发黑部位长出许多小黑点，即病原菌分生孢子器。

2. 香蕉“烟头病”

主要为害果实。

烟头病又称香蕉果指顶腐病，是香蕉种植过程中常见的病害，一般会危害香蕉青果，病害发生果实会出现局部变暗和皱缩现象，该病主要为害青果，在一支果梳上可有一个、多个或所有的果指受害。初期症状是果指顶的皮层局部变暗和皱缩，变暗区周边有一条黑带，在病、健组织之间有一条狭窄的褪绿区。后期果肉变干，呈纤维状，在病部表面出现灰色粉状孢子堆。

3. 香蕉黄叶病

主要为害幼叶、叶鞘、假茎。

发病蕉株的下方老叶叶缘首先黄化，逐渐扩大至中肋，叶柄软化弯曲下垂，最后枯萎，上方幼叶亦逐渐发黄，最后导致整个蕉株枯萎死亡，有时病株假茎外围的叶鞘自基部发生纵裂。

纵切病株的假茎或块茎可以发现维管束呈现褐变的现象，在发病后期，黄褐色的维管束组织上下贯穿呈长条形。有时病菌会从母株块茎穿过与吸芽相连部位而侵入吸芽。

4. 香蕉灰纹病

主要为害幼叶、叶鞘。

香蕉灰纹病又称香蕉暗双孢霉叶斑病，在中国香蕉产区均有发生。该病主要发生在叶片、叶鞘上。叶片受害多从叶缘开始，病斑呈椭圆形或沿叶缘呈不规则形，暗褐色或灰褐色。新病斑周围呈水渍状，后逐渐扩展为中央浅褐色、具轮纹、边缘深褐色的椭圆形斑，斑外缘有明显的橙黄晕圈。叶背的病部上常长出灰褐色霉状物。病菌沿叶缘气孔侵入时，初期叶边缘出现水渍状、暗褐色、半圆形或椭圆形、大小不等的病斑，后期沿叶缘联合为平行于叶中脉的褐色、波浪环纹坏死带，秋季后病斑由褐色转为灰白色，质脆。

5. 香蕉炭疽病

主要为害叶片、果梗、果轴、果实。

（1）叶片染病　先在叶中脉及叶柄背面长出红色小点，后扩大为红褐色大斑，最后发病叶片下垂。炭疽病病斑分为急性扩展型和慢性扩展型。

① 急性扩展型病斑　病斑水渍状，暗绿色，边缘不明显。

② 慢性扩展型病斑　病斑圆形或不规则形，边缘明显，边缘深褐色，中央淡褐色；在老叶上表现小红点或圆锥斑。

（2）果梗和果轴染病　与果实症状类似。

（3）果实染病　初期出现黑褐色小斑点，后迅速扩大并连合成暗褐色稍凹陷的大斑或斑块，2 ～ 3 天全果变黑腐烂，其上密生带黏质的橙色粒点。

6. 香蕉煤纹病

香蕉煤纹病属于香蕉叶斑病，是香蕉的重要病害之一。

多在叶缘初发病，多出现褐色短椭圆形病斑，病斑上轮纹状较明显，背面霉状物颜色较深，成暗褐色。

7. 香蕉黑星病

主要为害叶片、青果、成熟果。

（1）叶片染病　在叶面及中脉上散生许多小黑粒，可因雨水流动路径而呈条状分布；后密集成中间凹陷的斑块，有黄晕，叶片变黄而凋萎。

（2）青果染病　多在果端弯背部分生许多小黑粒。

（3）成熟果实染病　在每堆小黑粒周围形成椭圆形褐色小斑。

8. 香蕉冠腐病

主要为害果实。

病菌最先从果轴切口侵入，造成果轴腐烂并延伸至果柄，致使果柄腐烂，果皮爆裂，果肉僵死，不易催熟转黄。空气潮湿时病部上产生大量白色和粉红色霉状物。

9. 香蕉束顶病

主要为害叶片。

新长出的叶片一片比一片短而狭窄，叶片硬直并成束生长在顶端，植株矮缩。病株老叶颜色比健株黄，新叶则比健株的深绿。叶片染病，边缘褪绿变黄，硬、脆、易折，在叶脉上有长短不一、淡绿和深绿相间的短线状条纹，叶柄和假茎上类似，蕉农称为“青筋”。病株分蘖多，球茎为红紫色，根腐烂或不发新根。染病蕉株一般不能抽蕾，为害严重时，植株死亡。

10. 香蕉黑条叶斑病

主要为害叶、枝梢。

嫩叶易受侵染，老叶一般不受害。初在叶脉间生细小褪绿斑点，后扩展成狭窄的、锈褐色条斑或梭形斑，两侧被叶脉限制，有黄晕；随着病情扩展，条纹颜色变成暗褐色、褐色或黑色，扩大成纺锤形或椭圆形病斑，形成具有特征性的黑色条纹；病斑背面生灰色霉状物，即病原菌子实体。

高湿条件下，病斑边缘组织呈水浸状，中央很快衰败或崩解，以后病部变干，呈浅灰色，具明显的深褐色或黑色界线，周围组织变黄。发生多时，病斑融合，大片叶组织坏死，重者整叶干枯、死亡，下垂倒挂在茎上。

枝枯梢，危害盛期一般在4月中旬至6月上中旬；9月份是第二次危害高峰期。

九、柚树病害

1. 柚树脚腐病

主要为害主干。

受害植株主干基部树皮腐烂，以致黄叶枯枝，树势衰弱，产量下降，严重时，整株枯死。7～8月份高温多雨季节发病率高。

2. 柚树炭疽病

主要危害叶片、枝梢、花、果实和果柄。

（1）叶片染病　叶上病斑多出现于叶缘或叶尖，浅灰褐色，病斑上有同心轮纹排列的黑色小点。在不正常的气候条件下和栽培管理不当时，叶片上有时会发生急性型病斑。一般从叶尖开始并迅速向下扩展，初如开水烫伤状，呈淡青色或暗褐色，有深浅交替的波纹状，后期颜色变深暗，病叶易脱落。

（2）枝梢症状　多自叶柄基部的腋芽处开始，病斑初为淡褐色、椭圆形，后扩大为梭形、灰白色，病健交界处有褐色边缘，其上有黑色小粒点。病部环绕枝梢一周后，病梢即自上而下枯死。会导致大量落花、落果和果实腐烂，发生严重时可致整株树死亡。

十、柠檬病害

1. 柠檬疮痂病

主要为害新梢、幼叶、幼果、叶片。

叶片受害后出现油渍状小黄斑，叶背突起呈漏斗状，叶面凹陷，严重时树梢变短，叶片扭曲畸形。果实受害后果实上出现许多瘤状突起。该病由一种真菌引起，主要借风雨及昆虫传播，阴雨多湿是重要的发病条件。

2. 柠檬溃疡病

本病主要为害枝、叶、果。

（1）叶染病　病叶初为针头黄色油渍状斑点，后扩大呈圆形斑，叶正反两面有病斑隆起，中央凹陷开裂呈灰褐色烂口状，周围有黄色晕环，病叶不变形，但往往早落。

（2）枝梢和果实染病　枝梢和果实染病后的病斑与叶片相似，该病由细菌引起，主要由雨水及昆虫传播，高温多湿、台风及阴雨天易诱发此病。

十一、甜瓜病害

1. 甜瓜蔓枯病

主要为害叶、叶柄、茎蔓、果实。

（1）叶片染病　受害初期在叶缘出现黄褐色“V”字形病斑，具不明显轮纹，后整个叶片枯死。

（2）叶柄染病　受害初期出现黄褐色椭圆形至条形病斑，后病部逐渐萎缩，病部以上枝叶枯死。

（3）茎蔓染病　病蔓开始在近节部呈淡黄色油浸状斑，稍凹陷，病斑椭圆形至梭形，病部龟裂，并分泌黄褐色胶状物，干燥后为红褐色或黑色块状。生产后期病部逐渐干枯，凹陷，呈灰白色，表面散生黑色小点，即分生孢子器及子囊壳。

（4）果实染病　果实感病，果皮上形成水渍状小斑，后期逐渐扩大成暗褐色的圆形病斑，并向内凹陷，在个别品种的果实上，病斑表面常呈星状开裂，内部呈木栓状干腐。

2. 甜瓜炭疽病

主要为害叶片、叶柄、茎蔓、果实。

（1）叶片染病　叶片上出现水渍状小斑点后渐扩大成近圆形病斑，红褐色，边缘有时有黄晕，病斑多时连成不规则的斑块，其上长出许多小黑点，即分生孢子盘。潮湿时溢出粉红色的黏稠物，即分生孢子。天气干燥时病斑中部开裂、脱落、穿孔，以致叶片枯死。

（2）茎蔓、叶柄染病　病斑长圆形，稍凹陷，初呈水渍状，淡黄色，后变为深褐色或灰色，病部如环绕茎蔓、叶柄一周，则茎蔓、叶枯死。

（3）果实染病　果面出现近圆形黄褐色至红褐色病斑，病部凹陷，湿度大时常龟裂溢出粉红色黏稠物。

3. 甜瓜灰霉病

主要危害花、叶片、茎、果实。幼苗期染病，初为茎、叶上产生水浸状褪绿斑，随着病斑扩大长出灰色霉层，造成幼苗枯死。

（1）花染病　一般先从残留的雌花花瓣开始发病，初为水浸状腐烂，后密生灰色或淡褐色的霉层，即为病菌的分生孢子和分生孢子梗，最后花瓣枯萎脱落。

（2）叶片染病　大部分病叶是由落下的病花传播病菌引起的，形成灰褐色圆形或不规则大病斑，病健部分界明显，病部表面灰白色，具同心轮纹，密生灰色霉层，干燥时病部易破裂穿孔。

（3）茎部染病　多集中在节部，病部表面灰白色，最后病斑可环绕节部一圈，其上部叶片和茎呈萎蔫状。

（4）果实染病　随着花瓣染病的继续发展，病菌逐步向幼果侵入，果实染病先从蒂部开始，病斑初为水浸状，然后软化，表面密生灰色霉层，最后病果实呈黄褐色，腐烂或脱落。

4. 甜瓜疫病

主要危害叶片、茎、果实。幼苗期染病，茎基部呈水浸状，逐渐缢缩后呈暗褐色，基部叶片萎蔫，不久即青枯死亡。

（1）叶片染病　由叶缘向里发展，形成灰褐色至黄褐色病斑，边缘不明显，叶片极易破裂。

（2）成株染病　首先在茎基部产生暗绿色水渍状病斑，发病部位缢缩，潮湿时腐烂，在干燥时呈灰褐色干枯，地上部迅速青枯。

（3）果实染病　初生暗绿色近圆形水浸状病斑，潮湿时病斑很快蔓延，病部凹陷腐烂，在病斑部长出稀疏白色霉状物，即孢子囊和孢子囊梗，引起果实腐烂。

5. 甜瓜黑星病

主要危害叶片、茎蔓、果实。

（1）叶片染病　发病初期出现褪绿小点，后扩展为1 ～ 2mm的圆形病斑，淡黄色，病斑穿孔后呈星状开裂，叶脉受害后坏死，周围健康组织继续生长，致使病斑周围叶组织扭曲。

（2）茎蔓染病　初为淡黄褐色水渍状条斑，后变为暗褐色，凹陷龟裂。病部溢出初期呈白色后为琥珀色的胶状分泌物，潮湿时病斑上密生灰黑色霉层。严重的植株心叶腐烂，卷须变褐腐烂，茎蔓萎蔫。

（3）果实染病　果实上初呈暗绿色圆形至椭圆形病斑，直径2 ～ 4mm，溢出白色至琥珀色胶状物，病斑凹陷，龟裂呈疮痂状，病组织停止生长，果实畸形，在潮湿时可见灰黑色霉层，果实不腐烂。

6. 甜瓜病毒病

主要有花叶型和坏死型两大类。

（1）花叶型　植株顶部叶片现褪绿斑点，新叶畸形、变小，叶片成熟后有黄绿镶嵌花斑，皱缩；发病严重时，植株矮小，茎节间缩短，植株萎蔫。

（2）坏死型　植株病叶变得窄长，皱缩畸形。花器不发育，发病重时结瓜少或不结瓜，易形成畸形果，植株萎缩。果实受害时，果实表面形成浓绿色与淡绿色相间的斑驳，并有不规则突起。

7. 甜瓜细菌性斑点病

主要为害叶片。

叶片染病，发病初始产生水渍状褪绿小斑点，扩大后受叶脉限制，病斑呈多角形，褐色至灰褐色，周围具褪绿晕圈。病斑后期呈黄色至黄褐色，中央半透明。在湿度高时叶背病部也不产生混浊状的菌脓，区别于甜瓜细菌性角斑病。

十二、西瓜病害

1. 西瓜枯萎病

主要为害根部、茎蔓。

染病根部和茎蔓维管束变褐。发病部位的根或者茎缢缩变细。瓜蔓纵裂并且在裂口处产生黑色黏稠（淡红色胶状液体）的物质；植株萎蔫，初期通常从基位叶向顶位叶发展，同一张叶片由顶部向基部枯萎。初期表现为中午萎垂，早晚可恢复。

2. 西瓜病毒病

主要有花叶型、蕨叶型、皱缩型、黄化型、叶脉坏死型和复合侵染混合型等。

（1）花叶型　植株表现为生长发育弱，根部叶片出现黄绿花斑，新生叶明显褪绿，逐渐成黄绿相间的斑驳花叶，叶面凹凸不平，叶形不整，叶片变小，皱缩畸形，植株萎缩矮化，严重时病蔓细长瘦弱，花器发育不良，难于坐瓜或瓜很小，畸形，果面上有褪绿斑驳，失去商品性。

（2）蕨叶型　新叶黄化，叶变小，线状、狭长，叶缘反卷，皱缩扭曲，呈蕨叶状；不结果或果实畸形，重病株未结瓜即坏死。

（3）皱缩型　叶片皱缩，出现泡斑，幼嫩叶片皱缩扭曲，严重时伴随有蕨叶、小叶和鸡爪叶等畸形，主蔓变粗，新生蔓纤细扭曲，花器发育不良，难于坐瓜或成畸形瓜、僵瓜。

（4）黄化型　主要是叶片黄化，变厚变脆，节间缩短，株型矮化，难以坐果。

（5）叶脉坏死型和混合型　叶片上沿叶脉产生淡褐色坏死，叶柄和瓜蔓上则产生铁锈色坏死斑驳，常使叶片焦枯。多种症状集中在一株上，呈现混合型感染。有时候前茬作物的除草剂分解不完全，后茬西瓜植株也会出现病毒病的症状。

第三节　其他作物病害

一、小麦病害

1. 小麦条锈病

主要为害叶片、叶鞘、茎秆。

在叶片的正面形成很多鲜黄色椭圆形的夏孢子堆，沿叶脉纵向排列呈虚线状，常几条结合在一起成片着生。夏孢子堆中产生大量鲜黄的粉末，即夏孢子。小麦接近成熟时，在叶鞘和叶片上产生短的黑色冬孢子堆，埋生于表皮下。

2. 小麦叶锈病

主要为害叶片。

叶锈病主要发生在叶片，但也能侵害叶鞘，很少发生在茎秆或穗部。发病初期，受害叶片出现圆形或近圆形红褐色的夏孢子堆。夏孢子堆较小，一般在叶片正面不规则散生，极少能穿透叶片，待表皮破裂后，散出黄褐色粉状物，即夏孢子。后期在叶背面和叶鞘上长出黑色阔椭圆形或长椭圆形、埋于表皮下的冬孢子堆。

3. 小麦秆锈病

主要为害茎秆、叶鞘。

秆锈病主要发生在小麦叶鞘、茎秆和叶鞘基部，严重时在麦穗的颖片和芒上也有发生，产生很多的深红褐色、长椭圆形夏孢子堆。小麦发育后期，在夏孢子堆或其附近产生黑色的冬孢子堆。秆锈病夏孢子堆散生，长椭圆形，表皮破裂而外翻。

4. 小麦白粉病

主要为害叶片，严重时可在叶鞘、茎秆和穗颈上发生。

一般叶正面病斑比反面多，下部叶片较上部叶片重。病斑最初圆形或椭圆形，白色绒絮状（病菌的菌丝和产生的分生孢子）。以后病斑变灰色，最后变为浅褐色，上面生出小点（子囊壳）。菌丝脱落后，叶片上出现黄褐色斑点。病叶早期黄化、卷曲并枯死。茎和叶鞘受害后，植株易倒伏。重病株通常矮缩不抽穗。

5. 小麦纹枯病

多于苗期发生，主要为害叶鞘、茎秆。

小麦苗期感病后，病部初呈暗绿色小斑，后渐扩大呈云纹状大斑。潮湿条件下，病部出现白色菌丝体，有时出现白色粉状物（担子和担孢子）。

叶鞘染病。小麦拔节后病斑主要发生在基部叶鞘上，严重时也侵染茎。后期病部表面产生褐色菌核，成熟后易剥落。

侵茎后易出现“白穗”，极易倒伏。

6. 小麦全蚀病

小麦全蚀病是一种根腐和茎腐性病害。小麦整个生育期均可感染。幼苗受侵，轻的症状不明显，重的显著矮化，叶色变浅，底部叶片发黄，分蘖减少，类似干旱缺肥状。拔出可见种子根和地下茎变成灰黑色。

（1）根腐　严重时，次生根变为黑色，植株枯死。灌浆到成熟期这种症状尤为明显，在潮湿情况下，根茎变色部分形成基腐性的“黑脚”症状。最后造成植株枯死，形成“白穗”。剥开有病部位基部叶鞘，可以看到全蚀病特有的“黑膏药”状物。

（2）茎腐　近收获时，在潮湿条件下，根茎处可看到黑色点状突起的子囊壳。

7. 小麦根腐病

主要为害茎、根、芽鞘、叶片、叶鞘。

该病症状因气候条件而不同。在干旱半干旱地区，多引起茎基腐、根腐；多湿地区除以上症状外，还引起叶斑、茎枯、穗颈枯。

（1）幼苗染病　芽鞘和根部变褐，甚至腐烂，严重时幼芽不能出土而枯死。在分蘖期，根茎部产生褐斑，叶鞘发生褐色腐烂，严重时也可引起幼苗死亡。

（2）成株期染病　在叶片或叶鞘上，最初产生黑褐色梭形病斑，以后扩大变为椭圆形或不规则形褐斑，中央灰白色至淡褐色，边缘不明显。在空气湿润和多雨期间，病斑上产生黑色霉状物，用手容易抹掉。叶鞘上的病斑还可引起茎节发病。穗部发病，一般是个别小穗发病，小穗梗和颖片变为褐色。

湿度较大时病斑表面也产生黑色霉状物，有时会发生穗枯或掉穗。种子受害时，病粒胚尖呈黑色，重者全胚呈黑色。根腐病除发生在胚部以外，也可发生在胚乳的腹背或腹沟等部分。病斑梭形，边缘褐色，中央白色，形成“花斑粒”。

8. 小麦赤霉病

主要为害苗、穗、茎。

赤霉病自幼苗至抽穗期均可发生，引起苗腐、茎基腐和穗腐等，其中以穗腐发生最为严重、普遍。

（1）穗腐　于小麦扬花后出现。初在小穗颖片上呈现边缘不清的水渍状淡褐色病斑，逐渐扩大至整个小穗或整个麦穗，严重时被侵害小穗或整个麦穗后期全部枯死，呈灰褐色。田间潮湿时，病部产生粉红色胶质霉层，即病菌的分生孢子座和分生孢子。在多雨季节，后期病穗上产生黑色小颗粒，即病菌的子囊壳。病种子变瘪，具粉红色霉层。

（2）苗腐　由种子带菌或土壤中病残体带菌引起。在幼苗的芽鞘和根鞘上呈黄褐色水渍状腐烂，严重时全苗枯死，病苗残粒上见粉红色霉层。

（3）茎基腐　又称脚腐。幼苗出土至成熟均可发生。发病初期茎基部呈褐色，后变软腐烂，植株枯萎，在病部产生粉红色霉层。

9. 小麦叶枯病

主要为害叶片、叶鞘、穗部、茎秆。

在叶片上最初出现卵圆形浅绿色病斑，以后逐渐扩展联结成不规则形大块黄褐色病斑。病斑上散生黑色小粒，即病菌的分生孢子器。一般先由下部叶片发病，逐渐向上发展。

在晚秋及早春，病菌侵入寄主根冠，导致下部叶片枯死，植株衰弱，甚至死亡。茎秆和穗部的病斑不太明显，比叶部病斑小得多，分生孢子器也稀少。

10. 小麦病毒病

小麦病毒病主要有小麦丛矮病、小麦黄矮病、小麦土传花叶病。

（1）小麦丛矮病　发病植株分蘖增多，叶片细小，心叶嫩绿，从叶茎开始出现白色细条纹，后发展成不均匀的黄绿相间的条纹，条纹不受叶脉限制。冬前在温度过低的年份，显病的植株大部分不能越冬而死亡。

轻病株在返青后分蘖继续增多，生长细弱，常有3～4次分蘖出现。植株显著矮化，叶片上有明显黄绿相间的条纹。

麦穗一般能抽出叶鞘，但多数小穗与花器不能正常发育，严重的不能拔节抽穗而提早枯死。发病植株根系发育不良，易拔起。返青拔节后发病的植株，上部叶片可见黄绿色条纹，下部叶片浓绿，植株较粗矮，不能抽穗或虽抽穗但结实率低，籽粒不饱满。

（2）小麦黄矮病　黄矮病的典型症状是叶片鲜黄，叶脉仍为绿色，呈现黄绿相间的条纹，植株矮化。苗期感病生长缓慢，分蘖少，扎根浅。病叶从叶尖开始变黄，逐渐向下发展，叶片厚而脆。病苗不能越冬，即使能越冬，返青拔节后新叶继续发病，植株严重矮化不能抽穗，甚至枯死。

拔节至孕穗期感病，植株矮化程度轻，病叶从叶尖开始变黄，逐渐向下延伸，黄化部分占全叶长1/3～2/3，后期逐渐枯死，病叶半部仍为绿色。穗期感病一般只有旗叶变黄，植株不矮化，能抽穗。

（3）小麦土传花叶病　秋苗期一般生长正常，小麦返青后才开始显症，病苗发黄，叶尖变紫，拔节期为显症高峰，新叶出现花叶症状，抽穗后病株恢复生长，贪青晚熟。

二、水稻病害

1. 稻瘟病

稻瘟病病原菌可侵染叶、茎、穗、粒等各部位而引起苗瘟、叶瘟、节瘟、穗颈瘟、谷粒瘟。

苗瘟多由种子带菌引起，通常发生在3叶期前。发芽初期的病株在芽和芽鞘上出现水浸状斑点，然后迅速变成黄褐斑，导致芽腐烂枯死。稍大的病苗靠近土面的基部变成灰黑色，叶片上形成褐色梭形病斑，有时在病斑上形成灰绿色霉层，严重者叶片变成淡红褐色，使整株秧苗卷缩枯死。叶瘟主要发生在秧苗 3 叶期后至穗期，发病部位为叶片。病斑有 4 种类型，即白点型、急性型、慢性型与褐点型，其中慢性型的危害最严重。白点型病斑为白色圆形，通常发生在嫩叶上，但不常见。

（1）急性型　病斑为圆形或椭圆形，呈暗绿色水渍状，叶片正反面有灰绿色霉层，此病斑的发生预示着稻瘟病的流行。

（2）慢性型　病斑是叶瘟的典型症状，病斑初为暗绿色小斑，后扩大为梭形，并向两头延伸；病斑外部有淡黄色晕圈，内部和中心分别呈褐色和灰白色，发病严重会致使叶苗枯死。

（3）褐点型　病斑为褐色小斑点，多发生在植株中下部老叶上。节瘟主要表现为病节上起初长有黑褐色小点，以后呈环状扩大至全节，呈黑褐色，后期病斑干缩凹陷，易折断、倒伏。穗颈瘟主要表现为起初在穗、茎上长有水浸状褐色小点样的病斑，并围绕穗轴和枝梗扩展，最后成褐色或黑绿色，后期呈枯白色，易造成白穗。谷粒瘟病病斑呈灰白色、椭圆形，发病早时易形成谷壳全为暗灰色的秕谷，发病晚时米粒变黑，发病区部分谷壳看似正常但有可能已形成带菌的种子成为次年苗瘟的初侵染源。

2. 水稻纹枯病

主要为害叶鞘、叶片。

纹枯病在秧苗期至穗期均可发生，孕穗前后为发病高峰期，水稻结实率下降，秕谷增加。一旦感染，在接近水面处有暗绿色的斑点，随后扩大为椭圆形，颜色逐渐变为灰绿色。在病情急剧扩展时，叶鞘和叶片迅速腐烂，病茎易折倒，严重时可见稻田大片禾苗倒伏。

3. 水稻白叶枯病

水稻白叶枯病在水稻整个生育期均可发生，尤以苗期、分蘖期最重。病株症状常有叶缘型、急性型、凋萎型、中脉型。

（1）叶缘型　是常见的典型症状，主要发生在叶片。病菌从水孔或气孔侵入，在叶尖或叶缘形成暗绿色短线状斑，随后线状斑变宽，症状沿叶缘两侧或中脉上下延伸，最后转为黄褐色或灰白色并枯死。

（2）急性型　病叶呈青灰色或暗绿色，并迅速失水，向内卷曲，呈青枯状，此时病害急剧发展。

（3）凋萎型　发生在秧田后期与大田分蘖返青期，最初病株心叶叶尖失水，从叶缘向内卷曲，叶缘的水孔有黄色球状菌脓，其他叶片仍保持青绿。

（4）中脉型　常发生在水稻分蘖或孕穗期，最初叶片中脉处呈淡黄色条斑，并逐渐沿中脉向四周扩展，最后病株枯黄而死。病株具体症状因侵入部位、品种、环境条件等不同有所差异，常造成植株不能抽穗，扬花灌浆受阻，秕粒增加，茎秆软弱易倒伏。

4. 水稻立枯病

主要为害叶片、叶鞘、芽根。

立枯病分为生理性与病原性。生理性立枯病主要是由不良的外界条件和管理措施引起的，如低温、土壤 pH 偏高、土壤板结、播种密度大等。初期幼苗叶片呈暗绿色，白天打卷，早晚恢复正常，后期则萎蔫死亡。该病发展迅速，1 ～ 2d 内大面积发生，秧苗大片枯死，但植株的茎基部和根系正常。病原性立枯病是由绵腐菌、腐霉菌、水霉菌、镰刀菌、丝核菌与毛霉等真菌引起，主要发生在出土前后，种子（芽根）变褐色并且有霉状物，带病的小芽先是扭曲最后腐烂，进而种子死亡；在立针后与2叶期前的幼苗时期，基部腐烂变褐色，柔软易折断，叶鞘有褐色斑块，根系也逐渐变黄、变褐，常大片死亡；在3 叶期前，叶片出现淡褐色病斑，之后整个幼苗变黄，逐渐萎蔫卷曲，最后枯萎死亡。

5. 水稻恶苗病

主要为害植株各部分。

水稻恶苗病是由半知菌亚门串珠镰刀菌引起的真菌病害，受感染严重的种子播种后不发芽或不能出土；若苗期发病则表现为茎、叶黄绿细长，可高出正常苗 1/3 以上，植株细弱，叶片与叶鞘变窄而长，全株呈黄绿色，根系发育不良。抽穗期谷粒也可被感染，严重者变为褐色，穗小粒少，颖壳夹缝处生淡红色或白色霉状物，下部茎节有倒生须根。

三、玉米病害

1. 玉米黑粉病

玉米黑粉病可引起果穗、雄花序、叶片等多个部位染病。玉米整个生育期均可染病。幼苗期染病，受害部位形成肿瘤，影响正常生长，植株矮化后枯死。

（1）果穗染病　受害后常形成长椭圆形、比正常玉米穗粗0.5 ～ 1倍的大型瘤状突起，初呈白色或带紫红色，后转变成灰色，发病果组织全部或部分变为黑粉。

（2）雄花序染病　受害部位异常肿大，花穗的花粉条形成念珠状的串生霜状突起，初呈白色，后转变成灰色，表皮破裂后散发出大量黑色小粉粒（病原孢子），引起其他健株发病。

（3）叶片染病　受害部位常产生豆粒大小的瘤状突起。

2. 玉米丝黑穗病

主要危害玉米雌穗和雄穗，苗期至成株期均可发病。种子萌动至5叶期都能感染玉米丝黑穗病，以幼芽期侵染率最高，发病的幼苗表现为植株矮化、节间缩短，叶片密集并向上直立，叶色浓，叶片上有黄白条纹，茎秆稍有弯曲。

（1）雄穗染病　病株的雄穗呈现部分花器变形或整个花器变形，基部膨大，内包黑粉。

（2）雌穗染病　病穗外观短粗，无花丝，除了苞叶外整个果穗变成1个大黑粉包，成熟时苞叶开裂散出黑粉，内混有许多丝状物，由此得名为丝黑穗病。

3. 玉米锈病

玉米锈病主要危害叶片。

叶片染病，发病初时产生黄白色小点，扩大后成椭圆形或短条形淡黄色小孢斑，后病斑中央的小孢斑呈褐色，即病菌的夏孢子堆，周围具有黄色晕环，小孢斑表皮破裂后散发出红褐色粉状物，即病菌的夏孢子堆散发出的夏孢子。

发病后期夏孢子堆转变为黑色冬孢子堆，有圆形或椭圆形突起，表皮破裂后露出黑褐色冬孢子。发病严重时，整张叶片可布满锈褐色病斑，引起叶片枯黄，同时可危害苞叶、果穗和雄花。

4. 玉米大斑病

主要危害叶片、叶鞘或苞叶。一般先从下部叶片开始发病，然后向上部扩展。叶片上的病斑因玉米材料上所带抗病基因不同，可分为两种类型：

（1）非抗病品种上产生的萎蔫斑　发病初期在叶片上产生椭圆形、黄色或青灰色的水渍状斑，向两端扩展，形成梭形的大萎蔫斑，后沿叶脉扩展成长梭形大斑，发病严重时，病斑常连片，引起叶片早枯。病斑边缘暗褐色，中央淡褐色，有时叶鞘和苞叶上也产生不规则暗褐色病斑，后期病部密生灰黑色霉层，即病菌的分生孢子梗和分生孢子。

（2）抗病品种上产生的褪绿型病斑　病斑初期为椭圆形小点，并有黄绿色的边缘，后沿叶脉扩展，病斑扩展缓慢，即出现褐色坏死条纹，病部灰黑色霉层不明显，不易产生分生孢子，或产生的分生孢子较少。在严重发生时，危害会遍及全株，但也常有从中、上部叶片开始发病的情况。叶鞘、苞叶和子粒发病时，病斑多呈长梭形，为褐色或黄褐色。

5. 玉米小斑病

玉米小斑病主要危害叶片，在玉米整个生长期都可发生。

叶片染病，通常下部叶片先发病，并逐渐向上部叶片蔓延、扩展。发病初始病部产生褐色水渍状小点，扩大后病斑呈黄褐色或红褐色，边缘颜色较深，受叶脉限制，沿叶脉扩展成不规则形小斑，有时病斑上有2～3个同心轮纹，当叶片上病斑密集时，常相互连片融合，使叶片枯死。在多雨潮湿的情况下，病斑上隐约可见褐色霉层，即病菌的分生孢子梗和分生孢子，严重时植株提前枯死，叶片上病斑比玉米大斑病小得多，但病斑数量多。

叶片病斑形状因品种具抗性不同，有3种表现类型：

（1）不规则椭圆形病斑　或受叶脉限制表现为近长方形，有较明显的紫褐色或深褐色边缘，这是最常见的典型病斑。

（2）圆形或纺锤形病斑　扩散不受叶脉限制，病斑较大，呈灰褐色或黄褐色，无明显深色边缘，病斑上有时出现轮纹，属感病品种型病斑。

（3）病斑出现黄褐色坏死小斑点　基本不扩大，周围有明显的黄绿色晕圈，此为抗性病斑（此种病斑有时与玉米锈病不易区分，注意区分点是玉米锈病的病斑有疤状）。

高温潮湿天气，前两种病斑周围或两端可出现暗绿色浸润区，幼苗上尤其明显，病叶呈萎蔫枯死状，叫“萎蔫性病斑”；后一种病斑，当病斑数量多时也可连接成片，使病叶变黄枯死，但不表现萎蔫状，叫“坏死性病斑”。

6. 玉米粗缩病

主要为害叶片、株茎。

（1）苗期染病　不能抽穗结实，往往提早枯死。拔节后得病，上部枝节缩短，虽能抽穗结实，但雄花轴短缩，穗小畸形。

（2）株茎、叶染病　病株茎节明显缩短变粗，严重短化，仅为健株高的1/3～1/2。叶片浓绿对生，宽短硬直。叶背、叶鞘及苞叶的叶脉上有粗细不一的蜡白色突起条斑。顶叶簇生，心叶卷曲变小。

7. 玉米细菌性条纹病

主要为害叶片、叶鞘、茎秆、穗。玉米细菌性条纹病主要发生在成株期。

（1）叶片染病　发病初期，在病叶的叶脉或叶脉两侧产生水渍状针尖斑点，扩大后变为褐色的斑点，发病中后期多个病斑愈合成褐色的条纹斑，发病重时可使叶脉、叶片变褐枯死。

（2）叶鞘、茎秆染病 病株叶鞘或茎秆上产生水渍状针尖斑点；扩大后变为褐色至暗褐色条斑或块斑，严重时病斑融合，可使叶鞘、茎秆枯死。湿度大时（雨后），病部溢出很多菌，干燥后成褐色膜状干枯。

（3）穗部染病 在穗苞外产生水渍状针尖斑点，扩大后变为褐色至暗褐色的斑块，严重时病斑融合，可使全穗变褐色。湿度大时（雨后），剥开病穗苞叶可见很多溢出的菌脓，干燥后成褐色干枯。

四、高粱病害

1. 高粱黑穗病

为害整个生育期。

该病一般在穗期才表现症状，穗期雄穗受害，基部膨大，颖片增多，内含黑色粉末；雌穗受害，穗形短小，基部膨大，果穗内部充满黑色粉末和扭曲的丝状物。极少数病株在生长前期也表现出症状，一般表现为植株矮小，节间缩短，叶片簇生，有的分蘖丛生。

2. 高粱大斑病

主要为害叶片。

高粱大斑病是高粱产区常见叶部病害。叶片上病斑长梭形，中央浅褐色至褐色，边缘紫红色，早期可见不规则的轮纹，后期或雨季叶两面生黑色霉层，即病原菌子实体。一般从植株下部叶片逐渐向上扩展，雨季湿度大扩展迅速，常融合成大斑致叶片干枯。

3. 高粱苗枯病

主要为害叶片。

高粱生长到4～5片叶子时即可发病，始于下部叶片，后向上扩展，染病叶片生紫红色条斑，渐融合，致叶片从顶端逐渐枯死，种子变褐。

4. 高粱炭疽病

为害整个生育期。

苗期发病为害叶片、叶鞘，导致叶枯，造成死苗，中后期危害茎基部和穗部，造成茎腐和穗腐，以叶片和叶鞘症状最为明显。

5. 高粱紫斑病

主要为害叶片和叶鞘。

发生于高粱生长的中后期，为害叶片和叶鞘。下部叶片先发病，逐渐向上扩展，严重时高粱叶片从下向上提前枯死。

五、花生病害

1. 花生青枯病

苗期到收获期都可发病，盛花期发病最严重。

（1）初期发病　表现萎蔫，早晨叶片张开延迟，傍晚提早闭合，主茎顶梢第一、二叶片先表现症状，侧枝顶叶暗淡萎垂，1 ～ 2天后全株叶片急剧凋萎，叶色暗淡，但叶片仍为青绿色，别于其他枯萎病。

（2）后期发病　病叶变褐枯焦，病株易拔起。病株枯死时通常凋萎叶片的叶绿素尚未被破坏，仍然保持绿色或暗绿色，故叫青枯病。

花生青枯病典型症状：病株初期为白天萎蔫早晚恢复，时间长后早晚也不会恢复。病株根部会变褐腐烂，茎部维管束变褐色，潮湿条件下用手挤压会出现污白色的菌脓。

2. 花生黑斑病

潮湿条件下，病斑上产生一层灰褐色霉状物。主要危害叶片，严重一些的叶片、叶柄、嫩枝和花梗都可能受害。

发病初期，叶表面出现红褐色至紫褐色小点，逐渐扩大成圆形或不定形的暗褐色或黑褐色病斑。病斑边缘有不明显的黄色晕圈，呈放射状。病斑直径大约为3 ～ 15mm。病斑相互融合后形成不规则大病斑。在叶背的病斑上散生着许多小黑点。严重时植株下部叶片枯黄，早期即落叶，个别枝条枯死。

3. 花生褐斑病

主要为害叶片。

生长中后期多发，发病初期，叶片上产生黄褐色或铁锈色、针头状小斑点，随着病害发展，逐渐扩大成圆形或不规则形病斑。叶正面病斑暗褐色，背面颜色较浅，呈淡褐色或褐色。病斑周围有黄色晕圈。在潮湿条件下，大多在叶正面病斑上产生灰色霉状物，即病原分生孢子梗和分生孢子。发病严重时，叶片上产生大量病斑，多个病斑融合在一起，常使叶片干枯脱落，仅留上部3～5个幼嫩叶片。严重时叶柄、茎秆也可受害，病斑为长椭圆形，暗褐色，中间稍凹陷。

4. 花生网斑病

主要危害叶片、叶柄和茎。

（1）叶片染病　一般于开花下针期始发，发病盛期在结荚期至成熟期。植株下部叶片先受害，在叶正面产生褐色小点或星芒状网纹。病斑扩大后形成近圆形褐色至黑褐色大斑，边缘呈网状不清晰，表面粗糙，着色不均匀，无黄晕；只有当正面病斑充分扩展时，背面才出现褐色斑痕。

（2）叶柄和茎染病　初为褐色小点，后扩展为长条形或椭圆形病斑，中央略凹陷，严重时引起茎叶枯死，后期病部有不明显的黑色小点。

5. 花生焦斑病

主要危害叶片、叶柄、茎。

（1）叶片染病　先从叶尖或叶缘发病，病斑楔形或半圆形，由黄变褐，边缘深褐色，周围有黄色晕圈，之后变为灰褐色，枯死破裂，如焦灼状，上生许多小黑点即病菌子囊壳。叶片中部病斑初与黑斑病、褐斑病相似，后扩大成近圆形褐斑。该病常与叶斑病混生，有明显胡麻状斑。在焦斑病病斑内有黑斑病或褐斑病、锈病斑点。

（2）茎及叶柄染病　病斑呈浅褐色不规则水渍状，茎及叶柄上有病菌的子囊壳。

六、大豆病害

1. 大豆根腐病

主要为害主根，从幼苗到成株期均可发病，一般初发病斑为褐色至黑褐色小斑点，以后迅速扩大成梭形、长条形、不规则形大斑，病重时整个主根变为红褐色或黑褐色，皮层腐烂呈溃疡状，病部缢缩，有的凹陷，重病株侧根和须根脱落使主根变成秃根。一般根部受害，病株地上部长势很弱，叶片黄而瘦小，植株矮化，分枝少，重者可死亡；轻者虽可继续生长，但叶片变黄以致提早脱落，结荚少，粒小，产量低。

2. 大豆胞囊线虫病

在大豆整个生育阶段均可发病。根部被线虫寄生后，根系不发达，侧根减少，须根增多，根瘤少而小，并在根系上着生许多白色或黄白色小颗粒，即胞囊。

（1）苗期发病　子叶及真叶变黄，发育迟缓。

（2）成株期发病　植株矮小，叶片变黄，叶柄及茎顶端失绿呈淡黄色，开花推迟，结荚小而少；发病严重时茎叶变黄，叶片干枯、脱落，大豆成片枯死，似被火烧焦一样，因而有“火龙秧子”之称。

3. 大豆菌核病

从幼苗到成株均有发生，尤其是结荚后危害严重。主要侵染大豆茎部。

（1）植株上部叶片变褐枯死　田间以植株上部叶片变褐枯死最先引人注意。此时病株的茎部已断续发生褐色病斑，上生白色棉絮状菌丝体及白色颗粒状物，后变黑色成为菌核。纵剖病株茎部，则见内有黑色鼠粪状菌核依次排列。

（2）病株枯死　病株枯死后呈灰白色，茎中空皮层往往烂成麻丝状，病株外部的菌核颇易脱落。荚上病斑褐色，迅速枯死不能结荚，最后全荚呈苍白色，轻病荚虽可结粒，但病粒腐烂或干缩皱瘪。

4. 大豆褐秆病

大豆褐秆病也叫大豆疫病，大豆整个生育期均可发生。病菌可侵染植株的根、茎和叶部，导致根腐、茎腐，植株矮化、枯萎和死亡。

（1）幼苗期　幼苗出土前后猝倒，根及下胚轴变褐、变软，真叶期被害幼苗茎部呈水浸状，叶片变黄，严重者枯萎而死。

（2）成株期　往往在茎基部发病，出现黑褐色病斑，并向上下扩展，病茎髓部变褐，皮层和维管束组织坏死，叶柄下垂但不脱落，呈倒“八”字形，根部受害变黑褐色，病痕边缘不清晰。

第三章
农作物非侵染性病害的识别

农作物非传染性病害是由非生物因素即不适宜的环境条件引起的，这类病害没有病原物，不能在农作物个体间互相传染，所以也称生理性病害。本章主要讨论农作物元素失调症状。

第一节　蔬菜元素失调的危害症状

一、大白菜营养失调症的诊断

（1）氮素失调　氮肥过多，叶色浓绿，生长旺盛，往往外叶多，净菜率降低，纤维素减少，使植株整体变软，不耐贮藏。早期缺氮，植株矮小，叶片小而薄，叶色发黄，茎部细长，生长缓慢。中后期缺氮，叶球不充实，包心期延迟，叶片纤维增加，品质降低。

（2）磷素失调　磷肥施用过量，使植株体内吸收的磷过多，下部叶片易出现黄化症状，形成许多小斑点。同时，磷过多还影响锌、铁、钙的吸收。缺磷植株叶色变深、变紫，叶小而厚，毛刺变硬扎手，其后叶色变黄，植株矮小，缺磷第12天时，第1、2片叶大部分黄化，而内部叶深绿色。缺磷对生殖生长影响最大，延迟开花，种子产量降低。

（3）钾素失调　钾肥过多时易使氮、磷的比例失调，叶缘部向上反卷，也易诱发缺钙症状。缺钾时，水分平衡紊乱，外叶的边缘先出现黄色，渐向内发展，然后叶缘枯脆易碎（即枯尖），这种现象在结球中后期发生最多。与缺氮、磷相比，缺钾对叶面积的影响相对较小。

（4）钙素失调 钙过剩时，易使土壤呈碱性，影响大白菜的正常生长，钙的过剩还易造成锰、锌、铁、硼等元素的缺乏症状。缺钙时心叶边缘不均匀地褪绿，逐渐变黄、变褐直至干边，称为“干烧心”。缺钙根系变小，根尖停止生长，发生的根毛少，且很快死亡。缺钙时顶端优势被削弱，阻碍顶端分生组织的分裂活动，严重时生长点甚至死亡，易引起侧芽蘖生。

（5）镁素失调 镁过剩时，根系发育受阻，叶色变浓，叶脉黄化，下部叶易成“杯”状；影响木质部的发育，叶组织细胞体积增大，而数目减少；缺镁时植株矮小，与缺氮相反，叶片从下至上出现界线不明显的黄化，老叶叶脉间也表现黄化。

（6）硫素失调 缺硫与缺氮的结果大致相似，但失绿黄化先从新叶开始，表现为植株矮小，新叶变黄，叶绿素含量降低，并累及叶脉，目前大白菜缺硫的现象还不多见。

（7）铁素失调 铁过多时，叶片易出现茶褐色斑点，植株生长不良，并影响磷、锰的吸收和运转。大白菜对缺铁反应敏感，短暂的缺铁就能表现出症状，心叶显著变黄，特别是叶脉间黄化，严重时叶片变白，叶脉褪绿，株形变小，这是缺铁的典型特征。

（8）硼素失调 大白菜对低浓度和高浓度硼的耐性都较强。需求量随生长而增加，当硼过剩时，叶缘发黄，并逐渐变褐，叶缘部分形成不整齐的斑点，严重时，叶片尖端部分枯死。在生长盛期缺硼生长紊乱，有时分生组织坏死，常在叶柄内侧出现木栓化组织，由褐色变为黑褐色，叶片周边枯死，叶片皱缩，严重时由黄变褐，直到腐烂。缺硼根系分枝减少，结球不良。

二、茄子营养失调症的诊断

（1）氮素失调 氮充足，幼苗茎粗壮，叶片肥厚；氮素过多，枝叶增多、徒长，开花少，坐果率低，果实畸形，果实着色不良，品质低劣。施氮过多，还易导致植株体内养分不平衡，容易诱发钾、钙、硼等元素的缺乏。植株过多吸收氮素，体内容易积累氨，从而造成氨中毒。茄子缺氮时，叶色变淡，老叶黄化，严重时干枯脱落，花蕾停止发育并变黄，心叶变小。

（2）磷素失调 磷可促进花芽分化，特别对前期的花芽分化起着良好作用。磷充足，茄苗生长旺盛，花芽分化提早，着花节位降低，花芽分化数增多。茄子缺磷时，茎秆细长，纤维发达，花芽分化和结果时期延长，叶片变小，颜色变深，叶脉发红。

（3）钾素失调 钾可以使幼苗生长健壮。茄子缺钾时，初期心叶变小，生长较慢，叶色变淡；后期叶脉间失绿，出现黄白色斑块，叶尖叶缘渐干枯。

（4）钙素失调 钙可以与茄子植株体内的有机酸结合形成盐，防止植株受伤害，并调节体内的酸碱度。钙对防止茄子发生真菌病害也有一定的作用。茄子缺钙时，植株生长缓慢，生长点畸形，幼叶叶缘失绿，叶片的网状叶脉变褐色，呈铁锈状。

（5）镁素失调 镁充足，有利于叶绿素的形成，提高蔬菜的光合作用能力。茄子缺镁时，叶脉附近特别是主叶脉附近组织变黄，叶片失绿，果实变小，发育不良。生产上，茄子的缺镁症较为多见。

（6）铁素失调 茄子缺铁时，幼叶和新叶呈黄白色，叶脉残留绿色。在土壤呈酸性、多肥、高湿的条件下常会发生缺铁症。

（7）锰素失调 锰是光合放氧系统的特有成分，是维持叶绿体正常结构和功能的必需元素之一。锰过剩时，下部叶的叶脉呈褐色，沿叶脉发生褐色斑点。茄子缺锰时，新叶叶脉间呈黄绿色，不久变褐色，叶脉仍保持绿色。

（8）硼素失调 硼对生殖器官有重要影响。当硼过剩时，下部叶的叶脉间发生褐色的坏死小斑点，逐渐往上部叶发展。茄子缺硼时，自顶叶向下黄化、凋萎，顶端茎及叶柄折断，内部变黑，茎上有木栓状龟裂。

（9）锌素失调 锌影响叶绿素前体的转化，从而间接影响叶绿素的形成。当锌过剩时，生长发育受阻，上部叶易诱发缺铁症。茄子缺锌时，叶小呈丛生状，新叶上发生黄斑，逐渐向叶缘发展，致全叶黄化。

三、芹菜营养失调症的诊断

（1）氮素失调 芹菜缺氮素时植株生长缓慢，从外部叶开始黄白化至全株黄化；老叶变黄，干枯或脱落。新叶变小。

（2）磷素失调 植株生长缓慢，叶片变小但不失绿，外部叶逐渐开始变黄，但嫩叶的叶色与缺氮症相比，显得更浓些，叶脉发红，叶柄变细，纤维发达，下部叶片后期出现红色斑点或紫色斑点，并出现坏死斑点。

（3）钾素失调 外部叶缘开始变黄的同时，叶脉间产生褐小斑点，初期新叶小，生长慢，叶色变淡。后期叶脉间失绿，出现黄白色斑块，叶尖缘渐干枯，然后老叶出现白色或黄色斑点，斑点后期坏死。

（4）钙素失调 植株缺钙时生长点的生长发育受阻，中心幼叶枯死，外叶深绿。

（5）镁素失调 叶脉黄化，且从植株下部向上发展，外部叶叶脉间的绿色渐渐地变白，进一步发展，除了叶脉、叶缘残留绿色外，叶脉间均黄白，嫩叶色淡绿。

（6）硼素失调　缺硼时芹菜叶柄异常肥大、短缩，茎叶部有许多裂纹，心叶的生长发育受阻、畸形、生长差。

（7）锌素失调　叶易向外侧卷，茎秆上可发现色素。

四、黄瓜营养失调症的诊断

（1）氮素失调　缺氮时叶片薄而小，黄化均匀，不表现斑点状，黄化由下部叶片逐渐向上发展，幼叶生长缓慢；从下位叶到上位叶逐渐变小、变黄；开始叶脉间黄化，叶脉凸出可见，最后全叶变黄；坐瓜少，瓜果生长发育不良。

（2）磷素失调　植株生长受阻、矮化、叶片小、颜色浓绿、发硬，叶片平展而微向上挺，老叶出现暗色斑块，下位叶易脱落；果实成熟晚。

（3）钾素失调　生长缓慢，节间短，叶片小，叶缘变成黄绿色，叶片卷曲，严重时叶缘呈烧焦状干枯，症状从下部老叶逐渐向上部新叶发展。

在黄瓜生长早期，叶缘出现轻微黄化，先是叶缘，后是叶脉间黄化，顺序非常明显；在生育的中、后期，中位附近出现和上述相同的症状，叶缘枯死，随着叶片不断生长，叶向外侧卷曲，叶片稍有硬化，瓜条稍短，膨大不良。

（4）钙素失调　节间缩短，幼叶叶缘黄化并向上卷曲，从叶缘向内枯萎，顶芽坏死；上位叶形状稍小，向内侧或向外侧卷曲。在长时间连续低温、日照不足、急剧晴天、高温的情况下易出现缺钙，生长点附近的叶片叶缘卷曲枯死，呈降落伞状；上位叶的叶脉间黄化，叶片变小。

（5）镁素失调　主脉附近的叶脉间失绿，褪绿部分向叶缘扩大，叶缘尚保留一些绿色，严重时叶脉间全部褪色、发白。此外，低温期多肥多水易出现“黄化叶”，是由于营养元素之间不平衡引起的，多发生在植株上、中位叶上，叶片发黄、变厚，植株朽住不长，根系少。一次性施用化学钾肥过多，黄瓜的叶片有时表现为沿叶脉两侧呈线状褪色黄化，或在叶脉间呈斑点状褪色，是钾镁营养失调的表现。黄瓜生育期提前，果实开始膨大并进入盛期的时候，下位叶叶脉间的绿色渐渐变黄，进一步发展，除了叶脉、叶缘残留点绿色外，叶脉间全部黄白化。

（6）硫素失调　整株植物生长无异常，但中、上位叶变淡、黄化。

（7）铁素失调　植株新叶除了叶脉全部黄白化，渐渐地叶脉也失绿；腋芽出现同样的症状。

（8）硼素失调　生长点附近的节间显著缩短；上位叶向外侧卷曲，叶缘部分变褐色，仔细观察上位叶叶脉时，有萎缩现象；果实上有污点，果实表皮出现木质化。

（9）锌素失调　从中位叶开始褪色，与健康叶比较，叶脉清晰可见；随着叶脉间逐渐褪色，叶缘从黄化到变成褐色；因叶缘枯死，叶片向外侧稍微卷曲；生长点附近的节间缩短；新叶不黄化。

五、菜豆营养失调症的诊断

（1）氮素失调　植株生长差，叶色淡绿，叶小，下部叶片先老化变黄甚至脱落，后逐渐上移，遍及全株；坐荚少，荚果生长发育不良。

（2）磷素失调　苗期叶色浓绿、发硬、矮化；结荚期下部叶黄化，上部叶叶片小，稍微向上挺。

（3）钾素失调　在豆角生长早期，叶缘出现轻微黄化，在次序上先是叶缘，然后是叶脉间黄化，顺序明显；叶缘枯死，随着叶片不断生长，叶向外侧卷曲；叶片稍有硬化；荚果稍短。

（4）钙素失调　植株矮小，未老先衰，茎端营养生长缓慢；侧根尖部死亡，呈瘤状突起；顶叶的叶脉间淡绿或黄色，幼叶卷曲，叶缘变黄失绿后从叶尖和叶缘向内死亡；植株顶芽坏死，但老叶仍绿。

（5）镁素失调　豆角在生长发育过程中下部叶叶脉间的绿色渐渐变黄，进一步发展，除了叶脉、叶缘残留点绿色外，叶脉间均黄白化。

（6）铁素失调　幼叶叶脉间褪绿，呈黄白色，严重时全叶变黄白色、干枯，但不表现坏死斑，也不出现死亡。尽量少用碱性肥料，防止土壤呈碱性，土壤pH 6 ～ 6.5；注意土壤水分管理，防止土壤过干、过湿。

（7）硼素失调　生长点萎缩变褐、干枯。新形成的叶芽和叶柄色浅、发硬、易折；上部叶向外侧卷曲，叶缘部分变褐色，当仔细观察上部叶叶脉时，有萎缩现象；荚果表皮出现木质化。

（8）锌素失调　从中部叶开始褪色，与健康叶比较，叶脉清晰可见，随着叶脉间逐渐褪色，叶缘从黄化到变成褐色；节间变短，茎顶簇生小叶，株形丛状，叶片向外侧稍微卷曲，不开花结荚。

六、辣椒营养失调症的诊断

（1）氮素失调　辣椒缺氮，植株瘦小，叶小且薄，发黄，后期叶片脱落。

（2）磷素失调　苗期缺磷，植株瘦小、发育缓慢；成株期缺磷，叶色深绿，叶尖变黑或枯死，生长发育停滞，从下部开始落叶，不结果。

（3）钾素失调　缺钾花期表现明显，植株生长缓慢，叶缘变黄，叶片易脱落，进入成株期缺钾时，下部叶片叶尖开始发黄，后沿叶缘或叶脉间形成黄色麻点，叶缘逐渐干枯，向内扩至全叶呈灼烧状或坏死状；叶片从老叶向心叶或从叶尖端向叶柄发展，植株易失水，造成枯萎，果实小易落，减产明显。

（4）钙素失调　花期缺钙，植株矮小，顶叶黄化，下部还保持绿色，生长点及其附近枯死或停止生长，引起果实下部变褐腐烂；后期缺钙，叶片上现黄白色圆形小斑，边缘褐色，叶片从上向下脱落，后全株呈光秆，果实小且黄或产生脐腐果。

（5）硫素失调　缺硫使植株生长缓慢，分枝多，茎坚硬、木质化，叶呈黄绿色僵硬，结果少或不结果。

（6）锌素失调　甜、辣椒缺锌，顶端生长迟缓，发生顶枯，植株矮，顶部小叶丛生，叶畸形细小，叶片卷曲或皱缩，有褐变条斑，几天之内叶片枯黄或脱落。

七、马铃薯营养失调症的诊断

（1）氮素失调　植株矮小，生长缓慢，生长势弱，分枝少，生长直立。一般自老叶开始逐渐老化，叶片瘦小，叶色淡绿，继而发黄，中下部小叶边缘褪绿呈淡黄色，向上卷曲，提早脱落，基部变黄，茎细长，分枝少，生长直立。大多在开花前出现症状，到生长后期，基部小叶的叶缘完全失去绿色而皱缩，有时呈火烧状，叶片脱落，块茎不膨大。严重时整株叶片上卷。

（2）磷素失调　植株矮化、瘦小、僵立，叶片上卷，叶柄、小叶及叶缘朝上，不向水平展开，小叶变小，颜色暗绿。早期缺磷影响根系发育和幼苗生长；孕蕾期至开花期缺磷，叶部皱缩，颜色深绿，严重时基部叶片变为淡紫色，顶端生长停止，叶片、叶柄及小叶边缘有些皱缩，下部叶片向下卷曲，叶缘焦枯，老叶提前脱落，块茎有时产生一些棕褐色的斑点。

（3）钾素失调　植株生长缓慢，节间缩短，叶面积缩小，叶面粗糙、皱缩并向下卷曲。小叶排列紧密，与叶柄形成比较小的夹角，叶尖及叶缘开始呈暗绿色，后变为黄棕色，并向全叶扩展，早期叶片暗绿色，以后变黄，再变成棕色，叶色变化由叶尖及叶缘逐渐扩展到整片叶，下部老叶青铜色，干枯脱落，老叶尖端和叶边变黄变褐，沿叶脉呈现组织死亡的斑点，块茎内部常有灰蓝色晕圈，品质差。

（4）钙素失调　早期缺钙，顶部幼龄小叶叶缘出现淡绿色条纹，后坏死致小叶皱缩或扭曲，成熟叶片呈杯状上卷失绿，并出现褐斑。严重缺钙时顶芽或腋芽死亡，而侧芽向外生长，呈簇生状。块茎的髓中有混杂的棕色坏死斑点，这些斑点最初在块茎顶端的维管束环以内出现。根部易坏死，块茎小，易生成畸形小块茎。

（5）镁素失调　最下部老叶的叶尖、叶缘及叶脉间先褪绿，沿脉间向中心部分扩展，以后叶脉间布满褪色的坏死斑，叶簇增厚或叶脉间向外突出，叶片主脉间明显失绿，出现彩色斑点，但不易出现组织坏死。后期下部叶片变脆、增厚，叶色变浅。严重时植株矮小，下部叶片向叶面卷曲，叶片增厚，最后失绿变黄或棕色而死亡脱落。中下部叶片叶色褪绿，叶脉一般仍保持绿色，但叶肉黄化，似“肋骨状”，甚至叶片焦枯，根及块茎生长受抑制。

（6）硫素失调　轻度缺硫时，整个植株发黄，叶片、叶脉普遍黄化。与缺氮类似，但叶片并不提前干枯脱落。极度缺硫时，叶片上出现褐色斑点，生长缓慢，幼叶先失去浓绿的色泽，呈黄绿色。幼叶明显向内卷曲，叶脉颜色也较淡，以后变为淡柠檬黄色，并略带淡紫色。但叶片不干枯，植株生长受抑，茎秆短而纤细，茎部稍带红色，严重时枯梢。老叶出现深紫色或褐色斑块，根系发育不良。与缺氮相似，但叶片并不提前干枯脱落。极度缺乏时，叶片上出现褐色斑点。节间短，侧芽丛生，老叶粗糙增厚，叶缘卷曲，块茎小而畸形，色淡、皮厚、汁少。

（7）铁素失调　易产生失绿症，幼叶先显轻微失绿症状，变黄、白化，顶芽和新叶变黄、白化，心叶常白化。初期叶脉颜色深于叶肉，并且有规则地扩展到整株叶片，继而失绿部分变为灰黄色。严重缺铁时，叶片变黄，甚至失绿部分几乎变为白色，向上卷曲，但不产生坏死褐斑，小叶的尖端边缘和下部叶片长期保持绿色。

（8）锰素失调　植株易产生失绿症，叶脉间失绿后呈淡绿色或黄色，部分叶片黄化枯死。症状先在新生的小叶上出现，不同品种叶脉间失绿可呈现淡绿色、黄色和红色。严重缺锰时，叶脉间几乎变为白色，并沿叶脉出现很多棕色的小斑点，以后这些小斑点从叶面枯死脱落，使叶面残破不全。

（9）硼素失调　根端和茎端停止生长，生长点及分枝变短死亡，节间短，侧芽迅速长成丛生状，全株呈矮丛状。叶片生长缓慢，叶和叶柄脆弱易断，老叶粗糙增厚，叶缘向下卷曲，叶柄和叶片提早脱落。块茎较少，小而畸形，表皮溃烂，表面常现裂痕。成熟叶片向上翻卷呈杯状，叶缘有淡褐色死亡组织，叶缘和叶脉变褐接近死亡，皮下维管束周围出现局部褐色和棕色组织，根短且粗、褐色，折断可见中心变黑，开花少。严重时生长点坏死，侧芽、侧根萌发生长，枝叶丛生，叶片皱缩、增厚、变脆，褪绿萎蔫，叶柄及枝条增粗、变短、开裂，出现水渍状斑点或环节状突起。

（10）锌素失调　植株生长受抑制，节间短，株型矮缩，顶端叶片直立，叶小丛生，叶面上出现灰色至古铜色的不规则斑点，叶缘上卷。严重时，叶柄及茎上均出现褐色斑点或斑块，新叶出现黄斑，并逐渐扩展到全株，但顶芽不枯死。在生长的不同阶段会因缺锌出现“蕨叶病”的症状。

（11）铜素失调　植株衰弱，茎叶软弱细小，从老叶开始黄化枯死，叶色呈现水渍状。新生叶失绿，叶尖发白卷曲呈纸捻状，或幼嫩叶片向上卷呈杯状，并向内翻回，叶片出现坏死斑点，进而枯萎死亡。

（12）钼素失调　植株生长不良，株型矮小，茎叶细小柔弱，症状一般从下部叶片出现，老叶开始黄化枯死，叶色呈现水渍状，叶脉间褪色，或叶片扭曲，直至扩展到新叶。新叶慢慢黄化，黄化部分逐渐扩大，叶缘向内翻卷成杯状。

八、番茄营养失调症的诊断

（1）氮素失调　在苗期即可显症，缺氮幼苗较老的叶片偏黄，黄绿色分界线不明显。缺氮植株生长缓慢呈纺锤形，初期老叶呈黄绿色，后期全株呈浅绿色，最后全株叶变为黄绿色，叶片细小、直立。叶脉由黄绿色变为深紫色。茎秆变硬、果实变小、早衰。轻度缺氮时叶变小，上部叶更小，颜色变为淡绿色。严重缺氮时叶片黄化，黄化从下部叶开始，依次向上部叶扩展，整个植株较矮小。

缺氮叶片要比正常叶片薄。此外，缺氮叶片叶绿素减少，花青素显现，因而有时会出现紫斑。

（2）磷素失调　早期叶背呈紫红色，叶片上出现褐色斑点，叶片僵硬，叶尖呈黑褐色枯死，叶脉逐渐变为紫红色。茎细长且富含纤维。结果延迟。在苗较小时下部叶变为绿紫色，并逐渐向上部叶扩展。叶小并逐渐失去光泽，进而变成紫红色。成株期缺磷症状由下部叶片向上发展，先是叶面略显皱缩，进而叶片正面及背面的叶脉变为紫红色，这是缺磷的典型特征。高温下叶片卷曲。后期叶脉间的叶肉白化，出现白色枯斑，植株的生长严重受阻，顶部幼叶小且生长缓慢，顶部新生的茎细弱，较老的叶过早死亡。

（3）钾素失调　缺钾表现叶缘失绿黄化，但黄化只限于叶缘部分，严重黄化和卷缩的老叶脱落，且植株晚期易感灰霉病。初期叶缘出现针尖大小黑褐色点，后茎部也出现黑褐色斑点，叶缘卷曲。根系发育不良。幼果易脱落或多畸形果。

（4）钙素失调　番茄幼苗或植株瘦弱、萎缩，心叶边缘发黄皱缩，严重时心叶枯死，植株中部叶片形成黑褐色斑，上部叶片变黄，下部叶片保持绿色，生长受阻，幼芽变小黄化而死亡。幼叶面积减小，周围变褐，部分枯死，全株叶片上卷。小叶片基部变黄，黄绿分界不明显，有些则是叶缘附近出现枯斑。近顶部茎常出现枯斑。根粗而短，分枝多，花少脱落多，顶花易脱落。番茄果实果脐处变黑，发生脐腐病及空洞果。

（5）硫素失调　缺硫症状在生长中后期发生较多，由上而下发展，中上位叶的颜色比下位叶的颜色淡。初期上部叶片颜色变浅，叶柄显紫色。整个复叶看上去颜色呈渐变趋势。严重时中上位叶变成淡黄色，但叶脉呈现紫色，后期叶片背面会呈现明显的紫色。由于硫在植株体内移动性差，因此缺硫症状往往发生在上位叶。

缺硫的植株在一般情况下下位叶生长是正常的。叶片症状与缺氮类似，但缺氮是从下位叶开始，而缺硫是从上位叶开始。叶色淡绿向上卷曲，植株呈浅绿色或黄绿色，后心叶枯死或结果少。

（6）锰素失调　植株幼叶叶脉间失绿呈浅黄色斑纹，中部叶片或老叶呈浅绿色，后幼叶失绿，叶片上出现网状纹，脉间失绿呈浅黄色。严重时叶片均呈黄白色，同时植株茎变短、细弱，花芽常呈黄色。缺锰症状首先发生在幼叶上，顶芽不枯死，幼叶不萎蔫，叶脉间失绿，叶脉仍为绿色，后期坏死部分可能出现细小的棕色斑点。与缺镁相比，缺锰的褪绿斑更细碎，小叶脉也不褪绿。

（7）硼素失调　缺硼症最显著的症状是叶片失绿或变橘红色。生长点发暗，严重时生长点凋萎死亡。茎及叶柄脆弱，易使叶片脱落。根系发育不良，变褐色。易产生畸形果，果皮上有褐色斑点。缺硼症状首先出现在上位叶片，新叶停止生长，在叶柄上形成不定芽。叶色变淡。顶部叶片畸形，整株叶片脆而易碎，生长缓慢。随病情发展，小叶褪绿或变橘红色，心叶黄化，变为黄绿色、黄色甚至褐色，不能伸展，生长点枯死。

植株呈萎缩状态，茎弯曲，茎内侧有褐色木栓状龟裂。嫩叶从边缘和叶尖开始变为黄绿色或黄色，病健部分界不明显。

果实表面有木栓状龟裂，尤其是在有些果实果肩部位呈现环形龟裂纹，这是缺硼的典型症状。

（8）锌素失调　缺锌多出现在植株中、下部叶上，植株多呈矮化状态。上部叶片细小，呈丛生状，俗称“小叶症”，一般不出现黄化现象。从中部叶开始褪色，与健康叶比较，叶脉清晰可见，随后叶脉间叶肉逐渐褪色，有不规则形的褐色坏死斑点，叶缘也从黄化逐渐变成浅褐色至褐色。因叶缘枯死，叶片会向外侧稍微卷曲，并有硬化现象。坏死症状发生迅速，几天之内就可能导致叶片枯萎。生长点附近的节间缩短，新叶不黄化。叶片尤其是小叶叶柄向下弯曲，卷起呈圆形或螺旋形。果实色泽偏橙色。

（9）铜素失调　缺铜植株节间变短，生有丛生枝，叶片卷曲，植株呈萎蔫状。叶片一般呈深绿色或蓝绿色，叶片小，叶缘向内、向上卷曲，像萎蔫的样子，叶片先端轻微失绿，变褐坏死。症状多发生在上位叶片（幼叶）。

（10）钼素失调　植株生长势差，总体颜色偏黄。症状首先出现在植株幼嫩叶片上。幼叶褪绿，叶缘和叶脉间的叶肉出现黄色斑块，部分黄斑干枯，呈褐色不规则形，病健部分界不明显。有时叶缘向内部卷曲，叶尖萎缩。植株往往开花而不结果。

（11）铁、锰素失调　番茄同时钾、铁、锰素缺乏是番茄易出现筋腐果的原因之一，番茄筋腐果的果实着色不匀，横切后可见果肉维管束组织呈黑褐色。发病较轻的果实，部分维管束变褐坏死，果实外形没有变化，但维管束褐变部位不转红。发病较重的果实，果肉维管束全部呈黑褐色，病果胎座组织发育不良，部分果实伴有空腔发生，果实呈现明显的红绿不匀。严重时发病部位呈淡褐色，表面变硬，失去食用价值。

九、萝卜营养失调症的诊断

（1）氮素失调　植株矮小，地上部生长缓慢，叶小而薄，叶柄窄，叶色发黄，先老叶后新叶逐渐老化，下部老叶黄色，叶脉发红，中部叶从叶缘开始褪色。肉质根短细、瘦弱、不膨大，多木质化，辣味增加。红皮萝卜其根由鲜红变白红色，块根小，纤维物质多，品质差。

（2）磷素失调　植株矮小，叶片小，呈现暗绿色，下部叶片变紫色或红褐色，侧根不良，肉质根不膨大。从老叶开始变黄，但上部叶片仍保持绿色。

（3）钾素失调　表现为叶片上出现褐色，根比正常的小。从老叶的叶缘开始发黄，生长差。老叶尖端和叶边缘变黄变褐，沿叶脉呈现组织坏死斑点，肉质根膨大时出现症状。生长差，叶片中部呈深绿色，叶缘呈淡黄至褐色并卷曲，下部叶片和叶柄呈深黄至青铜色，叶片增厚，肉质根不正常膨大。

（4）钙素失调　萝卜缺钙，表现为心叶或茎常呈褐色，倒挂，群体披散。心部呈棕褐色，根部膨大受抑制。缺钙时新叶的生长发育受阻，同时变褐枯死。

（5）镁素失调　萝卜缺镁，叶片主脉间明显失绿，有多种色彩斑点，但不易出现组织坏死症。一般表现为叶脉间均匀黄化，严重时转为棕红色，易发生在中下部叶片上。从老叶的叶缘先变黄，接着叶脉间发黄。含有机质少的砂质土壤，施较多氮、钾、镁肥时易缺镁，一般多在生长中后期发生。

（6）硫素失调　与缺氮症状类似，而缺氮老叶先出现症状。当氮充足时，缺硫症发生在新叶；氮不足时，缺硫症状发生在老叶。幼芽先变黄色，心叶失绿黄化，茎细弱，根细长、暗褐色、白根少。气温高，雨水多，有机质少，砂质土易缺硫。

（7）铁素失调　易发生失绿症，顶芽和新叶黄白化，最初叶片间部分失绿，仅在叶脉残留网状绿色，最后全部变黄，但不产生坏死的褐斑。石灰性和盐碱重的土壤较易缺铁。

（8）锰素失调　发生失绿症，叶肉变成黄绿色，叶脉变成淡绿色，部分黄化枯死。pH值过高或施用石灰的土壤，土壤缺锌、铜、镁、铁元素时易缺锰。萝卜缺锰对根系影响很大，根畸形，并且根上长满须根。

（9）硼素失调　植株低矮，新叶变小、黄化、畸形，叶色发褐枯死并向内侧卷，老叶的叶缘变黄发硬，易折、易枯死，后叶脉间呈黄白色。肉质根细长膨大受阻。肉质根颈部扭曲且皮变得粗糙，成特有的鲨鱼皮状病变。茎尖枯死，叶和叶柄脆弱易断，生长后期肉质根呈黑褐色坏死，断面可见中心变褐发黑，并出现空心、黑皮、黑心、烂心、表皮开裂等现象，即“糠心”，俗称“黑心萝卜”（褐心病），煮时不易软化，口感比较差，味苦。雨量丰富地域的河床地、石砾地、砂质土或红壤等，施用有机肥少，高温干旱，过量施用石灰和钾肥，pH 值 6.5 以上中性至碱性土壤易缺硼。

（10）锌素失调　新叶的叶脉间多发生褐色的小斑点，尔后开始枯死。新叶出现黄斑，小叶丛生，黄斑扩展至全叶，顶芽不枯死。

（11）钼素失调　症状从下部叶片出现，随后扩展到嫩叶，老叶的叶脉较快黄化，新叶慢慢黄化，黄化部分逐渐扩大，叶缘向内翻卷成杯状。叶片瘦长，呈螺旋状扭曲。植株叶片脉间组织失绿，呈浅黄绿至黄色，叶缘内卷近似杯状，严重时灼伤焦枯，有时失绿症状只发生在叶片基部和叶缘部分。

（12）铜素失调　与缺铁症相似，植株衰弱，新叶发黄，叶尖枯死，叶柄软弱，柄细叶小，中上部叶脉间褪绿黄化，老叶叶缘黄化枯死；叶色呈现水渍状，主根生长不良，侧根增多，肉质根呈粗短的榔头形。花岗岩、砂质岩、红砂岩及石灰岩等母质发育土壤，盐碱和砂性土壤，石灰性或中性土壤，施磷、氮过多均易缺铜。

十、胡萝卜营养失调症的诊断

（1）氮素失调　主要表现为地上部矮小，叶色淡绿，根相对较小。

（2）钾素失调　叶片上出现褐色，根比正常的小。

（3）钙素失调　心叶或茎常呈褐色，倒挂，群体披散。心部呈棕褐色，根部膨大受抑制。

（4）镁素失调　叶脉间均匀黄化，严重时转为棕红色，易发生在中下部叶片上。

（5）锰素失调　叶片黄化。缺锰对根系影响很大，根畸形，并且根上长满须根。

（6）硼素失调　新叶变小且黄化，老叶前端易枯死。块根色淡无光泽，心部有孔洞，引起根裂现象。

十一、大蒜营养失调症的诊断

（1）氮素失调　大蒜在生长过程中，氮元素的供应不足，大蒜的生长就会受到抑制，造成发育不良，大蒜的叶子先从外部失去绿色并且发黄，如果严重的还会枯死。如果氮元素吸收过剩，大蒜的叶子颜色变成深绿，发育的进程就会变得迟缓，大蒜地上的部分就会“贪青”生长，造成大蒜晚熟。如果大蒜的氮元素供应过多，蒜头内的氮积累过多了，容易造成大蒜的心腐病，要停止或者减少对大蒜氮元素的供应，可以适量浇水，稀释大蒜的氮元素。

（2）磷素失调　叶片前半部呈紫红色，严重缺磷时全株变成紫苗。叶尖干缩、下垂。在大蒜的幼苗生长期，如果缺乏磷元素，会造成大蒜的植株变矮，大蒜的叶片数增加受到抑制，根系发育不良，如果蒜头的膨大期缺乏磷元素，会造成减产。在大蒜的生长发育过程中，如果磷元素吸收过剩，就会造成大蒜缺钙、缺钾、缺镁等。

（3）钾素失调　首先干叶尖，再逐渐向新叶扩展，老叶和叶缘先发黄，进而变褐，焦枯似灼烧状，继而叶缘黄枯，严重时全叶干枯。缺钾时老叶上先出现缺钾症状，老叶的周边部位生出白斑，叶向背侧弯曲，白斑随着老叶的枯死而消失。如果生产期间钾缺乏，在当时并无明显的症状，但是对以后蒜的膨大、生产有很大的影响。如果在蒜头膨大期缺钾，容易感染蒜薹黑心病。

（4）钙素失调　大蒜缺钙时，叶片上呈现坏死斑，随着坏死斑的扩大，叶片下弯，叶尖很快死亡，出现此症状时，还会诱发大蒜心腐病。

（5）镁素失调　大蒜缺镁时，叶片褪绿，先在老叶片基部出现，逐渐向叶尖发展，叶片最终变黄死亡。严重时大蒜的整个植株会枯死。同时缺镁容易诱发大蒜的心腐病。

（6）硫素失调　全株叶片黄白色。蒜头辛辣味较淡。

（7）硼素失调　大蒜缺硼时，新生叶发生黄化，严重者叶片枯死，植株生长停滞，解剖叶鞘可见褐色小龟裂。蒜在生长过程中，缺乏硼元素，会让大蒜的营养生长不良，叶片弯曲，大蒜的嫩叶黄绿相间，蒜头疏松。

十二、大葱营养失调症的诊断

（1）氮素失调　植株矮小，叶色淡绿，严重缺氮时叶片呈黄绿色，叶片瘦小，无光泽。

（2）磷素失调　叶片前半部呈紫红色，严重缺磷时全株变成紫苗，叶尖干缩，易弯曲。

（3）钾素失调　首先干尖，继而叶缘黄枯，严重时全叶干枯。

（4）镁素失调　管状叶细弱，叶色淡绿，可见条纹花叶，下部叶片呈黄白色，继而枯死。

十三、洋葱营养失调症的诊断

（1）氮素失调　株形直立，矮化，叶色褪绿，叶片苍白，老叶变黄，并从叶片顶端开始死亡。

（2）磷素失调　移栽后根系发育不良，易发僵。

（3）钾素失调　鳞茎发育不良，叶片软弱披散，叶尖枯焦，老叶尤为明显。

（4）钙素失调　管状叶相互粘连，新叶干枯。

（5）铜素失调　外部鳞茎皮薄而色黄。

十四、油菜营养失调症的诊断

（1）氮素失调　油菜缺氮时新叶生长慢、叶片小、分枝少、叶色淡，下部叶片先从叶缘开始黄化逐渐扩展到叶脉，黄叶多，有时叶色逐渐褪绿呈现红色或紫红色，严重时呈现焦枯状，植株生长瘦弱，主茎矮而纤细，株形松散，根细长，开花较早，花期缩短，角果少而短，产量和品质下降。

（2）磷素失调　油菜是对磷非常敏感的作物，缺磷症状在子叶期即可出现。幼苗缺磷，子叶变小增厚，颜色深暗；真叶出生推迟，株形小而直立，上部叶片暗绿无光泽，边缘出现紫红色斑点或斑块，叶柄和叶背面的叶脉变为紫红色；植株苍老、僵小，分枝节位抬高，数量减少，主茎和分枝细弱，花荚锐减；出叶速度明显减慢，全株叶数减少，开花推迟，角果稀而少，籽粒含油量降低。

（3）钾素失调　油菜缺钾时幼苗呈现匍匐状，叶片暗绿色，叶片小，叶肉似开水烫伤状，叶缘下卷，叶面凹凸不平，松脆、易折断。叶片边缘或叶脉间失绿，开始时呈现小斑点，后发生斑块状坏死。下部老叶叶尖、叶缘褪绿焦枯，上部叶无叶柄，叶尖、叶缘黄化，沿叶脉向上卷曲，严重缺钾时叶片完全枯死，但不脱落，极端缺钾的植株到花期即开始死亡。主茎生长缓慢，且细小，易折断倒伏。角果短小，扭曲畸形，角果皮有褐色斑块。

（4）钙素失调　油菜缺钙时，植株矮小，软弱无力，呈凋萎状，症状首先发生于新生叶、生长点和叶尖上，幼叶失绿、凋萎变形，老叶枯黄，叶缘叶脉间发白，叶缘下卷呈弯钩状；顶花易脱落，结角期花序顶端弯曲，严重时生长点死亡，呈“断脖”症状。缺钙油菜早期吸收的钙较多地贮藏在叶片中，在体内不易移动，并随老叶脱落而丢失，故新叶或幼嫩部位症状明显。

（5）镁素失调　油菜缺镁时最初在叶片上产生褪绿的斑点，逐渐扩大到叶脉之间，使叶脉间失绿，后为橙色或红色，但叶脉仍为绿色，使叶片呈网格状失绿，通常中、下部叶片首先表现出缺素症，然后扩展到幼嫩叶片，严重缺镁时叶片枯萎而脱落。缺镁的植株大小一般正常，但开花受抑制，花瓣颜色苍白。

（6）硫素失调　油菜缺硫的症状与缺氮症状基本相似，不同的是从新叶上首先表现出来，初始症状为叶片颜色褪淡，而叶脉保持绿色，新叶比老叶失绿明显加重，后期叶片背面逐渐出现紫红色斑块，叶脉亦失绿黄化，逐渐遍及全叶及抽薹和开花时的茎和花序上，叶缘略向下卷曲，形成浅勺状；淡黄色的花往往变白色，开花延续不断，成熟期植株上除存在成熟和不成熟的角果外还有花和花蕾，角果尖端干瘪，约有一半种子发育不良；植株矮小，茎易木质化或折断。

（7）铁素失调　长江流域冬油菜缺铁现象很少见，但西北春油菜区石灰性土壤上缺铁现象时有发生。油菜缺铁初期首先从幼嫩叶片开始出现叶脉间失绿黄化，而叶脉仍保持绿色，随缺铁加重或持续时间延长，叶脉也会随之失绿而使整片叶黄化，一般下部老叶通常保持正常。

（8）锰素失调　油菜对锰反应很敏感，缺锰时首先幼叶呈现黄白色，叶脉仍为绿色，开始时产生褪绿斑点，后除叶脉外，全部叶片变黄，严重时整个叶片呈淡紫色，症状逐渐扩展到老叶，植株一般生长势弱，开花数目少，角果也相应减少，芥菜型油菜则发生不结实现象。

（9）硼素失调　油菜苗期缺硼，根变褐色，新根少，根颈膨大，个别根端有小瘤状突起，侧根和细根少，叶片皱缩变小、增厚发脆，先从叶缘开始变为紫红色，后向内发展使叶片呈现紫红色斑块或全部叶片紫红色，并逐渐变黄脱落；抽薹期缺硼，中部叶片由叶缘向内出现玫瑰花色，叶质增厚、易脆、倒卷，茎萎缩成褐色心腐或空心、裂茎等。后期缺硼，株高较正常，但幼嫩芽或顶芽发育受阻，顶端优势减弱或丧失，次生分枝增多而纤细，花序发育受阻，结实差，“花而不实”现象严重，特别是氮素营养充足时，枝多花旺，“疯花不实”现象加重。

油菜缺硼根据次生分枝的抽生类型和主茎的萎缩情况，可分为3种类型。

① 徒长型　即部分原生分枝和部分大侧枝顶梢延伸，株高明显超过正常株，似有徒长；一般能结少量角果，但多为弯曲、短缩、胖肚等畸形角果。

② 矮缩型　即主茎明显矮缩，侧枝发生少而且萎缩。落花后原生主茎和大侧枝上残留密生的花梗，株高明显低于正常株，结角很少或不结角，角粒数也仅有二三粒。

③ 中间型　即株型与正常株相似，但结实率明显降低，形成的角果短而胖，单角果种子数很少。

（10）锌素失调　油菜缺锌时，叶脉间褪绿，叶片小略增厚，叶背为紫红色，严重时先从叶缘开始褪色，叶片全部变白，中、下部白化严重的叶片皱缩外翻，叶尖向下披垂；植株一般生长矮小，节间缩短，生长势弱。芥菜型油菜开花受到抑制，完全不结实。

第二节　水果营养失调的危害症状

一、苹果营养失调症的诊断

（1）氮素失调　苹果缺氮表现为叶小，淡绿色，较老叶片为橙色、红色或紫色，以致早期落叶；叶柄与新梢夹角变小；新梢褐色至红色，短而细；花芽和花减少，果实小且高度着色。氮素过剩症状为叶色墨绿，叶片大而皱；新梢贪青旺长，成花难，果小，着色差，晚熟，易患苦痘病及斑点病；植株抗寒力降低，采收前落果增加。

（2）磷素失调　苹果缺磷新叶暗绿色，老叶青铜色，叶片边缘上出现紫褐色斑点或斑块，叶柄及叶背部叶脉呈紫红色，叶片小，叶稀少；发枝少，枝条细弱，叶柄与枝条成锐角；果小。

（3）钾素失调　缺钾症表现出典型的叶缘枯焦。首先是从新生枝条的中下部叶片叶缘开始黄化，然后向叶片中部扩展，叶片常发生皱缩或向上卷曲，叶缘枯焦，与绿色部分界线清晰，不枯焦部分仍能正常生长。缺钾严重时，叶缘甚至整叶褐色卷曲枯焦，挂在枝上，不易脱落；果实小，着色不好，味淡，不耐贮藏。一般落叶是从下部叶片开始，但缺钾时，苹果落叶是从顶部叶片开始的。缺钾严重时果实发育停止，果汁中酸含量降低，味道变淡。

（4）钙素失调　苹果缺钙表现为新生枝上幼叶出现褪色或坏死斑，叶尖及叶缘向下卷曲，较老叶片可能出现部分枯死；根系短而膨大，并有强烈分生新根的现象。严重时，果实发生水心病、苦痘病、痘斑病和红玉斑点病等。苹果苦痘病表现为果实表面出现下陷斑点，果肉组织变软，有苦味。苹果水心病也是由缺钙引起的，果肉呈半透明水渍状，由中心向外呈放射状扩展，最终果肉细胞间隙充满汁液而导致内部腐烂。

（5）镁素失调　苹果缺镁叶片叶脉间出现淡绿斑或灰绿斑，常扩散到叶缘，并迅速变为黄褐色，随后叶脉间和叶缘坏死，叶片脱落，顶部呈莲座状叶丛，叶片薄而色淡；严重时，果实不能正常成熟，果小且着色不良，风味差。

（6）铁素失调　苹果缺铁新梢顶端叶片黄白化，严重时整叶白化，叶缘呈褐色烧焦状坏死，新梢也有“枯梢”现象。

（7）锰素失调　苹果缺锰叶脉间失绿，呈浅绿色，有斑点，从叶缘向叶中脉发展。严重缺锰时，脉间为褐色并坏死，叶片全部为黄色，失绿遍及全树。苹果锰过剩时，功能叶叶缘失绿黄化，并逐渐沿脉间向内扩展，随着中毒症状的加重，失绿部位出现褐色坏死斑，出现异常落叶；树干上也会出现黑褐色的坏死斑，不仅表皮组织坏死，对应部位的韧皮部组织也同样坏死而呈褐色。

（8）硼素失调　苹果缺硼症主要表现在果实，苹果缺硼症亦叫作木栓化缩果病。缩果病有两种：一是变成畸形；二是外观虽无变化，但果心木栓化。如果在花瓣脱落后6周以内发生因缺硼而细胞受害，则枯死部木栓化，出现龟裂，果实畸形。例如红玉苹果的果面呈褐色枯死，粗糙并出现裂纹。在生长发育后期缺硼，果皮上不出现缺乏症，果肉一部分木质化或呈海绵状。苹果缺硼首先是当年生新枝上的叶片叶缘向上微卷，叶脉扭曲，叶柄变粗，叶片呈红色或暗紫色，出现叶烧，新叶变细、萎缩且密生，叶片提早脱落，形成枯梢；幼果果皮出现水浸状斑点，坏死干缩而凹陷不平，异常落果或形成干缩果；后期缺硼果实的果肉局部坏死，呈棕褐色，同时形成空洞状，味苦。苹果硼过剩症状为果实着色快，落果多，而且即使正常成熟，也会导致贮藏性能下降。此外，过剩严重时，将会引起枝枯。

（9）锌素失调　苹果缺锌出现典型的“小叶病”。新梢节间极度缩短，腋芽萌生，形成大量细瘦小枝，新梢缩短，呈密生丛生状，严重时新梢由上而下枯死；枝顶轮生小型黄化畸形叶，密生成簇，又名簇叶病；幼叶变小、变窄，出现鲜明的黄斑；果实小，色不正，品质差。

（10）铜素失调　苹果缺铜时已经生长健壮的顶梢枯死；顶叶发生坏死斑点和褐色斑疤，叶脉残留绿色似网眼状，随后顶梢萎凋而死；在下一个生长季，从枯死点以下的芽再生新的枝梢。年复一年，受害的植株表现丛生、矮化。

（11）钼素失调　苹果在果实膨大期易缺钼，症状为叶片出现黄褐色斑点，严重缺乏时，叶片脱落，只留下果实。

二、梨树营养失调症的诊断

（1）氮素失调　梨树氮素缺乏症状早期表现为下部老叶褪色，新叶变小，新梢长势弱，缺氮严重时，全树叶片均有不同程度褪色，多数呈淡绿至黄色，较老叶片为橙色、红色或紫色，脱落早；枝条老化，花芽、花、果减少，果小，果肉中石细胞增多，产量低，品质差，成熟提早。氮素过剩表现为营养生长和生殖生长失调；叶呈暗绿色；枝条徒长；果实膨大及着色减缓，成熟推迟；树体内纤维素、木质素形成减少，细胞质丰富而壁薄，易发生轮纹病、黑斑病等病害。

（2）磷素失调　梨树早期缺磷无形态症状表现，进入中、后期，生长发育受阻，抗性减弱，出现落叶等症状，花、果和种子减少，开花期和成熟期延迟，产量降低。

（3）钾素失调　梨树缺钾新梢枝条细弱柔软，抗性减弱；下部叶片由叶尖边缘逐渐向下叶色变黄，坏死，部分叶片叶缘枯焦，整片叶子形成杯状卷曲或皱缩；小枝长势很弱。

（4）钙素失调　梨树缺钙初期，根系生长差；缺钙中、后期，幼叶出现扭曲，叶缘变形，叶片上出现坏死斑点；顶芽枯萎，枝条生长受阻；果实表面出现枯斑，甚至果肉坏死。

（5）镁素失调　梨树缺镁时，叶片中脉两边脉间失缘，并有暗紫色区，但叶脉、叶缘仍保持绿色。顶端新梢的叶片上出现坏死斑点，而叶缘仍为绿色，严重缺镁时，新梢基部叶片开始脱落。

（6）硫素失调　梨树缺硫新叶呈黄绿色。梨树二氧化硫中毒症状为叶尖、叶缘或叶脉间褪绿，逐渐变成褐色，两三天后出现黑褐色斑点。

（7）铁素失调　梨树缺铁幼叶叶脉间失绿黄化；严重时整叶呈黄白色，甚至白化；有时叶缘或叶尖也会出现焦枯及坏死，叶片脱落，易形成“顶枯”现象。

（8）锰素失调　梨树缺锰时叶片失绿，出现杂色斑点，但叶脉仍为绿色，失绿往往由叶缘开始发生；严重时失绿部位常常变为灰色，甚至变成苍白色，叶片变薄脱落，出现枯梢，枝梢生长量下降。

（9）硼素失调　梨树缺硼症较少见，缺硼时表现为树皮上出现胶状物质，形成树瘤；顶芽附近呈簇叶多枝状，继而出现枯梢；根尖坏死，根系伸展受阻；花粉发育不良，坐果率降低；果皮木栓化，出现坏死斑并造成裂果；果肉失水严重，石细胞增多，风味差，果实早熟且转黄不一致，部分果肉呈海绵状，品质下降。

（10）锌素失调　梨树缺锌时，新枝萎缩，叶小而黄化，在枝条先端常出现小叶，并呈莲座状畸形，且枝条的节间缩短呈簇生状，称为“小叶病”；严重缺锌时，枝条枯死，产量下降。

（11）铜素失调　梨树缺铜顶端新长出的枝梢枯死或凋萎。翌年，枝梢枯死部位底下的芽发生一条或一条以上的梢。严重受害的树，顶梢短小，叶小，低产；枝梢不断枯死，引起丛生、丛枝，状如扫帚，枝条和茎干的皮粗糙。

三、葡萄营养失调症的诊断

（1）氮素失调　葡萄氮素缺乏症状为枝蔓短而细，呈红褐色，生长缓慢。严重时停止生长；老叶先开始褪绿，逐渐向上部叶片发展，新叶小而薄，呈黄绿色，易早落、早衰；花、芽及果均少，果穗和果实均小，产量低。葡萄氮素过剩表现为枝叶繁茂，叶色浓绿，枝条徒长，抗逆性能差，结果少；生长后期氮肥过多时，果实成熟晚，着色差，风味不佳，产量低。

（2）磷素失调　葡萄缺磷叶小，叶色暗绿，有时叶柄及背面叶脉呈紫色或紫红色；从老叶开始，叶缘先变为金黄色，然后变成淡褐色，继而失绿，叶片坏死、干枯，易落花；果实发育不良，产量低。

（3）钾素失调　葡萄缺钾时，早期症状为正在发育的枝条中部叶片叶缘失绿。绿色葡萄品种的叶片颜色变为灰白或黄绿色，而黑红色葡萄品种的叶片则呈红色至古铜色，并逐渐向脉间伸展，继而叶向上或向下卷曲。大约从果实膨大期开始出现叶缘失绿。缺钾症与缺镁症不易区分，不过缺钾时叶缘的失绿与叶中心的绿色部分界线分明。严重缺钾时，老叶出现许多坏死斑点，叶缘枯焦、发脆、早落；果实小，穗紧，成熟度不整齐；浆果含糖量低，叶肉也出现褐色枯死斑点，着色不良，风味差。葡萄钾过量阻碍植株对镁、锰和锌的吸收而出现缺镁、缺锰或缺锌等症状。

（4）钙素失调　葡萄缺钙叶呈淡绿色，幼叶脉间及边缘褪绿，叶片向内弯曲，脉间有灰褐色斑点，继而边缘出现针头大的坏死斑，茎蔓先端枯死，叶组织变脆弱。

（5）镁素失调　葡萄缺镁在果实膨大期从果实附近叶片开始黄化，顶部叶片却不出现症状。首先叶缘黄化，随后脉间逐渐变黄色或黄白色，叶脉呈美丽的绿色，叶柄略微带红色。严重时黄化区逐渐坏死，叶片早期脱落。从叶缘开始黄化这一点与缺钾相似，但缺钾时叶缘黄化部分褐变，接近叶柄处却保持深绿色，而缺镁时除叶脉外全部黄化，而且黄化部分很少发生褐变枯死。但不同品种发生缺镁程度和症状不同，有些品种叶脉间容易变红褐色。有些地区将缺镁葡萄叶片称为“条纹叶”或“虎皮叶”。

（6）硫素失调　葡萄缺硫，植株矮小，上部叶黄化。葡萄二氧化硫中毒症状表现为叶片的中央部分出现赤褐色斑点。

（7）铁素失调　葡萄缺铁老叶呈绿色，幼叶却变黄白色，新梢生长停止；果穗小，果粒膨大受抑制。

（8）锰素失调　葡萄缺锰从开花期开始出现于叶片，叶脉间呈淡绿色，只有叶脉保持绿色，外观上不像缺镁症那样明显，而且不出现于顶部叶片；果穗中，既有着色果粒，也有不着色的青果粒，不均匀地混合存在，着色不良的受害果其果粒膨大、着色、光泽均受影响，糖含量降低，酸含量略微增多，品质下降。

（9）硼素失调　葡萄是易缺硼作物，在生长发育初期，蔓尖幼叶出现油浸状淡黄色斑点，此时症状轻，如不仔细观察可能被忽略。如症状发展，叶片的淡黄色斑点增多并枯死，叶片畸形增大，叶肉皱缩，叶柄脆弱，老叶肥厚，向背反卷；节间缩短密生，卷须出现坏死。严重时新梢生长停止，形成胶状物质的突起并枯死；主干顶端生长点死亡，并出现小的侧枝，枝条脆，未成熟的枝条往往出现裂缝或组织损伤；即使叶片症状较轻，花穗也表现明显症状，开花后不落花、不形成果粒的部分增多，这种症状称为“赤花”或“黑花”。如果膨大期以后发生缺乏症，则果实中部变黑，有时影响到表皮，一般称为“夹馅葡萄”，其商品价值将大大降低。这种症状出现得极其突然，因此，必须经常仔细观察，即使出现轻微缺乏症，也应立即采取叶面喷施等防治措施。沙土、火山灰地带或干燥的年份易出现缺硼。而且，在生育旺盛、枝条生长过旺、叶片茂盛的年份等，也可能因不同成分之间的平衡被破坏，而迅速形成“夹馅葡萄”。此外，在果实膨大期因施用石灰质肥料，硼吸收暂时被抑制也可形成“夹馅葡萄”。葡萄硼过剩会出现裂果等现象。

（10）锌素失调　葡萄缺锌枝条细弱，新枝叶小密生，节间短，顶端呈明显小叶丛生状，树势弱，叶脉间的叶肉黄化；严重缺锌枝条死亡，花芽分化不良，落花落果严重，果穗和果实小，产量显著下降。

四、桃营养失调症的诊断

（1）氮素失调　桃树缺乏氮素枝梢顶端叶片淡黄绿色，基部叶片红褐色，呈现红色、褐色和坏死斑点，叶片早期脱落；枝梢细、短、硬，皮部呈淡褐红至淡紫红色；全树营养生长减弱，幼树长成“小老树”，成年树加速衰老，花芽不充实，开花少；果实产量下降，品质变差。氮素过剩表现为徒长枝增加，叶片变肥大，叶色深绿发暗；花芽分化不良；果实成熟延迟，着色差，品质变劣，产量下降。

（2）磷素失调　桃树缺磷早期症状不明显，严重缺磷时，叶片稀少，叶片暗绿转青铜色，或发展为紫色，一些较老叶片窄小，叶缘向外卷曲，并提早脱落；到秋季，叶柄、叶及叶背的叶脉变红色，花、果减少，生长明显受阻，产量下降。

（3）钾素失调　缺钾症最先出现在新梢中部成熟叶片，逐步向上部叶片蔓延。新梢中部叶片变皱卷曲，随后坏死，症状叶片发展为裂痕、开裂；从果实膨大期开始叶色变淡，出现黄斑，随后从叶尖开始枯萎，并扩展到叶缘，分散性地出现小孔，叶片向内卷曲，坏死脱落，中央叶脉呈现红色或紫色，并明显突出；新生枝生长纤弱，花芽形成变少，产量下降。由于缺钾，叶片上出现的坏死部分逐渐扩大。即使在其他果树尚未出现缺钾的地方，桃也出现缺钾症。尤其是沙质土或含腐殖质少的土壤容易缺钾。

（4）钙素失调　桃树缺钙幼叶由叶尖及叶缘或沿中脉干枯，严重时，小枝枯死，大量落叶；根尖枯死，并在枯死的根尖后部又发生很多新根；果实缝合线部位软化，品质变劣。

（5）镁素失调　桃树缺镁时，当年生枝条成熟叶或树冠下部叶片叶脉间褪绿呈淡绿色，叶脉保持绿色，出现水渍状斑点以及有明显界线的紫红色坏死斑块。随着缺镁加重，靠近顶部的叶片也明显褪绿，老叶的水渍状斑点变为灰色或白色，而后呈淡黄色，随之叶片脱落；花芽减少，产量下降。一些幼年树如缺镁严重，过冬后可能死亡。

（6）硫素失调　桃树缺硫新叶均匀失绿，呈黄绿色。桃树二氧化硫中毒症状表现为叶脉间褪成灰白色或黄白色，并落叶。

（7）铁素失调　桃树缺铁幼叶叶肉失绿黄化，有时整个新梢黄萎，新叶呈黄白色；枝条的中下部叶片常呈现黄绿相间的花纹叶。严重缺铁时，叶缘呈褐色烧焦状，叶片提前脱落，生长停滞甚至死亡；果实小，味淡，红色素不易形成。

（8）锰素失调　桃树缺锰上部叶片脉间黄化，只有叶脉保持绿色，多在新叶暗绿色的叶脉之间出现淡绿色的斑点或条斑。

（9）硼素失调　桃树缺硼时，枝条顶端枯死，在枯死部位下端发出很多丛生弱枝，小枝增多；叶片变小且畸形脆弱；果实发病初期出现不规则局部倒毛，倒毛部底色呈青绿色，以后随果增大由青绿转为深绿色，并开始脱毛出现硬斑，逐步木栓化，分泌胶状物质，产生畸形果。桃树硼过剩表现为叶小，叶背主脉有坏死斑点。1～2年生小枝轻度溃疡。严重时，叶片转黄且早期落叶。

（10）锌素失调　桃树缺锌时，叶缘卷缩，叶片变狭，叶脉间逐渐变黄白色，出现黄色斑纹；新梢先端变细，节间短缩，近枝顶端呈莲座状叶。严重时，叶片枯死，从下而上出现落叶，造成光干；发病枝花芽形成受阻；结果量很少，果实多畸形，无食用价值。

（11）铜素失调　桃树缺铜的最先症状是出现不正常深绿色叶片。当缺素症严重时，叶片脉间变黄绿色，顶端发出畸形叶，叶长而窄，叶缘不整齐，顶梢从尖端开始枯死，在此之前，顶芽先停止生长，使顶端呈莲座状、丛芽生长。

五、樱桃营养失调症的诊断

（1）氮素失调　缺氮会使樱桃的生长速度显著减缓，植株矮小、易早衰。叶子呈现不同程度的黄色、红色。缺氮症状首先表现在老叶上。而氮素过量时营养生长旺盛，植株徒长，易造成群体荫蔽，光照减弱，影响光合作用，叶片浓绿、多汁，腋芽生长旺盛，花芽形成少。植株对寒冷、干旱和病虫的抵抗力变差。果实的养分积累降低，果实成熟期推迟，果肉组织疏松，易遭受碰压损伤，保鲜期变短。

（2）钾素失调　缺钾表现为叶片边缘枯焦，从新梢的下部逐渐扩展到上部，仲夏至夏末在老树的叶片上首先发现枯焦。有时叶片呈青绿色，进而叶缘可能与主脉呈平行卷曲，叶片褪绿，随后灼伤或死亡。

（3）钙素失调 缺钙会导致生长点受损，顶芽生长停滞。幼叶失绿、变形，常出现弯钩状，叶缘卷曲、黄化。严重时，新叶抽出困难，甚至相互粘连，或叶缘呈不规则锯齿状开裂，出现坏死斑点。缺钙时根尖生长停滞，根系短而膨大，有强烈分生新根现象。

（4）镁素失调 樱桃缺镁导致老叶处叶脉间褪绿，随之坏死，叶缘是首先发病的部位，呈紫色、红色和橙色，有浅晕，易先行坏死，致早期落叶。

（5）硫素失调 缺硫植物生长受阻，尤其是营养生长，症状类似缺氮。叶片失绿或黄化，褪绿均匀，植株普遍缺绿，后期生长受抑制。一般先在幼叶（芽）上开始黄化，叶脉先褪绿，遍及全叶，但叶肉仍呈绿色。茎细弱，根细长不分枝，开花结实推迟，果实小而畸形、色淡、皮厚、汁少。空气中二氧化硫过多时，会使树体中毒，其表现为叶片呈白色或褐色。

（6）铁素失调 缺铁新梢上部叶首先黄化，表现“黄叶病”。严重缺铁时，幼叶几乎呈白色，之后逐渐向下发展，但叶脉常保持绿色，进一步加重时出现叶白化现象。白化叶持续一段时间后，叶缘附近会出现烧灼状焦枯或叶面穿孔，然后叶片脱落，呈枯梢状。

（7）锰素失调 缺锰叶表面叶脉间褪绿呈淡绿色，近主脉处为暗绿色，但缺锰时在黄化区内杂有褐色斑点。严重时，失绿部分呈苍白色，叶片变薄、脱落，形成秃枝或枯梢。缺锰会导致坐果率降低，果实易畸形。

（8）硼素失调 缺硼时新梢叶片黄化，叶缘向上微卷，叶脉扭曲，叶柄变粗、变脆，枝条顶端的韧皮部及形成层中呈现细小的坏死区域，叶片提早脱落，形成枯梢。花发育不健全，坐果率低，幼果果皮易出现水渍状斑点，坏死干缩而凹凸不平，异常落果或形成干缩果。硼过量会造成中毒，症状为叶缘出现规则黄边，老叶比新叶症状明显。

（9）锌素失调 植物生长受到抑制，枝条先端出现小叶，并呈莲座状。枝条的节间缩短，呈簇生状，严重缺锌时，枝条枯死。缺锌时叶发生黄化，且总是老叶首先失绿。

六、柑橘营养失调症的诊断

（1）钙素失调 柑橘缺钙表现为当年春梢叶的上部叶缘首先发黄，叶幅较正常叶窄，随着病情加剧，黄化区域扩大，并出现落叶枯梢现象；根系生长细弱，呈棕色，数量也明显较正常树少。结果枝钙含量低于2%可作为柑橘缺钙的临界值。

（2）镁素失调　柑橘缺镁多发生在老叶上。在晚夏或秋季果实成熟时较为常见，尤其是结果多的大年树，其结果母枝上的老叶发病更为普遍。缺镁症状初期表现为叶缘两侧的中部先呈现不规则的黄色条斑，而后随着缺镁的加剧，黄色条斑逐渐扩大，在中脉两侧连成不规则的黄色条带，并向中脉扩展，仅在叶尖和叶基部保持绿色的三角形区域。严重缺镁时，冬季大量落叶，并出现枯枝。柑橘缺镁的临界值为0.15%。

（3）铁素失调　柑橘缺铁症又称失绿病，主要发生在海涂咸黏土和部分山地石灰性紫色砂土柑橘园内。其症状表现为幼嫩新叶的叶肉失绿呈黄白色，但其主脉仍很久保持绿色，重者除主脉近叶柄部位保持绿色外，其余部位褪为黄色或白色。随着病情的发展和叶龄的增长，其失绿程度逐步加剧，叶面失去光泽，叶缘破裂或变成褐色，最后病叶提前脱落，全树出现许多无叶光杆树，但病树上的老叶仍保持原状。叶片活性铁含量40mg/kg可作为缺铁诊断的指标。

（4）硼素失调　柑橘缺硼多发生在酸性砂质土壤和石灰性土壤。柑橘缺硼的症状表现为新生叶上出现细小的水浸状黄色斑点，随着叶龄的增长，这些黄色斑点增大，叶脉发黄，主脉和侧脉增粗、木栓化，最后爆裂，并提早落叶，以后抽生的新芽丛生，果实和叶片畸形，严重时果实发僵发黑，果皮粗糙，并出现木栓化的褐色斑块；全树出现落叶枯梢，秃顶。柑橘缺硼的临界值为10mg/kg。

（5）锌素失调　柑橘缺锌症又名小叶病或斑叶病，多发生在pH＞6.0的土壤，另外由于酸性砂质土壤中锌易被淋失和被果实带走等，柑橘缺锌症成为世界上较为普遍发生的病害之一。柑橘缺锌时叶的症状为新生老熟叶的叶肉部位出现淡绿色以至黄色的斑点，随着发病程度的加剧，黄色斑点扩大，色泽加深；叶形明显变小，新生枝梢节间缩短，枝叶呈丛生状，果实发僵。柑橘叶片缺锌临界值为15mg/kg。

（6）钼素失调　柑橘缺钼表现为新梢成熟叶片出现近圆形或椭圆形黄色至鲜黄色斑块，俗称“黄斑病”；叶背斑驳部位呈棕褐色，并可能流胶形成褐色树脂；叶片内卷略呈杯状。

七、香蕉营养失调症的诊断

（1）氮素失调　缺氮时叶色淡绿而失去光泽，叶小而薄，新叶生长慢，茎秆细弱，吸芽萌发少，果实细而短，梳数少，皮色暗，产量低。

（2）磷素失调　缺磷时会阻碍植株的生长和根系的发育，老叶边缘会出现失绿状态，继而出现紫褐斑点，后期会连片产生“锯齿状”枯斑，导致叶片卷曲，叶柄易折断，幼叶深蓝绿色，吸芽抽身迟而弱，果实香味和甜味均差。

（3）钾素失调　香蕉对钾的需要量最大，缺钾时叶片变小，且展开缓慢，老叶出现橙黄色失绿，提早黄化，使植株保存青叶数少，抽蕾迟，果穗的梳数、果数较少，果实瘦小畸形。植株表现脆弱，易折；果实品质下降，不耐贮运，茎秆软弱易折。

（4）钙素失调　最初的症状表现在幼叶上，其侧脉变粗，且叶缘失绿，继而向中脉扩展，呈锯状叶斑。

（5）镁素失调　镁是叶绿素的组成部分，也是许多酶的活化剂，参与氮代谢。表现叶片出现枯点，进而转黄晕，但叶缘仍绿，仅叶边缘与中脉两侧的叶片发黄，叶柄呈紫斑，叶鞘与假茎分开，叶寿命缩短，并影响果实的发育。

（6）铁素失调　缺铁时幼叶叶脉间大面积失绿，果实小，生长缓慢。

（7）锰素失调　幼叶叶缘附近叶脉间失绿，叶面有针头状褐黑斑，第2～4叶条纹状失绿，主脉附近叶脉间组织保持绿色。叶柄出现紫色斑块，叶片易出现旅人蕉式排列，果小，果肉黄色，果实表面有1～6mm深褐色至黑色斑。

（8）硼素失调　缺硼时表现为叶片失绿下垂，有时心叶不直，新叶主脉处出现交叉状失绿条带，叶片变短。根系生长差、坏死，果心、果肉或果皮出现琥珀色。

（9）锌素失调　缺锌时叶片条带状失绿并有时坏死，但仍可正常抽叶；果穗小，呈水平状，不下垂，果指先端乳头状。

八、西瓜营养失调症的诊断

（1）氮素失调　发生在苗期至营养生长期。西瓜对氮素反应敏感，缺氮时植株发育迟缓，茎叶生长缓慢、细弱，下部叶片先褪绿，茎蔓新梢节间缩短，幼瓜生长缓慢，果实小。

（2）磷素失调　发生在苗期至花期。根系发育差，植株细小，叶片背面呈紫色，花芽分化受到影响，开花迟，成熟晚，而且容易落花和“化瓜”，果肉中往往出现黄色纤维和硬块，甜度下降，种子不饱满。

（3）钾素失调　发生在花期至果实膨大期。植株生长缓慢，茎蔓细弱，叶面皱缩，老叶边缘变褐枯死，并渐渐地向内扩展，严重时还向心叶发展，使之变为淡绿色，甚至叶缘也出现焦枯状。坐果率很低，已坐得瓜，个头很小，含糖度不高，僵果、畸形瓜增多。

（4）钙素失调　发生在生长期至果实成熟期。幼叶叶缘黄化，叶片卷曲，老叶仍为绿色。茎蔓顶端变褐枯死，生长受阻。植株节间较短，矮小，且组织柔软，顶芽、侧芽、根尖容易腐烂死亡。西瓜缺钙容易发生脐腐病，且幼果期即可发病。西瓜畸形瓜、裂瓜、日灼病、黄带瓜、厚皮瓜、着色不良等问题增多。

（5）镁素失调　发生在伸蔓期至果实膨大期。老叶主脉附近的叶脉间褪绿发黄，但叶脉仍是绿色，然后逐渐扩大，使整个叶片变黄，出现枯死症。多从基部老叶开始，逐渐向上发展，严重时，全株叶片呈黄绿。

（6）铁素失调　发生在营养生长期。首先在植株顶端的嫩叶上表现症状。初期或缺铁不严重时，顶端新叶叶肉失绿，呈淡绿色或淡黄色，叶脉仍保持绿色。随着时间的延长或严重缺铁，叶脉绿色变淡或消失，整个叶片呈黄色或黄白色。

（7）锰素失调　发生在营养生长期至果实膨大期。嫩叶脉间黄化，主脉仍为绿色，进而发展到刚成熟的大叶。缺锰较重时，有从叶缘向中脉发展的趋势，致使主脉也变黄。长期严重缺锰，会使全叶变黄，并逐渐波及中部的老叶，使其脉间黄化。种子发育不全，易形成变形果。

（8）硼素失调　发生在营养生长期至果实膨大期。新蔓节间变短，蔓梢向上直立，新叶变小。叶面凹凸不平，有叶色不匀的斑纹，茎蔓前端横裂，畸形花多，果实易开裂，粗蔓、厚皮瓜、空洞瓜、畸形瓜、黄带瓜等增多。

（9）锌素失调　发生在营养生长期至坐瓜期。茎蔓条纤细，节间短，叶小，呈簇生状或莲座状，叶片发育不良，向叶背翻卷，叶尖和叶缘变褐并逐渐焦枯。

九、大棚草莓营养失调症的诊断

（1）氮素失调　幼叶淡绿色，成熟叶早期呈锯齿状红色；老叶变黄，局部枯焦；花和果实明显变小。

（2）磷素失调　近叶缘的叶面上出现紫褐色的斑点，植株生长不良，叶小。

（3）钾素失调　老叶的叶脉间产生褐色小斑点，叶常发生皱缩，严重缺钾时，可整叶焦枯。

（4）钙素失调　新叶叶端发生褐变，干枯，小叶展开后不能恢复正常，症状多在花前现蕾期发生。

（5）镁素失调　老叶叶脉间出现暗褐斑点，叶脉仍绿，部分斑点逐渐发展为坏死斑。

（6）铁素失调　铁在植物体内是不可移动元素，因此缺铁首先发生在植株的顶端幼嫩组织。草莓中度缺铁时，叶脉为绿色，新叶叶脉间为黄白色。叶脉转绿复原现象可作为缺铁的特征。缺铁严重时，小叶变白，叶子边缘坏死，或者小叶黄化（仅叶脉绿色）。缺铁症易出现在碱性土壤上，土壤pH值保持在6～6.5为宜，不要大量用碱性肥料。

（7）铜素失调　症状跟缺铁相似，也是新叶叶脉间失绿，出现花白斑，不同的是缺铜的花白斑没有缺铁的面积大。

第三节　其他作物元素失调的危害症状

一、小麦营养失调症的诊断

（1）氮素失调　植株矮小瘦弱，生长缓慢，叶片狭窄，叶色淡绿，严重时，尖端干枯致死，然后由叶尖开始向叶基部干枯，症状由下部老叶逐渐向上部叶片发展。分蘖少，根系发育不良，次生根数目少，茎秆细弱。当小麦出现黄叶苗时，主要原因为：一是植株缺氮。缺氮幼苗细弱呈直立状，叶片窄短，基部叶片从叶尖开始逐渐变黄色并向上部叶片发展。二是土壤干旱。三是田块土壤板结、土层薄。四是播种量过大，导致麦苗生长拥挤，植株黄瘦，叶片细长，叶肉薄，营养不足。五是虫害。秋季麦苗一出土，有翅成蚜就会迁入麦田危害，从而导致麦叶发黄。

（2）磷素失调　前期生长停滞，出现缩苗，不分蘖或少分蘖，叶狭，呈暗绿色，无光泽，返青期叶尖紫红色，严重时返青后叶片和叶鞘表现紫红色，抽穗开花延迟；拔节期缺磷，除苗期主要的缺磷症状更为明显外，下部老叶逐渐变成浅黄色，从叶尖和叶缘开始渐渐枯萎，幼穗分化发育不良，根毛坏死，烂根现象严重；抽穗开花期缺磷，一般表现植株矮小，老叶黄化枯萎，花粉败育、胚珠不孕，严重时，有些不能抽穗或出现假“早熟”现象和瘦秕的死穗。当小麦出现红叶苗时，一是渍害，二是缺磷，三是受冻。

（3）钾素失调　麦苗下部老叶的叶尖、叶缘先变黄，尔后逐渐变褐色、焦枯，远看似火烧状，叶脉与叶中部仍呈绿色，严重时，整叶干枯，茎秆细小柔弱，易倒伏。苗期缺钾易表现出叶片细长，叶色黄绿，叶尖发黄，拔节后茎细等症状，与缺氮有几分相似，但其分蘖呈横向伸展，与缺氮的直上伸长不同。另外，诊断时要注意叶片症状发生的部位，缺钾是首先在下位叶发生，同样的症状，如果出现在上位叶，则可能是缺钙。小麦出现褐叶苗，主要是缺钾所致。

（4）钙素失调　小麦生长点及茎尖端死亡，植株矮小或呈簇生状，幼叶往往不能展开，长出的叶片常出现缺绿现象，叶尖和叶缘焦枯，与缺钾类似，但出现部位不同。根系短，分枝多，根尖分泌透明黏液，似球形吸附在根尖上，这是小麦缺钙最明显的特征。

（5）镁素失调　小麦缺镁中、下位叶叶脉间失绿黄化，残留绿斑相连呈念珠状，对光观察时明显。

（6）硫素失调　小麦缺硫全株褪绿、黄化，与缺氮相似，但缺硫新叶比老叶重，且不易干枯，发育延迟。

（7）铁素失调　小麦缺铁时新叶黄化，老叶仍保持绿色，叶片脉间出现黄白色斑块或条纹，叶脉间失绿，呈条纹花叶，症状越近心叶越重，严重时心叶不出。植株生长不良，矮缩，生育延迟，有的甚至不能抽穗。

（8）锰素失调　缺锰时，初期新叶脉间失绿黄化，并出现黄白色的细小斑点，以后逐渐扩大，连成黄褐色条斑，形成与叶脉平行的长短不一的短线状褐色斑点，靠近叶的尖端有一条清晰的组织变弱的横线，造成叶片上端弯曲下垂，称“褐线萎黄症”。根系发育差，有的变黑死亡；植株生长缓慢，无分蘖或很少分蘖。

（9）硼素失调　小麦缺硼症状一般在新生组织先出现，表现为顶芽易枯死，开花持续时间长，有时边抽穗边分蘖，生育期延长；雄蕊发育不良，花药瘦小，空秕不开裂、不散粉，花粉少或畸形，子房横向膨大，颖壳前后不闭合，后期枯萎，严重缺硼时，可见“空穗”，内无麦粒，麦穗迎光透视发亮。

（10）锌素失调　麦苗叶片失绿，心叶白化，中后期植株矮化丛生，叶小而脆，叶缘扭曲或皱缩，叶脉两侧由绿变黄直至发白，边缘出现黄、白、绿相间的条纹。根系变黑，空秕粒多，千粒重低。小麦出现黄白色苗，主要是缺锌所致。

（11）铜素失调　小麦缺铜时，新叶呈灰绿色，叶尖白化，叶片扭曲，叶鞘下部出现灰白色斑点或条纹，老叶易在叶舌处折断或弯曲；植株节间缩短，抽穗少，严重时不能抽穗或穗形扭曲，小穗上的次生花败育，籽粒发育不全或皱缩。

（12）钼素失调　缺钼时，植株矮小，生长缓慢，叶片端部首先褪绿，接着在心叶下部的全展叶上，沿叶脉出现细小、平行的黄白色斑点，并逐渐连成线状或片状，叶尖和叶缘呈灰色，最后叶片端部干枯，严重时全叶枯死。

二、水稻营养失调症的诊断

（1）氮素失调　缺氮的症状首先出现在主茎的下位叶，以后逐渐向上部发展，症状表现为叶色从叶尖开始由绿变黄，沿中脉呈倒“V”形向叶基部扩展，直至全叶失绿、枯黄，上部绿叶少，叶片小、窄、直立，分蘖少或无分蘖，稻株下部枯叶多，不封行或迟封行，穗小粒少。

（2）磷素失调　缺磷的症状首先出现在主茎的下位叶，以后逐渐向上部发展。症状表现为先下位叶呈暗绿色，逐渐向上位叶发展，继而老叶枯黄，严重时下位叶纵向卷缩，叶尖及叶缘呈紫红色，叶面上有青紫褐色或赤色斑点；植株长势与正常情况下差异不明显，但叶片直立、细窄。苗期缺磷易形成僵苗，表现为栽后生长缓慢，株型直立，不分蘖或少分蘖，群众称为“一炷香”。

（3）钾素失调　叶片从下位叶开始出现赤褐色焦尖和斑点，并逐渐向上位叶扩展，严重时田间稻面发红如火燎状，株高降低，叶色灰暗，抽穗不齐，成穗率低，穗形小，结实率差，籽粒不饱满。由于栽培季节、品种类型和土壤条件不同，症状有差异。第一类是返青分蘖期发生缺钾性赤枯病，或称“青铜病”，第二类是缺钾性褐斑病，第三类是缺钾性胡麻叶斑病。

（4）钙素失调　植株矮小，组织老化，病症先发生于根及地上幼嫩部分，植株呈现未老先衰。幼叶卷曲、干枯，叶尖变白，定型的新生叶片前端及叶缘枯黄，严重的生长点死亡，老叶仍保持绿色，结实少，秕粒多，根系伸长延迟，根尖变褐色。

（5）镁素失调　水稻缺镁症状先出现在低位衰老叶片上，大多数在生育后期发生，病叶叶脉间网格状失绿，呈褐色，叶脉仍为绿色，叶片从叶枕处呈直角下垂。

（6）硫素失调　水稻缺硫与缺氮相似，不同的是缺硫先从幼嫩部分开始，症状表现为返青慢，不分蘖或分蘖少，植株瘦矮，叶片薄，幼叶呈淡绿色或黄绿色，严重时全叶黄化，叶尖有水浸状的圆形褐色斑点，叶尖焦枯，根系呈暗褐色，白根少，生育期延迟。

（7）锰素失调　水稻缺锰时，新生叶片叶脉间褪绿发黄，褪绿条纹从叶尖向下扩展，叶脉仍保持绿色，脉纹较清晰。严重缺锰时，叶面上有灰白色或褐色斑点出现。新出叶窄而短，且严重失绿。

（8）硼素失调　水稻缺硼使水稻的营养生长期不明显，开花期雄蕊发育不良，花药瘦小，花粉粒少而畸形，结实率显著降低，生育期延迟。植株矮化，抽出叶有白尖，严重时枯死。水稻结实不良，空壳多，产量低。

（9）锌素失调　水稻缺锌俗称“僵苗”，又称“红苗病”“火烧苗”，是一种生理性病害。水稻发病后，叶片枯死，生育期延迟，产量大幅度下降。一般在插秧15～30天后，植株下部叶片上沿主脉出现失绿条纹，萎缩不发棵，接着叶片中部出现棕色至红褐色不规则铁锈状斑点，病状由叶片基部向叶尖、由叶片中部向叶缘发展（而缺钾引起的褐斑病正相反），进而全株发生，新出叶细窄，基部和中脉失绿褪色，继而全部失绿，植株变得矮小，不分蘖或少分蘖，叶尖向下变褐焦枯。初期根系细短，呈现白色或黄白色，中毒发僵时变为棕褐色或黑褐色。植株拔节后，症状减轻并在一定程度上恢复生长，但因病株穗形变小而导致减产，成熟期较正常生育周期推迟10天左右。发病严重时直到抽穗仍然可见，稻田呈一片赤红，像火烧似的，穗粒稀，空秕多，千粒重减轻，严重影响产量。

（10）铜素失调　叶子呈蓝绿色，后近叶尖处褪绿、卷缩，严重时顶端停止生长。褪绿沿叶脉两边向下发展，随之叶尖变深褐色坏死。长出的叶片折叠弯曲，近白色，但分蘖较正常，新生分蘖可继续生长，水稻结实不良，空瘪粒多，产量降低。

（11）硅素失调　水稻缺硅时生长受阻，根与地上部分都较短矮，抽穗迟，每穗小穗数、饱满谷粒和粒重都减少，叶片上的表皮较软而平滑，茎秆不壮，易生稻瘟病。水稻缺硅能够引起倒伏，抗病能力减弱。水稻缺硅时生长受阻，根与地面部分都较短矮。

叶片和谷壳有褐色斑点。叶下披成“垂柳叶”状是水稻缺硅的典型症状。植株矮小已凋萎或早衰，分蘖少，茎叶软弱，叶片下垂。

主要表现为叶质变薄变柔软，披散下垂呈柳状，有雨露时尤为显著；茎秆较弱，易遭病虫危害，结实率下降，秕谷增加，稻谷色泽灰暗，不饱满，产量较低。水稻缺硅会使水稻抗病能力减弱，稻谷光泽度差，不饱满，产量降低。

三、玉米营养失调症的诊断

（1）氮素失调　玉米缺氮时苗期生长缓慢，植株矮瘦，叶色黄绿，抽雄迟。生长盛期缺氮，叶的症状更为明显。老叶从叶尖沿着中脉向叶片基部枯黄，枯黄部分呈“V”形，叶缘仍保持绿色，而略卷曲，最后呈焦灼状而死亡。在缺氮条件下，下部老叶中的蛋白质分解，并把氮素转移到生长旺盛的部分。就单株玉米来看，缺氮症状首先表现为老叶先发黄，而后才逐渐向嫩叶扩展。

（2）磷素失调　苗期缺磷，茎和叶片暗绿带紫红色，从下部叶片开始，先是叶尖干枯，沿叶缘向基部蔓延，进而呈暗褐色，以后逐渐向幼嫩叶片发展，生长缓慢，叶片不舒展，根系发育不良，体内积累过多的糖而形成花青素，使叶片呈紫红色，茎部衰弱、细长。果穗分化发育差，穗顶缢缩，甚至空穗，花丝延迟抽出，使受精不良，果穗卷曲，会出现秃顶、缺粒与粒行不整齐现象。

（3）钾素失调　玉米缺钾时，根系发育不良，植株生长缓慢，叶色淡绿且有黄色条纹，严重时叶缘和叶尖呈现紫色，随后干枯呈灼烧状，叶的中间部分仍保持绿色，叶片却逐渐变皱。这些现象多表现在下部老叶上，因缺钾时老叶中的钾首先转移到新器官组织中去。

缺钾还使植株瘦弱，易感病、易倒折，果穗发育不良，秃顶严重，籽粒中淀粉含量少，千粒重下降，造成减产。

（4）钙素失调　发病初期，植株生长矮小，玉米的生长点和幼根即停止生长，玉米新叶叶缘出现白色斑纹和锯齿状不规则横向开裂。新叶分泌透明胶质，相邻幼叶的叶尖相互粘连在一起，使得新叶抽出困难，不能正常伸展，卷筒状下弯呈“牛尾状”，严重时老叶尖端也出现棕色焦枯。发病植株的根系中幼根畸形，根尖坏死，和正常植物的根系相比根系量小，新根极少，老根发褐，整个根系明显变小。

（5）镁素失调　下位叶（老叶）先是叶尖前端脉间失绿，并逐渐向叶基部扩展，叶脉仍绿，呈现黄绿色相间的条纹，有时局部也会出现念珠状绿斑，叶尖及其前端叶缘呈紫红色，严重时叶尖干枯，脉间失绿部分出现褐色斑点或条斑。

玉米缺镁生长后期不同层次的叶片呈不同的叶色，上层叶片绿中带黄，中层叶片黄绿相间条纹明显，下层老叶叶脉间残绿，前端两边缘紫红。容易与缺铁初期混淆，它们最大区别在于出现症状的部位，缺铁初期症状发生于上部新叶，而缺镁主要发生于老叶，穗位附近叶相对比其他叶位症状严重。

（6）硫素失调　初发时叶片叶脉间发黄，植株发僵，中后期上部新叶失绿黄化，脉间组织失绿更为明显，随后由叶缘开始逐渐转为淡红色至浅紫红色，同时茎基部也呈现紫红色，幼叶多呈现缺硫症状，而老叶保持绿色；生育期延迟，结实率低，籽粒不饱满。

缺硫与缺氮有相似的症状，先发生于新叶的为缺硫，发生于老叶的为缺氮；缺硫与缺铁也比较相似，缺铁新叶黄白化或有黄绿相间的条纹，缺硫时新叶出现均一的黄化，叶尖特别是叶基部有时候保持浅绿，老叶基部发红。

（7）铁素失调　缺铁主要表现为上部叶片失绿黄化。缺铁初期或缺铁不甚严重时，心叶叶肉部分首先失绿变成淡绿色、淡黄绿色、黄色，甚至白绿色，而叶脉仍保持绿色。随着缺铁时间的延长或严重缺铁时，心叶不出，叶脉的绿色也会逐渐变淡并逐渐消失，使整个叶片呈黄色甚至白色，有时会出现棕褐色斑点，最后叶片脱落，嫩枝死亡。

（8）锰素失调　玉米缺锰时幼叶从叶尖到基部沿叶脉出现与叶脉平行的黄绿色条纹，而叶脉仍保持绿色；叶片弯曲下披，根系细长呈白色。严重缺锰时，幼叶叶片会出现黑褐色斑点，并逐渐扩展到整个叶。茎细弱，籽粒不饱满，排列不齐，根细长而白。

（9）硼素失调　玉米缺硼时表现为根系不发达，植株矮小，植株新叶狭长，幼叶展开困难，上部幼嫩叶片叶脉间组织变薄，出现不规则白色斑点，各斑点可融合成白色半透明的条纹状，生长点受抑制，雄穗不易抽出，雄花退化变小，以致萎缩，果穗畸形，籽粒排列不齐，着粒稀疏，籽粒基部常有带状褐疤。

（10）锌素失调　玉米缺锌苗期为花白苗，称为“花叶条纹病”“白条干叶病”。缺锌玉米3～5叶期呈淡黄至白色，从基部到2/3处更明显。拔节后叶片中肋和叶缘之间出现黄白失绿条斑，形成宽而白化的斑块或条带，叶肉消失，呈半透明状，似白绸或塑膜状，风吹易撕裂。老叶后期病部及叶鞘常出现紫红色或紫褐色，节间缩短，根系变黑，抽雄延迟，形成缺粒不满尖的玉米棒。

（11）铜素失调　玉米缺铜时，顶部和心叶变黄，生长受阻；严重缺乏时，植株矮小，叶脉间失绿一直发展到基部，叶尖严重失绿或坏死，果穗很小。

（12）钼素失调　玉米缺钼时首先在老叶上出现失绿或黄斑，叶尖易焦枯，之后叶缘和叶脉间干枯，严重时根系生长受到抑制，形成大面积植株死亡。

四、高粱营养失调症的诊断

（1）氮素失调　高粱缺氮，植株生长矮小，叶色变淡，呈浅绿色或黄绿色，色泽均一，首先是下部老叶从叶尖开始变黄，然后沿叶脉扩展，叶边缘仍为绿色，最后整个叶片变黄干枯，逐渐扩展到上部叶片，黄叶易脱落。

（2）磷素失调　高粱缺磷老叶边缘紫红色，幼苗缺磷时，下部叶片、茎秆和叶鞘颜色发红，或呈紫红色，称为“紫苗”。根系发育不良，很少且短，植株生长变慢，造成贪青晚熟。

（3）钾素失调　高粱缺钾，老叶叶尖及边缘发黄，甚至焦枯坏死，叶中心部位暗绿色，下部叶片比上部叶片症状严重，叶片褶皱弯曲。

（4）钙素失调　高粱缺钙时地上部分症状极为明显，表现为幼嫩部分发生危害，先从幼叶尖变黄卷曲弯成钩状，并相互粘连，不宜伸展，生长点受到抑制或死亡，致使植株矮小，老叶有黄褐斑，根生长受到抑制。

（5）镁素失调　缺镁首先从下部老叶表现出来症状，下部叶片叶脉间明显失绿，呈现浅黄色条纹，进一步扩展到整个叶片纵向变黄，最后其边缘呈紫褐色斑点或条状斑块，变干枯死亡。

（6）硫素失调　缺硫时植株矮化，上位叶叶脉间呈淡绿至黄色，茎细小，长势差，叶片边缘和茎部发红，幼叶短而直立。

（7）铁素失调　高粱幼苗缺铁较为严重，最上部叶片或新生叶脉间失绿，有黄色条斑，继而发展至整个叶片淡黄或发白。

（8）锰素失调　缺锰上部叶片叶脉间失绿，严重时呈条状，出现细小棕色斑点，组织易坏死。

（9）硼素失调　缺硼时，在叶脉间出现不大的白色斑点，花器官发育不正常。

（10）锌素失调　高粱缺锌时，地上部分叶小，叶缘扭曲或皱缩，叶脉间褪绿变黄，呈黄白绿相间的条纹带。地下部分主根极短，仅为正常根长的1/3。

（11）铜素失调　缺铜时，新生组织先出现症状，幼叶萎蔫，出现白色叶斑。

（12）钼素失调　缺钼时，植株中下部呈现黄绿色，叶片边缘向上卷曲，有小点散布在整个叶片，叶脉间失绿。

五、大豆营养失调症的诊断

（1）氮素失调　大豆缺氮，植株生长矮小，分枝少，叶小且薄，易脱落，下部老叶失绿黄化，叶色淡呈浅绿或黄绿，先是真叶发黄，严重时从下向上黄化，直至顶部新叶。在复叶上沿叶脉有平行的连续或不连续铁色斑块，褪绿从叶尖向基部扩展，乃至全叶呈浅黄色，叶脉也失绿。

（2）磷素失调　大豆缺磷时，植株瘦小，叶色变深呈浓绿色或墨绿色，无光泽，缺磷严重时，叶脉黄褐色，茎和叶均呈暗红色；叶片尖窄直立，茎硬，生长缓慢，根系不发达；开花后叶片出现棕色斑点；种子小，根瘤发育差；缺磷症状一般从老叶开始，逐渐扩展到上部叶片。

（3）钾素失调　典型的缺钾症状是从老叶的叶尖和叶缘开始产生失绿斑点，逐步扩大成块，斑块相连，向叶中心蔓延，后期仅叶脉周围呈绿色，严重时叶面上出现斑点状坏死组织，最后叶片干枯呈烧焦状。

（4）钙素失调　钙在植物体内不易移动，因此缺钙时先从新叶开始，新叶不伸展，黄化并有棕色小点，易形成小洞，老叶先从叶中部和叶尖开始，叶缘、叶脉仍为绿色。叶缘下垂、扭曲，叶小、狭长，叶端呈尖钩状。根暗褐色、脆弱，根瘤着生数少，固氮能力弱。叶柄与叶片交接处呈暗褐色，严重时茎顶卷曲，生长点死亡，呈钩状枯死。

（5）镁素失调　大豆缺镁症状于第一对真叶时即出现，成株中下部叶先褪绿变淡，后呈橘黄或橙红色，但叶脉保持绿色，叶脉间叶肉常微凸而使叶片起皱。叶小，有的病叶上卷，有时皱叶部位同时出现橙、绿两色相嵌斑或网状叶脉分割的橘红斑；个别中部叶脉红褐色，成熟时变黑。叶缘、叶脉平整光滑。

（6）硫素失调　大豆缺硫生长受阻，尤其是营养生长，症状类似缺氮，但从上部新叶开始。大豆生育前期新叶失绿，后期老叶黄化，出现棕色斑点，叶脉、叶肉均生米黄色大斑块，染病叶易脱落，迟熟，根细长，植株瘦弱，根瘤发育不良。

（7）铁素失调　大豆缺铁时固氮酶没有活性，根瘤菌丧失固氮能力。铁是植物体内最不易移动的元素之一，因此缺铁的症状首先在新生叶上表现出来，早期新叶发黄并微有卷曲，叶脉仍保持绿色，缺铁严重时，新长出的叶片几乎变成白色，叶脉也失绿黄化甚至白化，靠近叶缘出现棕色斑点，老叶变黄枯萎而脱落。

（8）锰素失调　大豆对锰的反应非常敏感，是缺锰的指示植物。锰大部分分布在大豆的幼嫩器官和生长旺盛的器官中，缺锰时新叶失绿黄化，而叶脉始终保持绿色（与缺铁严重时叶脉失绿不同），叶片两侧产生橘红色病斑，斑中有1～3个针孔大小的暗红色小点，后沿脉呈均匀分布、大小一致的褐斑，后期全叶变黄，严重时顶芽枯死，迟熟。

（9）硼素失调　大豆缺硼时对生长点和花器官影响明显，顶芽停止生长下卷，甚至生长点死亡，成株矮缩，主根顶端死亡，侧根多而短；花器官发育不健全，不开花或开花不正常，结荚少而畸形，严重者导致大幅度减产甚至绝收；新叶失绿，叶肉出现浓淡相间斑块，上位叶较下位叶色淡，中位叶小、厚、脆，老叶粗糙增厚，缺硼严重时，顶部新叶皱缩或扭曲，个别呈筒状，有时叶背局部现红褐色。

（10）锌素失调　大豆缺锌时生长缓慢，叶脉间变黄，叶片呈柠檬黄色，出现褐色褪色斑点，逐渐扩大并连成坏死斑块，继而坏死组织脱落，植株纤细，迟熟。

（11）铜素失调　缺铜时植株上部复叶的叶脉绿色，其余部分浅黄色，有时产生较大的白斑；新叶小、丛生，呈凋萎干枯状，叶尖发白卷曲，有时叶片上出现坏死斑点。缺铜严重时，在叶两侧、叶尖等处有不成片或成片的黄斑，易卷曲成筒状，植株矮小，严重时不能结实。

（12）钼素失调　钼缺乏时叶片厚而皱，叶色发淡转黄，叶片上出现许多细小的灰褐色斑点，叶片边缘向上卷曲，有的叶片凹凸不平且扭曲，有的主叶脉中央出现白色线状。根上的根瘤数量少，根瘤小，固氮作用减弱。

六、甘薯营养失调症的诊断

（1）氮素失调　老叶先变黄，幼芽色变浅，植株生长缓慢，节间短，茎蔓变细，分枝少，叶形小，叶片少，茎和叶柄变紫，叶边缘、主脉呈紫色，老叶脱落，后全株发黄。

（2）磷素失调　幼芽、幼根生长缓慢，叶片变小，叶色暗绿或缺少光泽，茎蔓伸长受阻，茎变细，老叶现大片黄斑，后变紫色，叶片脱落。

（3）钾素失调　节间缩短，叶片变小，叶柄缩短，老叶易显症。初发病时，叶尖开始褪绿，逐渐扩展到脉间，只有叶子的基部一直保持着绿色。后期沿叶缘或在叶脉间出现坏死斑点，致叶片干枯或死亡。

（4）钙素失调　幼叶淡绿色，有些老叶片上还产生红色区域。

（5）镁素失调　老叶叶脉间由边缘向里变黄，叶脉则仍保持绿色。缺镁严重的，老叶变成棕色且干枯，新长出来的茎则呈蓝绿色。

（6）硫素失调　幼叶尖端先变黄，叶脉呈绿色窄条纹，叶色呈灰绿及灰黄色，最后全叶发黄。

（7）铁素失调　初期新生叶片中度褪色，叶肉失绿黄化，叶脉保持绿色，严重时叶脉失绿，整个叶片黄化或白化。

（8）锰素失调　甘薯缺锰与缺铁相似，都是新叶叶脉间颜色变淡，叶肉失绿黄化，但缺锰叶脉始终保持绿色，以后叶片上出现枯死斑点，使叶片残缺不全。

（9）硼素失调　甘薯缺硼节间缩短，叶柄弯曲，尖端发育受阻且略歪扭。老叶变黄，早落。块根瘦长或呈畸形，表皮粗糙。严重缺硼的，块茎往往产生溃疡状，表面覆盖着一些硬化的分泌物，有时也可能形成内部腐烂。

七、花生营养失调症的诊断

（1）氮素失调　叶片浅黄，叶片小，影响果针形成及荚果发育。花生生长瘦弱，叶片浅黄发白，叶片小，茎部发红，根瘤少，植株生长不良分枝少。分枝数和开花量减少，荚果小而发育不良，产量品质较低。当然，氮肥过多，也可造成叶片大而厚，叶色浓绿，贪青晚熟，甚至发生徒长现象。

（2）磷素失调　叶色暗绿，茎秆细瘦，颜色发紫，根瘤少，花少，荚果发育不良。植株生长缓慢，矮小，根系发育不良，次生根很少，叶色暗绿无光泽，固氮能力下降，下部叶片和茎基部常呈红色或有红线。

（3）钾素失调　花生缺钾症状表现为代谢作用受阻、紊乱失调，影响碳水化合物的合成和转化，在花生植株的外观上，先从下部老叶开始，叶片呈暗绿色，叶缘变黄或棕色，叶脉仍保持绿色，叶片易失水卷曲，荚果少或畸形，之后逐步向上部叶片扩展，直至叶片枯死脱落。

（4）钙素失调　苗期缺钙严重时，叶面失绿，叶柄断落，严重时生长点枯萎死亡，根不分化、根细弱、根瘤少等；成株期缺钙，荚果发育不致密，易烂果，影响籽仁发育，还会诱发籽仁生理病变（胚芽变黑，单仁果和空果明显增多），影响花生产量。植株矮小，种子的胚芽变黑，地上部生长点枯萎，顶叶黄化有焦斑，幼叶失绿、变形，出现弯钩状。根系弱小、粗短而呈黑褐色，根瘤不多。芽和根系顶端不发育，呈“断脖”症状，严重时生长点坏死，叶尖和生长点呈果胶状。花生缺钙最典型的症状是幼果发育不正常，形成空壳，俗称“水泡籽”。

（5）镁素失调　花生缺镁的症状主要表现为首先叶绿素含量下降，并出现失绿症。由于镁在韧皮部的移动性较强，缺镁症状常常表现在老叶上，老叶叶缘失绿，向中脉逐步扩展，叶片变黄而叶脉保持绿色，继续发展后叶缘变为橙红色，并向上部嫩叶转移，茎秆矮化，严重时植株死亡，花生品质降低。

（6）硫素失调　心叶失绿黄化，幼叶叶色变黄，严重时变黄白。新叶小，围绕叶片主脉部分颜色变浅，有时老叶仍保持绿色。缺硫植株叶柄倾向于直立，三小叶呈“V”形，植株矮小。茎细而弱，根细长而不分枝，开花结果的时间推迟，果实减少。花生缺硫时，其外观症状与缺氮相似，但缺氮的症状首先从下部老叶开始，而缺硫的症状是从上部新叶先开始。

（7）铁素失调　首先表现为上部嫩叶失绿，而下部老叶及叶脉仍保持绿色；严重缺铁时，叶脉失绿进而黄化，上部新叶全部变白，久而久之叶片出现褐斑并坏死，后干枯脱落。与花生缺氮、缺锌等引起的失绿比较，花生缺铁症状的特点突出表现在叶片大小无明显改变，失绿黄化明显。而缺氮引起的失绿常使叶片变薄变小，植株矮小；缺锌使叶片小而簇生，出现黄白小叶症。鉴定植株是否为缺铁黄化症，可用0.1%的硫酸亚铁溶液涂于叶片背面失绿处，若经5～8天转绿，可确认为缺铁性黄化病。

（8）锰素失调　花生缺锰的症状表现为：新叶叶脉间呈淡绿色或灰黄色，老叶症状不明显；后期缺锰叶片出现白色或青铜色斑，但叶脉仍保持绿色，没有大豆那样明显。花生缺锰易感染叶斑病。

（9）硼素失调　植株矮小、分枝多，呈丛生状，展开的心叶叶脉颜色浅，其余部分深、浅绿相间，开花进程延迟，植株开花少甚至无花，根容易老化，须根很少，根尖端有黑点，易坏死，果仁发育不良，易形成有壳无仁的空心果，影响品质。

（10）钼素失调　叶脉间失绿，叶片生长畸形，表现为叶尖萎缩，严重时整个叶片布满斑点，甚至发生螺旋状扭曲，老叶变厚，呈蜡质状态。症状与缺氮类似，但缺氮先表现在老叶上，而缺钼先表现在新生叶片上。

（11）锌素失调　花生缺锌的症状表现为生长缓慢，植株矮小，叶片多表现条带状失绿，下部老叶表现为柠檬黄色，出现褪色斑点，严重时会导致叶片簇生、丛生、失绿白化。

八、棉花营养失调症的诊断

（1）氮素失调　棉株缺氮时，下部叶片呈现黄绿色，叶片薄，小而少，根系较小。棉株生长停止较早，株矮茎细，果枝少，现蕾、开花、结铃少，脱落多，而且铃小、籽小。当严重缺氮时，成熟的叶片会变黄、变褐色，最后干枯而过早脱落，由于生长总量小而减产。

（2）磷素失调　棉株缺磷时植株矮小，叶色暗绿，蕾铃脱落，生育期延迟，下部叶片易出现紫红色斑块，棉桃吐絮差，棉籽不饱满，严重时生长40～50天即死亡。

（3）钾素失调　棉株缺钾时主茎细瘦，节间短，果枝节位显著提高，下部果枝发育极差，中部果枝略伸长，但果节不多。叶片脉间出现黄斑，以后黄斑隆起，叶片皱缩不平，叶缘向下微卷、变脆，极易破碎，后期边缘焦枯，有时脱落使叶片呈残缺状。黄斑叶主、侧脉及两边的区域保持绿色，严重时黄斑伸进主、侧脉，绿色区域缩小，形成黄绿相间的花叶，其状宛如“虎皮斑纹”。轻病叶或初感病病叶仅在脉间出现小块或隐约的黄斑，病株根系发育差，多呈黄褐色。

（4）钙素失调　缺钙的棉株生长点受到抑制，呈弯钩状，甚至生长点死亡，棉株停止生长并且首先是根系停止生长，叶片老化，提前脱落。严重时，新叶的叶柄下垂弯曲而死亡，棉株小，果枝和棉铃都相应减少。新叶叶片由绿变黄，但叶脉仍保持绿色。

（5）镁素失调　棉株缺镁时，症状首先从老叶开始，脉间失绿，叶脉附近保持绿色，有清晰的网状脉纹，有时叶片上有紫色斑块，新定型的叶片也随后失绿变淡，叶片呈波纹状或卷起，棉铃和苞叶亦变为浅绿色。

（6）硫素失调　棉花缺硫时，植株矮小，根系发育不良，叶绿素消失，先由脉间开始，然后遍及全叶，最后叶呈紫红色，而叶脉仍保持绿色。由于硫在植物体内移动性差，很难被再利用，故症状首先发生在幼嫩叶片上。

（7）铁素失调　症状易发生于新生叶片，表现为缺绿症或失绿症，开始时幼叶叶脉间失绿，叶脉仍保持绿色，以后则完全失绿，整个叶片黄化或白化。茎秆短而细弱，多新叶失绿，而老叶仍可保持绿色。

（8）锰素失调　症状易发生于现蕾初期到开花的植株上部及幼嫩叶片，幼叶首先在叶脉间失绿，呈黄灰色或赤灰色，形成网状花叶，叶片的中部比叶尖端更为明显，叶面皱缩，叶脉则始终保持绿色，叶片上的失绿斑点形成小块枯斑，以后连接成条的干枯组织，并使叶片纵裂。

（9）硼素失调　在苗期、蕾期即有表现，病症最早出现在叶片上，下部老叶肥大，为暗绿色，变脆，叶脉突出，顶部新叶变小，边缘和叶脉失绿，叶柄上出现绿色浸润状环带突起，严重缺硼时，叶片反向卷曲、皱缩。主茎生长点受损，腋芽丛生，棉株长得矮而多分枝。花器官发育不健全，桃尖弯钩状，畸形，出现“蕾而不花”现象，或开花也难成桃。

（10）锌素失调　症状易发生在花铃期的老叶上，从第一真叶开始，幼叶即呈青铜色，叶脉间明显失绿并有坏死的斑点，叶片变厚变脆易碎，叶缘向上卷曲，节间缩短，植株矮小呈丛生状，生长受阻，结铃推迟，蕾铃易脱落。

（11）铜素失调　开始时幼叶较小，以后叶缘及叶尖坏死，叶片下垂萎蔫，主脉间叶组织大部分死亡，短期内全部叶片均受影响，生长极为缓慢，种子发芽率下降，萌发速度减慢。

九、烟草营养失调症的诊断

（1）氮素失调　烟株下位叶逐渐变黄、干枯，叶小，色发白，无光泽，组织缺乏弹性，质脆。中上部的其他叶片直立或与茎秆的夹角小，叶色也较浅。

（2）磷素失调　烟草缺磷生长缓慢，植株矮小，地上部呈玫瑰花状，叶色呈暗绿色微紫或锈色至浓绿色，缺乏光泽，叶形狭长而上翘，下位叶出现褐色斑点，严重的扩展到上位叶，此褐色斑点如发展则形成白斑。叶一般不成熟，叶色不新鲜。

（3）钾素失调　烟草缺钾，表现为烟叶粗糙发皱，下位叶尖先变黄，后扩展到叶缘及叶脉间，从叶缘开始枯死脱落。叶周边组织虽停止生长，但内部还在生长，导致叶向下卷曲。叶片上出现斑点，斑点中心部位坏死，变为红铜色小点，并逐渐扩大，造成组织坏死，以后穿洞成孔，叶片枯死，叶形小，干叶组织脆，缺少弹性，燃烧性不好。

（4）钙素失调　缺钙首先表现在上部幼嫩叶片上，特别是心叶呈淡绿色，初期植株呈暗绿色，后期生长点停止生长，顶芽枯死，从旁侧生出畸形幼芽，展开的幼叶变脆，叶尖和叶缘失绿，逐渐枯死，根变黑，须根生长停滞。

（5）镁素失调　缺镁的外部特征为下位叶尖端和四周的叶脉间开始褪绿、黄化，进而白化，接近叶脉的部分几乎全变白，但其余部分仍保持绿色，缺镁和缺钾的不同在于缺镁的叶片一般不会干枯死亡。

（6）硫素失调　缺硫首先使中、上部叶片失绿发黄，症状发生部位与缺氮相反。主要发生在旱期或干旱季节，缺硫的第一个症状是植株变成淡绿色，但上部幼叶比下部叶片的绿色要淡，而下部的老叶又不像缺氮叶片那样焦枯。第二个症状是叶尖往往向下卷曲，叶片上有突起的泡点。大雨后，缺硫现象一般消失。

（7）铁素失调　嫩叶首先失绿黄化，而下部的老叶则仍保持正常状态。顶部嫩叶的叶脉间变为浅绿色至近白色，但叶脉保持绿色。缺铁严重时叶脉褪绿，整个叶片变为白色。

（8）锰素失调　初期幼叶褪绿，叶脉间由浅绿色变成白色，但较细的叶脉仍保持绿色，叶片呈“网状”失绿，叶脉始终保持绿色，这是缺铁和缺锰的主要区别。下部叶沿主脉有白色泡点和黄褐色小斑点（枯死斑）。烟株纤弱，长势差。

（9）硼素失调　缺硼的烟株幼芽幼叶为淡绿色，茎部变成灰白色，茎顶端枯死，叶片增厚变脆，接着幼叶茎部组织发生溃烂，出现坏死的斑点，茎和叶梗表面增厚并木质化。留种用的烟株缺硼明显，容易导致顶部的蕾、花凋萎或脱落，授粉不良，结实少或不结实。

（10）锌素失调　初期下位叶脉间产生浅黄色条纹，然后逐渐白化坏死，上位新生叶展开后色浅至白，烟株节间缩短、变矮，下部叶有枯斑或组织坏死，枯死部分呈水浸状，以后扩展很快，变成棕色而干枯。烟株叶片小，颜色浅，叶面皱褶，顶叶簇生。

（11）铜素失调　烟草缺铜，上位叶片呈暗绿色，由于不能保持应有的膨压或坚硬而形成永久性凋萎且不能恢复。严重时叶片的颜色从上至下变浅、发白，叶脉两侧有透明泡斑。花期缺铜，烟株的主轴不能直立，结实的数量减少。

（12）钼素失调　植株生长缓慢，矮小，根系瘦弱，茎秆细长。整株叶片凋萎或卷曲，叶片狭长，具波状皱纹，叶片失绿呈灰白色，主脉发黄。下位叶小而厚，叶脉间出现不规则型坏死斑点，病斑先为灰白后变棕红色。

第四章
农药对农作物的危害识别

农作物的农药药害是指使用农药不当而引起植株产生的各种病态反应，常表现为组织损伤、生长受阻、植株变态甚至死亡等一系列非正常生理变化。农药药害的现象在生产中屡屡发生，轻则影响农作物的正常生长，重则造成严重减产。一般水溶性强的、无机的、分子量小的、含重金属的药剂易造成药害，如大部分砷制剂、波尔多液、石硫合剂及其他无机铜、无机硫制剂等，易产生如叶斑、枯叶、灼伤、穿孔、厚叶、枯萎、落叶、黄化、畸形花、畸形果等药害。不同剂型的农药产生药害的可能性大小不同，通常是油剂＞乳油＞可湿性粉剂＞粉剂＞颗粒剂。无论何种剂型，如果加工质量差，如油剂、乳油等分层、出现沉淀，可湿性粉剂结块、悬浮率低，粉剂结絮等，都会增加产生药害的可能性。一般情况下，农药对作物都有一定的生理影响。一些广谱性的除草剂，喷施到作物的绿色部位，吸收后干扰植物苯基丙氨酸的生物合成，使植物茎叶枯黄、根基腐烂而枯死。不同的植物对药剂的反应不同。除了内在因素外，其表皮性能、蜡质层、角质层、茸毛、气孔、种子含水量等方面的差异也是造成药害的重要原因。不同作物对每一种农药表现出不同程度的抗药性和敏感性。如十字花科、茄科、禾本科等作物的抗药力较强；而豆科作物的抗药力则较弱。瓜类植物叶片多皱纹，叶面气孔较大，角质层薄，易聚集农药，抗药力最弱。白菜对含铜杀菌剂较敏感，幼嫩植物和植物的幼嫩部分以及植物开花期的抗药力弱，易产生药害。高粱对敌百虫、敌敌畏敏感；铜制剂可使桃叶穿孔。使用除草剂时尤其要注意不同种类的除草剂所适用的作物种类以及敏感作物的种类，切不可盲目使用。作物品种存在差异，同一作物某些品种会十分敏感而产生药害。叶片蜡质或茸毛较多的植物能阻碍药剂的渗入，不易产生药害。而在植物的不同叶龄和生育期对药剂敏感度不同，施药时期不当，过早或过迟施药，苗质差时施药都会发生药害。一般地说，植物在幼苗期、开花期、孕穗期比较敏感，易产生药害，不宜喷药。如小麦拔节后喷洒麦草畏易造成药害。在使用除草剂时应注意，某些土壤施用的芽前除草剂对幼芽或幼苗易产生药害，不宜进行苗后施药。作物各个部位之间对药剂敏感性差异较大；作物长势弱，抗药性差也会产生药害。

第一节　农药对农作物药害的分类

农药对农业的生产起了很重要的作用，同时也给作物带来或多或少的不利影响，如果这种不利的影响加重，引起作物出现不正常的反应，造成减产和品质下降，即是药害。

一、农作物药害按时间分类

农药使用不当对作物产生的不良反应即为药害。农药产生的药害分为：急性药害、慢性药害和残留药害。

1. 急性药害

这种危害具有发生快、症状明显的特点，一般在喷药后2～5天出现，严重的数小时后即表现出症状。如作物叶片出现斑点、穿孔、焦灼、卷曲、畸形、枯萎、黄化、失绿或白化等。根部受害表现为根部短粗肥大，根毛稀少，根皮变黄或变厚、发脆、腐烂等。种子受害表现为不能发芽或发芽缓慢等。植株受害表现为落花，落蕾，果实畸形、变小、出现斑点，褐果，锈果，落果等。这种危害多是由于过量使用农药或是使用农药进行种子处理不当所致，另外农药因药剂类型不同，造成的危害症状也不同。如烟雾剂主要危害症状是凋谢、落叶、落花、落果等；土壤消毒剂主要危害症状是作物发芽不良，顶芽停止生长，出现缩叶、黄化叶等；除草剂主要危害症状是出现缩叶、黄化叶等；液体农药主要危害症状是叶部出现五颜六色的斑点、花叶、畸形、黄化、叶片变厚、局部焦枯、空孔或脱落、落花、落果、果面污点症、植株凋萎等。

2. 慢性药害

植物遭受慢性药害后不立即显示药害症状，主要是影响植株的生理活动。这种危害易和其他生理性病害相混淆。慢性药害一般在施药10天以后才表现出来，一般为黄化、畸形、小果、劣果等。根据药害程度，又有轻、中、重之分。轻度药害一般只使作物生长受到阻碍，管理得当有可能恢复，可减少损失；重度药害会使作物受到严重危害，甚至提早枯死，颗粒无收，如光合作用减弱、生长缓慢、着花减少、结果小，果实成熟推迟，籽粒不饱满，甚至风味、色泽恶化，商品性差，品质下降等。这种药害往往很难诊断，易和其他生理性病害相混淆。诊断时，可采用了解病虫害的发生情况，施药种类、数量、面积和植株对照的方法诊断。这类药害多半是用药过量或药剂浓度过高造成的，尤其施用有机磷农药或对瓜果作物喷施生长调节剂催熟时应特别谨慎切忌过量。

3. 残留药害

由残留在土壤中的农药或其分解产物引起，这种危害的特点是施药后当季作物不发生危害，而残留在土壤中的药剂会对下茬较敏感的作物产生危害（实际上属于慢性毒性）。这种危害多在下茬作物种子发芽阶段出现，轻者根尖、芽梢等部位变褐或腐烂，影响正常生长；重者烂种烂芽，降低出苗率或完全不出苗。如棉花播前用氟乐灵处理土壤造成后茬玉米、小麦发黄矮小、分蘖减少；甲磺隆用于麦田除草使后茬玉米植株低矮，叶片变小变薄、呈紫色，不实率高等；而玉米田使用西玛津除草剂后，往往对下茬油菜、豆类等作物产生药害。这种药害多在下茬作物种子发芽阶段出现，轻者根尖、芽梢等部位变褐或腐烂，影响正常生长；重者烂种烂芽，降低出苗率或完全不出苗。这种药害较难诊断，容易和肥害等混淆。可采用了解前茬作物的栽培管理情况及农药使用史、土壤测试等措施诊断，防止误诊。

此外，按农作物药害的发生时间还可分为直接药害和间接药害。直接药害，即施药后对当季作物造成药害；间接药害，即对下茬敏感作物造成药害，如三唑类对下茬双子叶作物和敏感粳稻的生长抑制而表现的药害等。

二、农作物药害按症状分类

农作物农药药害，按药害发生的症状可分为：

1. 隐性药害

无可见症状，但影响产量和品质，这种药害往往被人们忽视。如三唑类阻止叶面积增加，减少总光合产物；叶菜、果实变小，产量下降；可能使水稻穗小，千粒重下降；改变不饱和脂肪酸和游离氨基酸的含量、蛋白质减少等。嘧菌酯可增加赤霉病菌毒素的产生量；重金属杀菌剂也常影响作物光合作用和生殖生长，使结实率下降。

2. 可见药害

指可观察到的形态上的药害，农作物可见药害的症状较多。

（1）斑点　呈现斑点症状的作物药害，大部分发生在作物的叶片上，也可发生在作物的茎秆或果实表皮上，但比较少见。生产上，多为褐斑、黄斑、枯斑、网斑等症状。作物药害斑点不同于真菌性病害的斑点，主要表现为斑点形态不一样；真菌性病害的斑点形状较一致，具有发病中心。作物药害斑点也不同于生理性病害的斑点，主要表现为分布规律不一样，作物药害斑点不仅在植株分布上无明显的规律性，而且在整个地块的发生程度也各不相同；生理性病害的斑点一般发生普遍，在植株上的表现部位基本相同。

（2）黄化　呈现黄化症状的药害，其发生原因主要是农药对叶绿素的正常光合作用产生抑制作用，因此其症状主要在作物植株的茎叶部位上表现出来，尤其表现为叶片黄化。

黄化症状轻则仅叶片发黄，重则整株发黄。叶片黄化的症状又可分为2种，即心叶发黄和基叶发黄。药害引起的黄化不同于病毒引起的黄化，病毒引起的黄化其黄叶通常还可呈翠绿状，且病株呈系统性症状，发病植株与健康植株在田间混生。药害引起的黄化也不同于营养元素缺乏引起的黄化，药害引起的黄化一般由黄叶变成枯叶，受天气影响显著，如果是晴好天气多，则黄化产生快，如果是阴雨天气多，则黄化产生慢；营养元素缺乏引起的黄化主要受土壤肥力影响，全地块黄苗表现一致。

（3）枯萎　药害产生的枯萎症状一般表现为整株出现枯萎，其不同于植株染病后发生的枯萎症状，药害产生的枯萎症状无发病中心，且大部分发生持续时间比较长，先黄化，后死苗，根茎输导组织没有发生褐变。而植株染病后发生的枯萎症状其形成原因大部分是植株根茎输导组织被堵塞，被阳光照射后，植株蒸发量变大，水分供应不足而先萎蔫后失绿死苗，根基导管常发生褐变现象。

（4）畸形　药害产生的畸形，大部分以卷叶、丛生、肿根、畸形穗、畸形果等症状在作物的茎叶和根部显现。药害产生的畸形不同于病毒感染导致的畸形，二者在发生范围上存在差异，药害产生的畸形发生相对普遍，发病植株局部显症；而病毒感染导致的畸形发生不是很普遍，常零星发生，发病植株系统性显症，一般发病植株叶片还混有碎绿明脉、皱叶等症状。

（5）生长停滞　主要表现为作物的正常生长受抑制，造成植株生长缓慢。其不同于生理病害造成的发僵和缺素症导致的发僵，药害导致的生长停滞大多还产生药斑或其他药害症状；而生理病害造成的发僵主要影响根系的生长，根系生长差，缺素症导致的发僵主要影响叶片，叶色发黄或暗绿。

（6）不孕　药害造成的不孕症状在植株营养生长期发生较少，主要是在作物生殖生长期用药不合理造成的。药害造成的不孕不同于气候因素引起的不孕，二者在植株整体的不孕范围和有无其他症状上存在差异。药害造成的不孕表现为全株不孕，即使部分结实，但也会伴有其他药害症状；而气候因素引起的不孕基本不会出现全株性不孕现象，而且不存在其他药害症状。

（7）劣果　药害造成的劣果症状主要表现为果实体积变小、果表不正常等现象，主要在植物的果实上显症，通常会降低果实品质，影响果实的食用价值。药害造成的劣果症状不同于病害造成的劣果，药害造成的劣果只表现出病状，但并没有病征，偶尔伴有其他药害症状。病害造成的劣果不仅表现出病状，也会出现病征，部分病毒性病害出现系统性症状或不存在其他症状。

（8）脱落　药害造成的脱落果症状以落叶、落花、落果等现象较常见，大部分在果树及部分双子叶植物上发生。药害造成的落叶、落花、落果症状不同于天气或栽培因素引起的落叶、落花、落果，药害造成的落叶、落花、落果症状还有黄化、枯焦等其他药害症状显现，然后再落叶。而天气或栽培因素引起的落叶、落花、落果常与灾害天气如大风、暴雨、高温等有关，只有在灾害天气出现时才会出现；栽培方面，如果肥料投入不足或生长过旺也可发生落花、落果现象。

第二节　不同农药对农作物的药害

一、小麦药害

（1）2, 4-滴丙酸药害　2, 4-滴丙酸在前茬作物过量使用后，影响后茬小麦等禾本科作物，产生黄化、抑制生长的危害。

（2）氟乐灵药害　氟乐灵是长残留除草剂，对禾本科作物敏感。用量过大或施药不均匀对后茬作物会发生残留药害。大豆后茬种小麦易发生残留药害。药害的典型症状是抑制生长，根尖分生组织细胞变小，根变细，皮层薄壁组织中的细胞增大、细胞壁变厚，根尖膨大。细胞中的液胞增大，使其损失极性，幼芽变畸形，呈现“鹅头”状。

（3）异噁草松药害　小麦异噁草松药害有飘移药害和残留药害。飘移药害是邻近地喷药飘移引起的，仅使叶子接触药剂部分褪绿；残留药害是前茬残留引起的小麦根和幼芽吸收药剂向上传导，药剂通过抑制叶绿素和胡萝卜素的合成，致使叶片褪绿变白。受害严重的因为不能制造养分，最后饥饿死亡，受害轻的能够恢复。

（4）莠去津药害　莠去津在土壤中残留时间长，药剂主要由根、叶吸收并传导到小麦的分生组织和叶部，干扰细胞的光合作用，使叶褪绿、植株生长矮小，受害严重时很快死亡。

（5）氯苯胺灵药害　小麦出苗后叶扭卷；一般发生于砂质土、过湿土壤。

（6）矮壮素药害　矮壮素用于小麦防倒伏，春小麦要求使用时间严格，必须在小麦第二节拔出前使用，如果在小麦第二节拔出10cm时施药则无效，施药后遇干旱无雨而又无灌溉条件，小麦生长受抑制，植株矮小、变黄，可造成严重减产。

（7）绿麦隆药害　过量使用或药后低温，导致小麦叶片枯白、茎秆弯曲、生长延缓。

（8）乙烯利药害　叶片发黄，植株变矮，严重时抽穗困难，形成包颈，影响结实率。

（9）乙氧氟草醚药害　施药时期不当或过量使用、误用。小麦叶片枯萎。

（10）丁草胺药害　成苗后拔节时高剂量喷施、误用。小麦叶片有枯斑，生长受抑制。

（11）麦草畏药害　拔节期误用、过量使用。小麦茎秆弯曲，生长延缓。

（12）地乐酚药害　生育期弥雾施药。致小麦出现叶斑。

二、水稻药害

（1）2甲4氯药害　于低温数天、深度插秧情况下使用，会使水稻葱管叶、株形开张，抑制分蘖，根生长受抑制。

（2）2甲4氯丁酯　于低温数天、深度插秧情况下使用，会使水稻葱管叶、株形开张，分蘖抑制，根生长受抑制。

（3）2, 4-滴丙酸药害　过量使用易使早稻黄化、生长被抑制。

（4）灭草灵药害　水稻低温、漏水田连续用后，会使水稻叶色褪绿，分蘖被抑制。早稻黄化至枯死。

（5）敌稗药害　过量施药会使水稻从叶尖起呈凋萎状，引起稻叶白枯。

（6）扑草净药害　过量使用或误在苗后喷雾，会使水稻叶缘褪绿，枯死。

（7）乙氧氟草醚药害　深水田施药，施药时期不当或过量使用、误用，会使水稻叶鞘褐变。

（8）二氯喹啉酸药害　水稻播苗前后使用，会使水稻苗芽鞘、叶扭曲。

（9）丁草胺药害　秧田、直播稻田不平或田间积水，成苗后拔节时高剂量喷施，会使水稻幼芽呈弯钩状、烂芽、矮化、抑制分蘖。

（10）禾草敌药害　移栽田过量施药、药液飘移，会使水稻芽鞘扭曲、生长抑制、矮化、分蘖少。

（11）吡嘧磺隆药害　播后过量施药，会使水稻叶枯黄、植株矮化。

（12）杀螟丹药害　水稻扬花期或作物被雨露淋湿时，不宜施药。

（13）绿麦隆药害　过量使用、药后低温，会使水稻由外叶起叶尖发白枯死，根发黑，叶平展，茎离散。

（14）丁草胺药害　水稻初期施用易造成褐斑。

（15）杀菌剂移栽灵（含噁霉灵、稻瘟灵）药害　用量过高或使用壮秧剂后再用移栽灵，也有用移灵后再用生根粉（含吲哚乙酸和萘乙酸钠）等，多次重复使用人工合成的植物生长调节剂，都能造成水稻药害。水稻幼苗受药害后表现为叶色浓绿、叶宽、叶片向下弯或徒长，稻苗茎略粗，地下不长新根、根少，貌似壮苗（一般轻者被误认为是壮苗），实际上是弱苗。严重的植株矮小、不发根、心叶变黄变褐、生长点坏死或种子不发芽，造成缺苗。稻田在6月中至7月初表现药害症状，生长畸形、叶色浓绿，心叶很难抽出来，即使抽出来也难展开，不分蘖，根生长受抑制，根变粗、根少、不长新根，重者叶黄、根僵硬，变褐死亡。苗床和稻田使用不安全的除草剂，如丁草胺、丁·扑（丁草胺与扑草净的混合制剂）、丁·西（为丁草胺与西草净的混合制剂）、二氯喹啉酸等，在水层过深和低温条件下加重药害。

（16）异稻瘟净药害　禁止与石硫合剂、波尔多液等碱性农药混用，也不能与五氯酚钠混用。在防治稻瘟病有效的浓度下，有时会出现小褐点或小褐线等轻微药害症状，特别是对籼稻，但一般不影响产量。

（17）仲丁威药害　稻田施药的前后10天，避免使用敌碑，以免发生药害。

（18）多效唑药害　植株严重矮化，从生且拔节迟缓，抽穗受阻，形成包颈，严重时影响结实造成减产。

（19）麦草畏药害　拔节期误用、过量使用，致水稻叶平展，茎离散。

（20）灭草松药害　播后过量施药，使水稻叶枯黄、植株矮化。

（21）代森锰锌药害　浓度高会引起水稻叶边缘枯斑。

三、大麦药害

异噁草松（广灭灵）药害。大麦异噁草松药害有飘移药害和残留药害，飘移药害是邻近地喷药飘移引起的，在大麦体内不传导；残留药害是前茬残留引起的，大麦根和幼芽吸收药剂后向上传导，药剂通过抑制叶绿素和胡萝卜素的合成，致使叶片褪绿变白。受害严重的因为不能制造养分，最后饥饿死亡。受害轻的能够恢复。

四、玉米药害

（1）乙草胺（禾耐斯）药害　乙草胺在玉米苗前施药量过大或在低温、降大雨条件下会产生药害。乙草胺通过玉米幼芽吸收，抑制蛋白质的合成，使幼芽和幼根不能正常生长，幼苗叶片卷曲，长时间不易伸展。

（2）异丙草胺（普乐宝）药害　异丙草胺用药量过大、低温或降大雨条件下会发生药害。药剂通过玉米幼芽吸收，抑制蛋白质的合成，芽和根生长缓慢，不定根生长少，早期的症状是芽鞘紧包着心叶，胚根细而少，不长根毛。

（3）异丙甲草胺（都尔）药害　异丙甲草胺是内吸传导型除草剂。玉米用量过大，喷药后降大雨会发生药害。玉米主要通过幼芽吸收药剂，抑制幼芽和根的生长。受害后幼苗出土叶卷缩、扭曲，根和根毛稀少，生长受抑制。

（4）二甲戊灵（施田补）药害　玉米田苗前施用二甲戊灵，喷药量过大或在低温冷凉条件下易发生药害。玉米通过幼芽吸收，抑制分生组织细胞分裂，芽和根的生长受抑制而生长缓慢，幼苗弯曲。

（5）丙炔氟草胺（速收）药害　玉米苗前喷洒丙炔氟草胺不影响玉米种子的发芽、出苗和生长，玉米生长4～8叶期降大雨，药剂随泥土溅到玉米叶上造成触杀型药害，症状仅出现在玉米4～5叶片中部，出现黄色、白色斑点，斑点在叶片上不扩散，重者可从斑点处折断，不影响玉米生长和产量。

（6）烯禾啶（拿捕净）药害　烯禾啶是阔叶作物苗后防除禾本科杂草的除草剂，常发生飘移药害。烯禾啶能被玉米茎叶迅速吸收并传导到生长点和节间分生组织，使细胞分裂遭到破坏，3～5天后用手一拔即抽出心叶，可看到心叶底部变褐坏死，随后老叶片也逐渐干枯死亡。

（7）异噁草酮（百农思）药害　异噁草酮是内吸型苗前除草剂，施药后遇到降雨多会发生药害。药剂通过幼苗的根吸收，破坏叶绿素的形成，使叶片失绿而死亡。玉米受害重的幼苗全部变白，停止生长，渐渐干枯死亡；受害轻的仅部分叶片变白，生长受到严重抑制。

（8）噻·乙混剂（噻草酮+乙草胺）药害　玉米制种田苗前施用噻·乙除草剂，遇降大雨会使父本发生药害，而对母本安全。玉米发芽和出苗不显症状，当生长到第四片叶时，下部叶片开始变黄，叶尖首先干枯死亡，严重者死苗，造成缺苗。

（9）丙炔氟草胺+乙草胺混用药害　玉米田出苗前施用丙炔氟草胺＋乙草胺过量，在雨水较多年份易发生药害。当玉米长出4～6片叶时，表现有触杀型药害，叶片的偏上部位有白色枯死斑块，叶片常常从此折断。

（10）噻草酮（赛克）药害　药害原因及症状：玉米误用噻草酮拌种造成的药害，播种后不影响玉米种子发芽和出苗，出苗后4叶期显示药害症状。幼苗褪绿，从下部叶片开始变黄，这种变化首先从叶尖开始，心叶不再生长，幼苗逐渐干枯死亡。

（11）敌草快（立收谷）药害　敌草快是触杀型灭生性除草剂，对绿色植物没有选择性。药剂接触到叶面后，很快破坏细胞壁，使叶片迅速失去水分而干枯。在有风天气用飞机或拖拉机喷药都易发生飘移药害，顺风方向可使大面积作物受害，全部干枯死亡。

（12）氯嘧磺隆（豆磺隆）药害　大豆田过量用氯嘧磺隆灭草，第二年种玉米易造成残留药害。玉米发芽生长时吸收药剂，幼苗叶会褪绿变黄，生长缓慢，受害重的渐渐死亡。玉米幼苗受害症状与嗪草酮药害十分相似，在田间不好区别。

（13）氟乐灵药害　前茬（大豆等）用量过大或喷药不均匀，后茬种玉米会发生残留药害。药害典型症状是芽鞘和根尖显著肿大、畸形，幼芽和次生根受抑制，无根毛。受害原因是药剂接触幼芽后，细胞停止分裂，皮层薄壁组织细胞增大，胞壁变厚，液泡也增大，幼芽畸形。

（14）溴苯腈（伴地农）药害　溴苯腈用于玉米苗后除草，使用不当会发生触杀型药害，抑制细胞的光合作用和蛋白质合成，使叶片产生条形枯斑，受害严重时可使整个叶片干枯死亡、茎秆弯曲。

（15）异草松（广灭灵）药害　大豆田用异草松灭草施药量过多或用药不均匀，后茬种玉米会发生残留药害。药剂是通过玉米的根和幼芽吸收，抑制叶绿素和胡萝卜素合成而形成白苗。受害严重时全株白化，不能制造养分，使玉米饥饿死亡。

（16）氟磺胺草醚（虎威）药害　大豆田应用氟磺胺草醚，用量过大或施药不均匀，后茬和玉米可造成残留药害。药害表现叶片褪绿，幼苗药害症状表现为初出土的叶片边缘变浅褐色，以后生长的叶片上有不规则的浅褐色条形斑块，叶脉变成淡黄色，受害严重时叶片干枯死亡。玉米叶脉淡黄色条纹与玉米缺镁的症状相似。

（17）乳氟禾草灵（克阔乐）药害　玉米田首次喷洒乳氟禾草灵后会出现药害，一般可以恢复，用量过大药害严重。药剂通过茎叶吸收，破坏细胞的完整性，使组织内含物质流失，幼苗叶尖变黄、叶片干枯，后长出来的叶恢复正常生长。

（18）噻磺隆、苯磺隆药害　误用会使玉米叶片褪绿、黄化，生长受抑制。

（19）灭草松药害　高温强光施药或过量使用、药物飘移、误用，会使玉米叶片出现白色斑点。

（20）甲草胺药害　玉米根系生长差，芽鞘出土后扭曲，生长不良。

（21）伏草隆药害　误用、过量使用，会使玉米根系不良，叶全白。

（22）2, 4-滴丙酸药害　过量使用，或作为后茬作物种植，易使玉米黄化、生长受抑制。

（23）丁草胺药害　成苗后拔节时高剂量喷施、误用，会使玉米根短少、植株矮。

（24）三氟羧草醚药害　过量使用、误用或药液飘移，致使玉米心叶枯卷。

五、大豆药害

（1）氟乐灵药害　氟乐灵在大豆苗前施药用量过大，播种过深或低温多湿条件下会发生药害。表现为大豆下胚轴肿大、畸形，有的弯曲，根的数量少，不生长根瘤菌。

（2）仲丁灵（地乐胺）药害　仲丁灵在大豆苗前施药用量过大，于播种过深或低温多雨条件下施用会发生药害。表现为大豆下胚轴肿大、畸形、弯曲，根的数量少，不生长根瘤菌。

（3）灭草猛（卫农）药害　大豆田苗前施药量过大，于播种过深或遇到低温多雨天气施用会发生药害。大豆幼芽和根的生长受抑制，影响蛋白质的合成，下胚轴肿大，新叶皱缩。

（4）嗪草酮（赛克）药害　大豆对嗪草酮的耐药性较强，但播种过深、施药量过大、土壤有机质含量过低和质地疏松、降大雨或某些敏感品种等条件下都易发生药害。表现大豆叶边缘首先变黄而后全叶变黄，但叶脉常常是淡绿色，黄叶先从下部叶片开始。

（5）扑草净药害　大豆田苗前扑草净用量过大、播种过深、土壤有机质含量过低和质地疏松或施药后降大雨易发生药害。症状为大豆叶失绿，叶变黄干枯，叶片有枯斑，根受到严重抑制，根的数量减少，无根瘤菌。

（6）禾草敌药害　稻种移栽田过量施药、药物飘移，致使大豆叶片产生枯白斑。

（7）乙草胺（禾耐斯）药害　乙草胺用量过大、播种过深、土壤有机质含量过低和质地疏松、低湿地和降大雨易发生药害，使用方法不当，拱土期施药或苗前施药后未混土等，特别是在低洼易涝地块药害更严重。药害的典型症状是：两片真叶和第一片复叶的叶尖端皱缩，特别是第一片复叶，形成“猫胡须”状。叶边缘变成浅褐色，向内抽缩、变硬，抑制幼苗的生长。受害的根弯曲，主根和侧根受到严重抑制。药害轻的经过一段时间能够恢复生长，药害严重的可死苗。

（8）异丙甲草胺（都尔）药害　异丙甲草胺用量过大、低温、喷药不均匀或施药后降大雨条件下会发生药害，但药害较同类药剂轻。受害后幼苗叶卷缩、扭曲，根和根毛稀少，生长受抑制。

（9）异丙草胺（普乐宝）药害　异丙草胺在大豆田苗前施药量过大、低温或降大雨条件下会发生药害。大豆幼苗生长缓慢，根数量减少，不长根瘤菌，叶片尖端皱缩，经过一段时间后才能慢慢恢复正常生长。

（10）氟磺胺草醚（虎威）药害　大豆田苗后应用氟磺胺草醚在高温、施药过早或过晚、低洼地排水不良、低温高湿、田间长期积水条件下易发生药害。叶片上形成触杀型斑块，大面积远看似火烧一样。受害前期褪色斑块连片，但叶脉仍然保持绿色，后生长出来的叶没有褐斑，但生长受抑制，叶边缘变褐黄色，以后再生长的叶片恢复正常。

（11）三氟羧草醚（杂草焚）药害　大豆苗后喷洒三氟羧草醚一般都会发生药害，但喷药10天后可以恢复生长，不影响产量。用量过大、高温干旱、施药过晚和过早条件下大豆受害较重，对产量有一定影响。根腐病重的大豆，受药害后难以恢复。施药过晚，易造成大豆贪轻晚熟，严重减产。

（12）乳氟禾草灵（克阔乐）药害　在常量下，大豆就表现轻度触杀型药害，但一般可以恢复。用量过大，喷药时气温高，药害严重，喷到叶面的药剂，破坏细胞的完整性，使细胞内含物质流失。轻度药害叶表有灼烧斑点，重者整个叶片枯死，经过1周左右可生长新叶，但叶色深绿、皱缩，10天后再长出的新叶恢复正常生长。

（13）噻吩磺隆（宝收）药害　大豆苗后施药不安全，表现大豆心叶变黄，叶皱缩，叶脉、茎秆输导组织变褐色，茎脆易折。喷药后遇低温生长点死亡，死亡后10～15天可长出分枝，造成贪青晚熟，严重减产。大豆根腐病严重时加速死亡。

（14）氯嘧磺隆（豆磺隆）药害　氯嘧磺隆大豆苗前、苗后施药均不安全，大豆拱土期到1片复叶展开前也敏感，用量过大或施药后遇低温可使大豆烂芽、全部死亡。药害表现叶脉和茎秆输导组织变褐，茎脆易折，根生长受抑制，须根少。

（15）唑嘧磺草胺（阔草清）药害　唑嘧磺草胺用量过大、低温、播种过深或喷药不均易发生药害。施药后大豆从根系吸收药剂，在体内影响蛋白质合成。大豆受害后幼苗生长慢、须根少、叶片皱缩，幼苗生长遇根腐病加重药害。

（16）二甲戊灵（施田补）药害　大豆苗前施用二甲戊灵用量过大、播种过深、处于低温冷凉条件下易发生药害。幼苗生长缓慢，叶片皱缩变小，下胚轴肿大，根瘤少。

（17）咪唑乙烟酸（普施特）药害　在低温（10℃以下持续2天以上）、多雨、排水等不良条件下施用咪唑乙烟酸，大豆易发生药害。受害后叶片皱缩、扭曲，叶色浓绿，叶柄、叶脉和茎输导组织呈褐色，脆而易折，生长缓慢，严重时生长点死亡。施药过晚影响生育，结荚少，影响产量。

（18）甲氧咪草烟（金豆）药害　大豆田苗后施用甲氧咪草烟量过大或遇低温多雨、根腐病重的情况下易发生药害。大豆受害叶片皱缩、扭曲，叶色浓绿，叶柄、叶脉和茎输导组织呈褐色，脆而易折，生长缓慢，严重者生长点死亡。施药时药液中加入非离子表面活性剂会加重药害。施药过晚，结荚少，影响产量。

（19）环氧嘧磺隆（大能）药害　大豆田苗后施用环氧嘧磺隆量过大或喷药不均匀会发生药害。症状表现为节间缩短，分枝和叶受到严重抑制，叶片浓绿，新叶褪绿变黄，但叶脉仍保持绿色；根和髓部变为红褐色；幼苗生长受到抑制。

（20）丙炔氟草胺（速收）药害　丙炔氟草胺在大豆拱土期施药，或土壤有机质含量低、质地疏松、用量过大时会造成触杀型药害。出苗后遇大雨，药剂飞溅到幼苗上也会造成触杀型药害。典型症状为叶皱缩，心叶很难展开，根受抑制，严重的生长点死亡。药害不很重时，生长点死亡后能长出新枝。

（21）氯嘧·乙混剂（氯嘧磺隆+乙草胺）药害　大豆苗前施用氯嘧·乙混剂不安全。药害表现为叶皱缩，心叶不易展开，根生长受抑制。用药量过大或在低温多雨条件下药害加重，可造成大面积死苗。

（22）丙炔氟草胺+乙草胺混用药害　丙炔氟草胺和乙草胺混用施药后未混土，出苗后遇大雨，大豆拱土期施药或用药量过大易发生药害。受害后生长点卷缩，长时间不能展开，受害严重时植株死亡，轻者生长缓慢，高温可恢复。

（23）氟磺胺·灭松混剂（虎威+排草丹）药害　氟磺胺·灭松混剂大豆田苗后用量过大，遇高温易造成触杀型药害，轻者叶上产生灼烧斑点，重者叶片枯死。大豆根部生长正常的不影响生长，但根腐病发生严重时发生药害则整株死亡。

（24）噻吩磺隆+咪唑乙烟酸（宝收+普施特）混用药害　噻吩磺隆+咪唑乙烟酸于大豆苗前施药用量过大或施后降雨过多易发生药害。药害主要表现为叶片皱缩，叶色浓绿，叶脉褐色，幼苗生长受抑制，经过几天后可以恢复正常生长，但受害严重，恢复较慢或死亡。

（25）异丙草胺+丙炔氟草胺（普乐宝+速收）混用药害　大豆田苗前异丙草胺+丙炔氟草胺施药后未混土，出苗后遇大雨，大豆拱土期施药或用药量过大都易发生药害。受害后大豆苗生长点卷缩，长时间不能展开，轻者生长缓慢，高温情况下恢复较快，受害严重时死亡。

（26）三氟羧草醚+灭草松（杂草焚+苯达松）药害　三氟羧草醚+灭草松混剂在正常用量下，即会对大豆叶片产生灼烧药害，用量过大、高温药害较重。药害症状是接触到药剂的叶片产生灼烧斑点，受害严重时叶缘卷曲干枯。

（27）种衣剂药害　种衣剂在农业生产中已普遍使用，其生产厂家也较多，由于生产质量问题和不合理地添加微量元素和人工合成生长调节剂，经常发生药害，造成大面积毁种。药害症状多表现不出苗、出苗慢、出苗晚、畸形、抑制生长。大豆种衣剂中以克百威的药害突出，子叶出土后，尖端变褐色或紫褐色，但仅限于表皮，叶肉仍是绿色。也有的种衣剂使大豆的真叶和复叶皱缩，叶尖边缘变黄色，根畸形，根毛少，抑制生长。在低温多雨、日照少的条件下药害加重，影响大豆生长发育。

（28）敌草隆药害　下叶叶脉褪绿。

（29）绿麦隆药害　过量使用、药后低温易产生药害。症状表现为大豆茎叶扭曲，大豆叶片黄化后枯死。

（30）噻磺隆、苯磺隆药害　误用使大豆叶脉变紫。

（31）麦草畏药害　拔节期误用、过量使用，易使大豆茎叶扭曲。

（32）灭草松药害　高温强光下施药或过量使用、误用，大豆易表现叶斑。

（33）甲草胺药害　大豆叶上现枯白斑。

（34）三氟羧草醚药害　过量使用、误用或药物飘移，大豆叶上会出现灰白斑。

（35）伏草隆药害　误用、过量使用，会使大豆烂芽。

（36）大豆生根粉（萘乙酸+吲哚乙酸）、丰啶醇等药害　大豆使用生根粉（萘乙酸+吲哚乙酸）、丰啶醇等过量，可使大豆烂根，加重根腐病的发生为害。此类药剂抑制大豆细胞分裂素的合成，轻者抑制大豆生长，使植株矮小、幼苗生长变形、植株不开花结实，重者大豆幼苗生长畸形，无叶柄，无复叶，单叶轮生成盘状，5～6个叶排列在一个平面上。无须根，根腐病严重，烂根导致大豆绝产。

（37）多效唑、烯效唑药害　大豆用多效唑、烯效唑拌种，用量不易掌握，过量使用大豆萌发出土过程中再遇低温、高湿环境条件，大豆代谢能力下降，极易造成药害。多效唑、烯效唑在大豆体内抑制赤霉素生成和细胞分裂，使大豆茎尖及根尖停止生长，导致腐生菌侵入，根部腐烂。

药害严重抑制大豆幼苗生长，表现为叶色浓绿、皱缩，根变粗，无次生根。轻者大豆前期抑制生长，后期遇高温徒长，生育期拖后，因贪青晚熟而减产，重者可使大豆死亡。

（38）三碘苯甲酸药害　用于大豆调节生长，防止倒伏，促早熟，药效不稳定，在干旱条件下严重抑制大豆生长，植株矮小，荚少、粒少，叶片现枯白斑，明显减产。

（39）硫黄胶悬剂药害　大豆在高温期施用会引起日灼。

（40）乙氧氟草醚药害　施药时期不当或过量使用、误用，大豆生长受到抑制，叶片枯萎。

（41）春雷·王铜（加瑞农）药害　大豆的嫩叶对该药敏感，会出现轻微的卷曲和褐斑，使用时要注意浓度，宜在下午4时后喷药。

六、红小豆药害

红小豆子叶不出土，对除草剂抗性比大豆弱，大豆苗前常用的除草剂对红小豆均不安全。

（1）乙草胺（禾耐斯）药害　乙草胺苗前用于红小豆不安全，施药后遇到低温、多雨天气红小豆幼芽和根易出现药害，不能正常生长，幼苗生长点受抑制，叶色发黄，有的叶尖收缩，须根少，重者死亡。

（2）莠去津（阿特拉津）药害　红小豆田误用莠去津或前茬用过莠去津都会产生药害。药剂不影响红小豆出苗，出苗后种子营养消耗完、根吸收药剂后才表现药害症状，叶色变黄，生长缓慢，逐渐死亡。

（3）嗪草酮（赛克）药害　红小豆苗前施用嗪草酮易发生药害，低温多雨药害加重。红小豆出苗后叶片失绿变白，不能制造养分，逐渐枯萎。症状表现首先从叶子边缘干枯，似火烧状，最后幼苗死亡。

（4）异噁草松（广灭灵）药害　红小豆田苗前施用异噁草松不安全，在低温多雨、天气冷凉的情况下药害更重。施药后药剂被根吸收，抑制幼苗叶绿素和胡萝卜素的合成，使叶片变白，不能制造养分而渐渐干枯死亡。

（5）噻吩磺隆（宝收）药害　红小豆对噻吩磺隆敏感。苗前施药，红小豆出土后两片真叶边缘变黄、干枯，生长点死亡。

（6）氯·乙混剂（氯嘧磺隆+乙草胺）药害　红小豆田施用氯·乙混剂不安全。混用后表现出各自的药害症状，在低温多雨条件下药害更重。出土的幼苗畸形，叶片收缩不展开，生长点僵硬，最后死亡。

（7）精异丙甲草胺+嗪草酮（金都尔+赛克）药害　红小豆田苗前用精异丙甲草胺+嗪草酮混剂除草不安全。施药后遇雨会发生药害。药剂由根吸收使幼苗受抑制，不能正常生长，严重者死苗。

（8）精异丙甲草胺（金都尔）药害　精异丙甲草胺用于红小豆田除草不安全，低温多雨条件下药害加重。红小豆出苗后真叶皱缩变黄，抑制生长，复叶长不出来，严重者逐渐死亡。

（9）异丙草胺（普乐宝）药害　异丙草胺用于红小豆田除草不安全。受害后植株生长缓慢，须根数量减少；叶片尖端皱缩，生长被抑制。干旱条件下，无药效也无药害，在低温多雨条件下药害严重。

（10）敌草快（立收谷）药害　敌草快是触杀型灭生性除草剂，易发生飘移药害。药剂接触到叶面后，很快破坏细胞壁，使叶片迅速失去水分而干枯。临近地块喷药时顺风方向可使大面积作物受害，致作物全部干枯死亡。

（11）氯嘧·乙混剂（氯嘧磺隆+乙草胺）药害　红小豆田施用氯嘧·乙混剂不

安全。混用后表现出各自的药害状，在低温多雨条件下药害更重。出土的幼苗畸形，叶片收缩不展开，生长点僵硬，最后死亡。

（12）异丙甲草胺+嗪草酮（都尔+赛克）药害　异丙甲草胺+嗪草酮混用于红小豆田除草不安全，施药后遇雨会发生药害。幼苗生长受抑制，植株矮小，受害严重者死苗。

七、芸豆药害

芸豆学名菜豆，许多地区习惯称为芸豆。芸豆对除草剂的抗性没有大豆强，由于品种不同，芸豆在土壤中发芽后，子叶有出土的和不出土的，苗前土壤处理除草剂对子叶出土的比较安全一些，对子叶不出土的安全性差。

（1）嗪·乙混剂（嗪草酮+乙草胺）药害　嗪·乙混剂用于芸豆田除草不安全，施药后遇到低温多雨会发生药害，降大雨药害更重。受害的幼苗表现出嗪草酮和乙草胺两种药剂的药害特点，即生长点受到严重抑制，萎缩成一团难以生长；真叶边缘变黄、干枯，不长新叶，幼苗渐渐死亡。

（2）碘制剂药害　对芸豆易产生药害，对其他豆安全。高浓度时，对油菜有药害。

（3）地乐酚药害　生育期弥雾施药，会使菜豆出现叶斑。

八、花生药害

（1）绿麦隆药害　过量使用、药后低温会导致花生茎叶扭曲。

（2）灭草灵药害　花生黄化至枯死。

（3）扑草净药害　花生叶片易出现枯斑。

（4）乙氧氟草醚药害　深水田、施药时期不当或过量使用、误用。表现为花生生长受抑制，叶片枯萎。

（5）噻磺隆、苯磺隆药害　误用后，会使花生叶片褪绿黄化，生长受抑制。

（6）灭草松药害　高温强光施药或过量使用、误用，易使花生出现叶斑。

（7）伏草隆药害　误用、过量使用，使花生烂芽。

（8）麦草畏药害　误用、过量使用，使花生茎叶扭曲。

（9）三氟羧草醚药害　过量使用、误用或药物飘移，使花生叶上生灰白斑。

（10）多效唑药害　花生会出现叶片小、植株不生长、花生果小、早衰等现象。多效唑的药效时间比较长，所以对下茬作物也会产生残留药害，会导致下茬作物不出苗、晚出苗、出苗率低下，且有幼苗畸形等药害症状。

九、棉花药害

（1）绿麦隆药害　拔节期误用、过量使用，使花生茎叶扭曲。

（2）乙氧氟草醚药害　深水田、施药时期不当或过量使用、误用。表现为棉花生长受抑制，叶片枯萎。

（3）灭草松药害　高温强光施药或过量使用、误用。表现为棉花顶芽、茎弯曲。

（4）伏草隆药害　误用、过量使用。表现为棉花生长受抑制，叶枯。

（5）麦草畏药害　拔节期误用、过量使用。表现为棉花茎叶扭曲。

（6）矮壮素药害　棉株过于矮小，通风透光不良，蕾铃容易脱落，甚至棉铃畸形，叶片呈西瓜叶，叶片褶皱，棉桃小。

（7）2, 4-滴药害　叶片变小、变窄，脉梗扭曲，叶片皱缩、畸形，常呈鸡爪状。

（8）多效唑药害　植株严重矮化，使得棉枝和果枝不能正常舒展，叶片畸形，赘芽丛生，并伴有落蕾、落铃。

（9）扑草净药害　表现为棉花生长缓慢，叶枯。

（10）甲哌鎓药害　当出现药害时，叶片会变小变厚，节间容易密集，赘芽丛生，植株生长很不均匀，且容易造成蕾铃大量脱落，棉花在后期会出现贪青晚熟。甲哌鎓在禾本类植物上用量范围较宽，因为在这类植物上不容易出现药害。甲哌鎓的药害，一般不会影响下茬作物的正常生长。

十、高粱药害

（1）乙氧氟草醚药害　施药时期不当或过量使用、误用。症状表现为高粱叶片枯萎。

（2）丁草胺药害　成苗后拔节时高剂量喷施、误用。症状表现为高粱根短、少，植株矮化。

（3）噻磺隆、苯磺隆药害　误用后，会使高粱叶片褪绿黄化，生长受抑制。

（4）三氟羧草醚药害　过量使用、误用或药物飘移。症状表现为高粱心叶枯卷。

十一、甜菜药害

（1）咪唑乙烟酸（普施特）药害　甜菜对咪唑乙烟酸最敏感，正常用量的大豆，间隔4年种甜菜仍然有残留药害。药害症状为植株矮小，心叶变黄，根毛少，严重抑制生长，重者块根和心叶变褐、死亡。

（2）氟磺胺草醚（虎威）药害　前茬大豆田应用氟磺胺草醚除草，用量过大或施药不均匀，后茬种甜菜可造成残留药害。药剂通过根、茎、叶都可吸收，植株弱小，叶不伸展，叶缘皱缩，叶褪绿变黄，严重时不出苗或出苗后不久死亡。

（3）氟乐灵药害　过量使用，后茬作物会有残留药害，播种和移栽深度较浅，药剂易接触到根系。症状表现为抑制甜菜发芽生长。

（4）三碘苯甲酸药害　喷洒不均匀或用量过大，对甜菜有药害，严重抑制幼苗生长，叶色浓绿、皱缩，根变粗，无次生根，重者可造成甜菜、油菜死亡。

十二、农药对蔬菜的药害

（1）禾草敌药害　稻种移栽田施药、过量施药。症状表现为油菜叶片出现枯白斑。

（2）灭草松药害　高温强光施药或过量使用、误用。症状表现为油菜顶芽、茎弯曲。油菜叶片现枯白斑。

（3）三碘苯甲酸药害　喷洒不均匀或用量过大，施药时药液飘移。对油菜有药害，叶片现枯白斑，严重抑制幼苗生长，叶色浓绿、皱缩，根变粗，无次生根，重者可造成油菜死亡。

（4）2, 4-滴药害　点花处理时，花序附近的幼嫩叶片出现萎缩，使新生叶不能正常展开，番茄叶片受害后，表现为叶片下弯、僵硬、细长，小叶不能展开、纵向皱缩，叶缘扭曲畸形。番茄果实常形成尖顶果、干裂果或黑斑果。

（5）赤霉素药害　从叶柄基部向上延伸，空心部位呈白色絮状，木栓化组织增生，严重地降低芹菜的品质。

适当适量适时施用赤霉素不但能刺激芹菜叶的生长，而且促使叶柄伸长。使用不当会导致芹菜生长细弱，品质变劣，叶柄细长，外观细弱，而且还会出现空心现象，导致减产严重。

（6）辛硫磷药害　高温时对叶菜敏感，易烧叶。

（7）噻嗪酮药害　药液如接触到萝卜，叶片会出现褐斑或白化等药害。药液如接触到白菜，叶片会出现褐斑或白化等药害。

（8）春雷·王铜（加瑞农）药害　藕的嫩叶对该药敏感，会出现轻微的卷曲和褐斑，使用时要注意浓度，宜在下午4时后喷药。

（9）三唑类杀菌剂药害　在瓜菜营养生长期使用浓度过大时，会使植株生长缓慢，植株矮小叶片变小而厚，应避免在营养生长期使用。

（10）硫黄胶悬剂药害　在高温期施用会引起辣椒日灼。

（11）防落素（对氯苯氧乙酸）药害　对辣椒的药害表现为使植株畸形，严重矮化，新生叶片小而卷曲，不开花不坐果，造成植株萎蔫，甚至死株。

（12）地乐酚药害　晨露或高温时使用，使山芋叶枯；十字花科作物茎叶附着药剂，易产生白斑；菠菜子叶产生叶斑。

（13）利谷隆药害　施药后降雨，药剂会接触根部，药剂飞散到茎叶上，致十字花科蔬菜下叶叶脉褪绿，产生枯斑。

十三、农药对水果的药害

（1）2, 4-滴药害　柿子上禁止使用2, 4-滴或含有2, 4-滴的农药。2, 4-滴会引起药害，造成柿子卷叶和落叶。2, 4-滴对柑橘的药害，轻者落花、落果，重者叶片卷曲，甚至引起落叶、死株。

（2）碘制剂药害　对金花梨易产生药害，令其叶片先变成蓝色，再干枯，叶片脱落。对其他梨品种没有发现不安全现象。

（3）硫黄胶悬剂药害　在高温期施用会引起柑橘日灼。在高温期施用也会引起葡萄日灼。

（4）复硝酚钠药害　在桃树药害比较轻的时候，症状表现为抑制植株正常生长，伴有幼果发育不良。药害严重的时候，就会出现植株萎蔫、发黄，最后死亡。

（5）赤霉素药害　对葡萄的药害，使果穗松散、果粒大小不均、成熟期推迟、果味品质下降。

（6）苄氨基腺嘌呤药害　苄氨基腺嘌呤对葡萄的药害致其出现多果现象，果粒小，果青粒硬，不易成熟，影响食用价值。

（7）乙烯利药害　葡萄叶片发黄、掉粒。

（8）萘乙酸药害　萘乙酸对苹果的药害，轻者落花、落果，重者叶片萎缩，甚至落叶。

（9）春雷·王铜（加瑞农）药害　葡萄嫩叶对该药敏感，会出现轻微的卷曲和褐斑，使用时要注意浓度，宜在下午4时后喷药。苹果的嫩叶对该药敏感，会出现轻微的卷曲和褐斑，使用时要注意浓度，宜在下午4时后喷药。

（10）铜制剂药害　柿子嫩梢期、花期禁止使用铜制剂。铜制剂对柿子的嫩梢、花蕾均有刺激作用，会造成大量的落叶、落蕾。李子对含铜离子的杀菌剂敏感，极易出现叶面穿孔和落叶、落果。

（11）辛硫磷药害　柑橘花蕾期和花期慎用辛硫磷和含辛硫磷的复配剂。辛硫磷对柑橘的花蕾和花有敏感作用，使用浓度高的情况下会出现落蕾和落花。

（12）炔螨特药害　橙子全生长期内禁止使用含炔螨特的杀螨剂（除冬季清园外）。椪柑、新会橙在嫩梢期、花期和幼果期应注意科学使用，炔螨特农药在高湿条件下使用浓度过高会对柑橘幼嫩组织有药害。在木瓜上一般不使用这类杀螨剂。

（13）防落素（对氯苯氧乙酸）药害　柑橘在花果期易受药害，出现落花、落果，叶片向内卷缩，甚至引起落叶。

（14）三唑锡药害　柑橘嫩梢期、花期和幼果期禁止使用含有三唑锡的杀螨剂。三唑锡对柑橘嫩梢、花蕾和幼果均敏感，容易产生药害引起“花果”。使用浓度以1500～2000倍液为宜。低温期以常用浓度使用会对春梢嫩叶有较轻的药害，也会造成落花、落叶、落果等，在橙新梢10～15cm时使用易引起药害。

（15）氧乐果和乐果药害　桃子和李子上禁止使用氧乐果和乐果。桃子和李子对氧乐果和乐果敏感，容易造成药害而产生落果。

（16）乙烯利药害　引起山楂落花、落果，严重时可导致落叶。

（17）多效唑药害　严重时，杨梅落花。

（18）三唑类杀菌剂药害　大青枣花果期使用会产生畸形果。

（19）代森锰锌药害　梨小果时施用代森锰锌易出现果面斑点。

（20）三唑磷药害　甘蔗上禁止使用三唑磷或含有三唑磷的复配剂。甘蔗对三唑磷敏感，使用后会造成甘蔗表皮“花”和抑制生长。

（21）利谷隆药害　药后降水，药剂接触根部，药剂飞散到茎叶上，使桑、果树类叶色褪绿、叶枯。

十四、农药对花木的药害

（1）多效唑药害　对长春花、三色堇、天竺葵、秋海棠的药害，表现为使植株停止生长，花、叶上出现黑点。导致凤仙延迟开花。

（2）烯效唑药害　导致凤仙延迟开花。

（3）矮壮素药害　矮壮素对一品红、三色堇的药害，表现为破坏叶绿素，使叶面受伤、叶表面形成斑点。

（4）地乐酚药害　生育期弥雾施药，导致亚麻出现叶斑。

第三节　避免使用于相关作物的农药

对农药敏感的作物品种很多，因农药品种的不同，作物的敏感性也有差异，表4-1列出了我国以前曾用或现在正在使用的部分农药品种及对其不同敏感性的作物。

表4-1　农药品种及对其不同敏感性的作物

农药名称	敏感作物	可能导致药害的作物	备注
砷制剂（砷酸钙、砷酸铅等）	桃、李、梅、豆类	苹果、柑、枳、梨、柿的某些品种	加波尔多液或硫酸锌可显著减轻药害
甲基胂酸锌		水稻孕穗期以后	
松脂合剂	柿（夏季不可用，冬季可用）	柑、枳（秋冬安全）	宜早、晚使用
石硫合剂	桃、李、梅、葱、番茄、姜、蒜、豆类、马铃薯、黄瓜、杏、草莓、葡萄、甜菜、烟草、梨	柑橘、茶、苹果、瓜类、茄子、白菜、大麦、小麦、棉花	高温、干燥时药害严重，水稻花期易致药害
波尔多液	桃、梨、李、梅、杏、柿、白菜、菜豆、莴苣、大豆、小麦	水稻扬花期易致药害，使谷壳变褐	作物花期勿用
代森锌		马铃薯、黄瓜、小麦、白菜、蚕豆、番茄、甘薯	低于240倍液黄瓜叶及果实易硬化
代森铵	大豆	黄瓜	
赛力散（醋酸苯汞）	柿、桃、梨、籼稻	姜、马铃薯、葱、麦种、蔬菜种子	
西力生（氯化乙基汞）		黄瓜、葱、水稻、小麦、西瓜、白兰瓜（甜瓜类）	开花抽穗易生药害
六六六	瓜类、马铃薯	白菜、茄子、番茄、烟草、高粱、开花水稻	林丹制剂可显著减轻药害
滴滴涕	瓜类、番茄、大豆、草莓	梨（白梨、鸭梨），大、小麦苗期	
三氯杀螨醇、三氯杀螨砜		茄子，部分苹果、梨品种	气温低，潮湿天气更严重
毒杀芬	马铃薯、黄瓜、南瓜、桃、李等		
杀螨酯		梨、苹果的有些品种	温、冷天气更严重
杀虫脒		马铃薯、甘薯、烟草、大豆、花生、玉米，以及蔬菜、苹果的部分品种	橙嫩芽轻微药害
敌百虫	高粱、大豆	玉米、瓜类、苹果、棉花	
敌敌畏	高粱、月季花	玉米、瓜类、大豆	
乐果、氧乐果	胡桃、樱桃	烟草、枣树、桃、杏、梅、橄榄、无花果、柑橘、啤酒花、菊科植物、高粱	花生施用乐果过量叶子夜间不闭合
对硫磷、甲基对硫磷	瓜类幼苗、番茄	苹果、梨的个别品种、桃、小麦	低温时易发生药害
甲胺磷		菜豆、黄瓜苗	拌种对某些高粱品种发芽有影响

续表

农药名称	敏感作物	可能导致药害的作物	备注
乙酰甲胺磷	向日葵、菜豆		
磷胺	高粱、桃树、樱桃		果树花期勿用
杀螟松	高粱、十字花科蔬菜		高温时烟草药害
马拉硫磷	瓜类、樱桃、葡萄、豇豆	苹果、梨、番茄幼苗、高粱、十字花科蔬菜	高粱叶片上会产生紫红色茶斑
辛硫磷	高粱、瓜类、大豆、甜菜	水稻、玉米	
二溴磷	芽期苹果树、高粱、豆类	玉米、瓜类	
倍硫磷	高粱、梨、樱桃、啤酒花、十字花科蔬菜幼苗		
毒死蜱		烟草	
喹硫磷	玉米		
久效磷	高粱、李子、桃、苹果	瓜类、番茄	高剂量对棉花有药害
二嗪磷	莴苣	苹果（落花后20天内）	不能和含铜农药与敌稗混用
稻丰散	葡萄、桃、无花果	苹果的某些品种	
灭蚜松	黄花菜		
水杨硫磷	梨		
甲萘威	瓜类		
异丙威	薯类		施用前、后10天不可使用敌稗
涕灭威	棉花种子		
混灭威	高粱、玉米、烟草	大豆	高剂量对棉花药害
速灭威	红糯稻种		宜在分蘖末期使用
杀螟丹	白菜、甘蓝等十字花科蔬菜	高粱、玉米、水稻	浓度过大或水稻扬花期会有药害
杀虫双	棉花	白菜、甘蓝等十字花科蔬菜	
杀虫环	豆类	部分棉花与苹果品种	
敌杀死（溴氰菊酯）		某些枣树品种	在高浓度时
氰戊菊酯		黄瓜、茄子、青椒、胡萝卜、梨、茶、柑橘、葡萄、卷心菜	
三环锡	柑橘		

续表

农药名称	敏感作物	可能导致药害的作物	备注
五氯硝基苯		莴苣、豆类、洋葱、番茄、甜菜	
十三吗啉（克啉菌）		有些小麦品种	
百菌清	梨、柿子	桃、李、梅、苹果	
噻嗪酮		白菜、萝卜、柑橘	
双甲脒		短果枝金冠苹果	
炔螨特		嫩小作物	
三乙膦酸铝		黄瓜、白菜	
2, 4-滴丁酯	棉花、瓜类、豆类、马铃薯、向日葵、油菜、花生等	麦、水稻秧苗在4叶期及拔节后勿用	禁与敌稗混用(易致水稻药害)
麦草畏	双子叶作物	麦、棉花、水稻	
五氯酚钠	水稻、花生发芽期		
喹禾灵	稻、麦、玉米等禾本科作物		
敌稗	水稻4叶以下的弱苗、大豆、蔬菜、果树	过4叶期秧苗、山芋	
甲草胺	高粱、水稻、小麦、黄瓜、菠菜、韭菜	大豆、玉米	
敌草隆	麦类、谷子、十字花科、藜科蔬菜	豆类	
莠去津	花生、豆类、油菜、向日葵、高粱、桃	西瓜、马铃薯、小麦、水稻	
磺氟草醚		高粱、玉米	
利谷隆	蔬菜、水稻、谷子、秧苗	十字花科、桑、果树	
烯禾啶		禾本科作物	
乙草胺	黄瓜、菠菜、韭菜、谷子、高粱、西瓜、甜瓜		
丁草胺	水稻和小麦等禾本科作物种子萌芽期	杂交水稻、高粱、玉米	
绿麦隆	油菜、蚕豆、豇豆、苜蓿	红花草、大麦、元麦、水稻	
伏草隆	谷子、小麦、大豆		大剂量对棉花有药害
异丙隆	青稞、油菜、豌豆、蚕豆	小麦	
禾草丹	水稻萌芽期和幼穗形成期		有残留性药害

续表

农药名称	敏感作物	可能导致药害的作物	备注
西玛津	十字花科蔬菜、小麦、大麦、棉花、大豆、瓜类、马铃薯、花生、水稻		
扑草津	玉米		
吡氟乙草灵（盖草能）	玉米、小麦等禾本科作物		
灭草松	棉花、蔬菜	大豆、花生、玉米	干旱或低温雨涝时易产生药害
百草敌	大豆、向日葵、烟草、棉花、果树、蔬菜		
氟磺胺草醚	甜菜、白菜、高粱、玉米、谷子、小麦、果树、油菜		
精吡氟禾草灵	禾本科作物		
氟乐灵	高粱、谷子	大豆、瓜类、茄科作物、禾本科作物	
异噁草松	大麦		
苄嘧磺隆	菠菜、甜菜、黄瓜		
矮壮素	拔节末、孕穗初小麦		
扑草净		玉米、小麦、青稞、蚕豆、水稻、花生、棉花	
2甲4氯		水稻	低温
地乐酚	菜豆、小麦、亚麻		生育期
氯苯胺灵	麦、菠菜、十字花科作物		
灭草灵	水稻、花生、白菜、甜菜、番茄、花椰菜、菠菜、南瓜		
乙氧氟草醚		水稻、棉花、花生、大豆、麦、高粱	
二氯喹啉酸	番茄、茄子、辣椒、马铃薯、莴苣、胡萝卜、芹菜、香菜、菠菜、瓜类、甜菜、烟草	向日葵、棉花、大豆、甘薯、紫花苜蓿、水稻	苗前勿用
咪草烟	甜菜、油菜、番茄、茄子、西瓜、草莓、高粱、玉米	水稻	
氟草烟	大豆、花生、甘薯、甘蓝		
噻磺隆、苯磺隆		玉米、高粱、花生、大豆	

续表

农药名称	敏感作物	可能导致药害的作物	备注
禾草敌		水稻、油菜、大豆	
吡嘧磺隆		水稻	
氟草隆		大豆、花生、玉米、棉花	
氯磺隆	甜菜、油菜等	水稻、高粱、玉米、大豆、麦	
甲磺隆	水稻、油菜、甜菜、瓜类、豆类、玉米、西瓜等		
除草醚	瓜类、番茄、大豆	水稻出芽至3叶期、棉花、大豆出苗到幼苗期	水稻叶鞘或叶片有褐色斑点，但对生长无影响
禾草灵	谷子、高粱、玉米、棉花		

第四节　长残留除草剂的降解和对后茬作物的药害

在大豆、小麦、油菜田多年连续使用长残留除草剂氯嘧磺隆、甲氧咪草烟、咪唑乙烟酸、异噁草松等，使用面积占总播种面积的80%以上。吉林、辽宁及华北地区等地玉米田长残留除草剂莠去津占有相当大的比例。这类除草剂在土壤中残留，一般2～3年，甚至4年以上，在连作和轮作农田中使用极易造成后茬作物药害。

一、长残留除草剂在土壤中的降解

除草剂在土壤中通过物理、化学和生物过程而逐步消失，长残留除草剂在土壤中主要通过微生物降解和化学水解而消失。

1. 微生物降解

土壤中能降解除草剂的微生物主要有细菌、放线菌、真菌。施入土壤中的除草剂大概有两种情况，一是仅有一小部分除草剂被土壤胶体吸附，而大部分进入土壤溶液中，易被微生物迅速降解，二是大部分被土壤胶体吸附，仅有一小部分进入土壤溶液中，难以被微生物降解。微生物在第一次接触某种除草剂后，不能立即将其降解，需要一个逐步适应的过程，这个过程称作停滞期和富集期，在此期间，微生物群体数量增加，酶的活性增强，第一次施入的除草剂降解缓慢，第二次施入的除草剂降解会加快。微生物对除草剂的降解主要发生在0 ～ 30cm的土壤中，凡是有利于土壤微生物活动的环境条件如土壤水分、通气性、pH、温度、有机质含量及营养水平等，都能促进微生物对除草剂的降解。一般来讲，南方降雨多，温度高，除草剂降解快；北方干旱少雨，除草剂降解缓慢。除草剂残留时间从南到北逐渐增加，特别是黑龙江省、内蒙古的东北部、吉林省的部分地区，土壤有机质含量高、质地黏重，苗前除草剂用量高，除草剂降解缓慢，同种除草剂残留时间全国最长。咪唑啉酮类除草剂如咪唑乙烟酸、甲氧咪草烟、灭草喹等不挥发、不水解，主要通过微生物降解而消失，在嫌气条件下不降解，在土壤中吸附性差，能被土壤有机质强烈吸附，土壤有机质含量增加、pH下降吸附作用增强，pH大于6.5时，这类除草剂呈负电荷，不能被土壤有机质吸附，在土壤溶液中呈游离状态，易被微生物降解。在黑龙江省西部有机质含量高、pH大于6.5的土壤，咪唑乙烟酸残留时间明显比东部土壤有机质含量低、pH6.5以下的土壤残留时间短，西部地区施药后须间隔4年种甜菜，东部须间隔5年种甜菜。

2. 化学水解

水解作用是许多除草剂在土壤中降解的重要反应，多数除草剂可被微生物诱导进行水解反应。土壤微生物不能降解被土壤胶体吸附的除草剂分子，吸附作用的强弱是由土壤有机质含量、机械组成及土壤含水量决定的。三氮苯类、磺酰胺类等除草剂在土壤中主要进行水解降解，其水解作用受pH控制，pH大于6.8时，水解作用停止，所以除草剂残留时间延长。烟嘧磺隆在土壤pH6.5以下每公顷用有效成分60g，施药后10 个月才能种大豆、燕麦、甜玉米、爆裂玉米、菜豆等；在土壤pH大于6.5时，施药后种植上述作物的时间延长到18个月；在土壤pH7.5以下，施药后8个月可种植高粱，10个月可种植向日葵；土壤pH大于7.5时，种植高粱、向日葵时间延长到18个月。

二、长残留除草剂对后茬作物的药害

长残留除草剂当年降解比较快，少量残留降解缓慢，微量可对敏感作物造成药害。如咪唑乙烟酸使用当年可降解96%以上，剩余不足4%的咪唑乙烟酸长期残留，很难降解，虽无除草作用，微量即可对敏感作物造成药害。在美国中部地区，咪唑乙烟酸（普施特）每公顷用有效成分71g，苗前施药后土壤中含量为63μg/1000g，第二年春天降为3.5μg/1000g以下，pH大于7的土壤降解为0.5 ～ 1μg/1000；苗后施用同样剂量，土壤中含量为30μg/1000g，一个月后降解为15μg/1000g。

表4-2为长残留除草剂施药后种植作物需要间隔时间。

表4-2　长残留除草剂施药后种植作物需要间隔时间

单位：月

除草剂	用药量[①]	大豆	玉米	小麦	大麦	水稻	甜菜	油菜	亚麻	棉花	花生	高粱	谷子	向日葵	马铃薯	豌豆	菜豆	烟草	甘薯	苜蓿	番茄	洋葱	南瓜	西瓜	辣椒	茄子	白菜	萝卜	胡萝卜	卷心菜	甘蔗	黄瓜
咪唑乙烟酸	75	0	12	12	12	24	48	40	48	18	0	24	24	18	36	0	0	12	0	40	40	40	40	40	40	40	40	40	40	40		40
莠去津	＞2000	24	0	24	24	24	24	24	24	24	0	24	24	24	24	24	24	24	24	24	24	24	24	24	24	24	24	24	24	24	0	40
烟嘧磺隆	≥15	0	15	15	15	15	48	40	40	40	15	15	15	15	40	0	0	15		24	36	36	36	36	36	36	36	36	36	36		36
异噁草松	＜700	0	9	＜12	＜12	0	9	0	9	0	＜12	9	12	＜12	9	0	0	0	0	＜12	＜12	＜12	0	0	0	＜12	＜12	＜12	＜12	＜12	0	0
	＞700	0	12	16	16	0	9	0	16	0	16	9	16	16	9	0	0	0	0	16	16	16	0	0	0	16	16	16	16	16	0	0
唑嘧磺草胺	48～60	0	0	0	0	6	26	26	26	18	4	12		18	12	12	4	18	4	0	26	26	26	26	26	26	26	26	26	26		26
嗪草酮	350～700	0	0	4	4	8	18	18	12	8	8	12		12	0	10	4	18	18	0	0	18							18		0	
甲氧咪草烟	45	0	9	3	4	9	26	18	18		9	9	12	9	9	9	9	9		9	9	9	9	9	9	9	9		9	9		9
异噁唑草酮	71～170	6	0	4	6	18	10	18	18	18	18	6	18	6	6	18	10	18	18	18	6	18	18	18	18	18	18	18	18	18		18
氟磺胺草醚	250	0	12	4	4	12	12	12	12	12	12	18	18	18	18	12	12	12	12	18	12	12	12	12	12	12	12	12	12	12		12
	375	0	24	4	4	12	24	24	18	12	12	24	24	24	24	12	12	12	12	18	18	18	18	18	18	18	18	18	18	18		18

续表

除草剂	用药量①	大豆	玉米	小麦	大麦	水稻	甜菜	油菜	亚麻	棉花	花生	高粱	谷子	向日葵	马铃薯	豌豆	菜豆	烟草	甘薯	苜蓿	番茄	洋葱	南瓜	西瓜	辣椒	茄子	白菜	萝卜	胡萝卜	卷心菜	甘蔗	黄瓜
二氯喹啉酸	106～177	4		10		0	24					0			24	24		24		24	24			4	24	24			24			
西玛津	2240～4480	24	0	24	24	24	24	24	24	24	24	0	24	24	24	24	24	24	24	24	24	24	24	24	24	24	24	24	24	24	0	24
氯酯磺草胺	622～840	0	9	3	3		30	30	30	9	9	9	30	30			30	30	30	30	30	30	30	30	30	30	30	30	30	30	30	30
氯吡嘧磺隆	36～70	9	0	2	2		36	15	18	4	6	2		18	9	9	9			9	8	15	9		10	12	15	12	15	15		9
灭草喹	北方140	0	18	18	18		40	26	40			11		40	26		18	10		18		26	40	40	40	40	26	26	26	26		40
甲磺草胺	南方 350～400	0	10	4	11	12	40				11	11			26	18	11	10		18		18					18	18	18	18		
氟嘧磺隆	40	8	0	3	3		18	18	18	8	8	8	8	8	8	8	8	8		8												
氟噻草胺	504～896	0	0	12	4	12	12			4		12	12		1				1	12		18			4		4	4	4	4		
氟酮磺隆	30	9		0	9		9	9							9	9			12								12	12	12	12		
氟磺隆	水分散粒剂 10～40	9	1	0	2	2	24	9	9	9	9	1	2	24	9	9	9	9	18	15	18	24	18	18	18	18	9	18	18	18		18
醚苯磺隆	0.28～0.47 水分散粒剂	14	生	0	6	生	24	生				14	4	24	生	生	生	生	生	生	生	生	生	生	生	生	生	生	生	生	生	生

① 用药量有效成分，g/hm²；

生指生物测定。

第五节 农药在田间土壤中的吸附与降解特性

绝大多数有机农药不是电解质，在溶液中不以离子形态存在，大部分水溶性农药在水中也主要以分子形态存在。因此，对于绝大多数农药，物理吸附是农药在土壤、底泥和水体中的主要吸附形式，而物理化学吸附和化学吸附起的作用很小。对于分子型的有机农药被土壤吸附可用Freundlich方程描述。

$$C_s = \frac{x}{m} = K_d C_e^{1/n} \tag{4-1}$$

式中 C_s和C_e——分别为土壤-水系统中经振荡平衡后土壤和水中的农药浓度；

x——土壤所吸附的农药量，μg；

K_d——农药的土壤吸附常数，K_d越大，吸附能力越强；

$1/n$——另一常数。

对式（4-1）取对数得到：根据农药土水分配试验数据用最小二乘法原理就可求得$\lg K_d$和$1/n$两个参数。

一些农药在田间土壤中的吸附与降解特性见表4-3。

表4-3 一些农药在田间土壤中的吸附与降解特性

农药名称	水溶解度/（mg/L）	田间残留半衰期/d	土壤吸附常数/（L/kg）	蒸气压/mmHg①
1, 3-二氯丙烯	2250	10	32	2
萘亚甲基乙酰胺	100	10	100	—
2, 4, 5-涕铵盐	500000	24	80	0
2, 4-滴酸	890	10	20	8×10^{-6}
2,4-滴二甲基铵盐	796000	10	20	0
2, 4-滴酯	100	10	100	
2, 4-滴丁酸丁氧乙基酯	8	7	500	$<1\times10^{-7}$
2, 4-滴丁酸二甲基铵盐	709000	10	20	0
3-氯苯氧乙酸锑钠盐	200000	10	20	0
乙酰甲胺磷	818000	3	2	1.7×10^{-6}
三氟羧草醚钠盐	250000	14	113	0
甲草胺	240	15	170	1.4×10^{-5}
涕灭威	6000	30	30	3×10^{-5}

续表

农药名称	水溶解度/（mg/L）	田间残留半衰期/d	土壤吸附常数/（L/kg）	蒸气压/mmHg①
涕灭威砜	10000	20	10	9×10^{-5}
莠去津	185	60	300	2.7×10^{-6}
双甲脒	1	2	1000	2.6×10^{-6}
杀草强	36000	14	100	4.4×10^{-7}
环丙嘧啶醇	650	120	120	2×10^{-7}
敌菌灵	8	1	1000	6.2×10^{-9}
砷酸	17000	10000	100000	0
磺草灵	55000	7	40	0
莠去津	33	60	100	2.9×10^{-7}
保棉磷	29	10	1000	2×10^{-7}
噁虫威	40	5	570	3.5×10^{-5}
乙丁氟灵	0.1	40	9000	6.6×10^{-5}
苯菌灵	2.0	67	1900	$<1\times10^{-10}$
苄嘧磺隆	120(pH7)	5	370	2.1×10^{-14}
地散磷	5.6	120	1000	8.0×10^{-7}
灭草松钠盐	2300000	20	34	0
甲羧除草醚	0.398	7	10000	2.4×10^{-6}
联苯菊酯	0.1	26	240000	1.8×10^{-7}
除草啶酸	700	60	32	3.1×10^{-7}
除草啶锂盐	700	60	32	3.1×10^{-7}
溴苯腈丁酸酯	27	7	1079	1×10^{-4}
溴苯腈辛酰酯	0.08	7	10000	4.8×10^{-6}
丁草敌	44	13	400	1.3×10^{-2}
克菌丹	5.1	2.5	200	8.0×10^{-8}
甲萘威	120	10	300	1.2×10^{-6}
克百威	351	50	22	6.0×10^{-7}
萎锈灵	195	3	260	1.8×10^{-7}
草灭畏盐	900000	14	15	0
杀虫脒盐酸盐	500000	60	100000	3.2×10^{-6}
乙基氯嘧磺隆	1200	40	110	4×10^{-12}
乙酯杀螨醇	13	20	2000	6.8×10^{-6}

续表

农药名称	水溶解度 /（mg/L）	田间残留半衰期 /d	土壤吸附常数 /（L/kg）	蒸气压 / mmHg①
1, 4-二氯-2, 5-二甲氧基苯	8	130	1650	0.003
氯化苦	2270	1	62	18
百菌清	0.6	30	1380	0.001
枯草隆	2.5	60	3000	3.9×10^{-9}
氯苯胺灵	89	30	400	8×10^{-6}
毒死蜱	0.4	30	6070	1.7×10^{-5}
氯磺隆	7000	40	40	4.6×10^{-6}
异噁草松	1100	24	300	1.4×10^{-4}
二氯吡啶铵盐	300000	40	6	0
氰草津	170	14	190	1.6×10^{-9}
环草敌	95	30	430	1.6×10^{-3}
氟氯氰菊酯	0.002	30	100000	1.6×10^{-8}
氯氰菊酯	0.004	30	100000	1.4×10^{-9}
灭蝇胺	136000	150	200	3.4×10^{-9}
茅草枯钠盐	900000	30	1	0
二溴氯丙烷	1000	180	70	0.9
氯硝胺	7	60	1，00	1.3×10^{-6}
氯酞酸甲酯	0.5	100	5000	2.5×10^{-6}
甜菜安	8	30	1500	3×10^{-9}
二嗪磷	60	40	1000	6×10^{-5}
麦草畏	400000	14	2	0
敌草腈	21.2	60	400	1.0×10^{-3}
2, 4-滴丙酸酯	50	10	1000	3×10^{-6}
禾草灵	0.8	30	16000	3.5×10^{-6}
三氯杀螨醇	0.8	45	5000	4.0×10^{-7}
百治磷	1000000	20	75	1.6×10^{-4}
乙酰甲草胺	105	30	1400	3.2×10^{-6}
野燕枯甲基硫酸盐	817000	100	54500	0
除虫脲	0.08	10	10000	9.0×10^{-10}
噻节因	3000	120	10	3.8×10^{-7}
乐果	39800	7	20	2.5×10^{-5}
消螨普	4	5	550	4.0×10^{-8}
地乐酚	50	20	500	8×10^{-5}

续表

农药名称	水溶解度/（mg/L）	田间残留半衰期/d	土壤吸附常数/（L/kg）	蒸气压/ mmHg①
地乐酚盐	2200	20	63	0
双苯酰草胺	260	30	210	3.0×10^{-8}
异丙净	16	100	900	7.4×10^{-7}
敌草快二溴盐	718000	1000	100000	0
乙拌磷	25	30	600	1.5×10^{-4}
敌草隆	42	90	480	6.9×10^{-8}
二硝酚钠盐	100000	20	20	0
多果定乙酸盐	700	20	100000	$<10^{-7}$
硫丹	0.32	50	12400	1.7×10^{-7}
茵多酸盐	100000	7	20	0
茵草敌	344	6	200	3.4×10^{-2}
氰戊菊酯	0.002	35	5300	1.1×10^{-8}
乙丁烯氟灵	0.3	60	4000	8.8×10^{-5}
乙烯利	1239000	10	100000	$<10^{-7}$
乙硫磷	1.10	150	10000	2.4×10^{-6}
乙氧呋草黄	50	30	340	4.9×10^{-6}
灭线磷	750	25	70	3.8×10^{-4}
土菌灵	50	103	1000	1×10^{-4}
苯线磷	400	50	100	1×10^{-6}
氯苯嘧啶醇	14	360	600	2.2×10^{-7}
苯丁锡	0.0127	90	2300	1.8×10^{-11}
噁唑禾草灵	0.8	9	9490	1.2×10^{-8}
苯氧威	6	1	1000	1.3×10^{-8}
倍硫磷	4.2	34	1500	2.8×10^{-6}
氰戊菊酯	0.002	35	5300	1.1×10^{-8}
福美铁	120	17	300	$<10^{-5}$
精吡氟禾草灵	2	15	5700	2.5×10^{-7}
氟氰戊菊酯	0.06	21	100000	8.7×10^{-9}
氟节胺	0.1	20	10000	$<1\times10^{-6}$
氟草隆	110	85	100	9.4×10^{-7}
氟胺氰菊酯	0.005	7	1000000	$<10^{-7}$
氟磺胺草醚钠盐	700000	100	60	0

续表

农药名称	水溶解度/（mg/L）	田间残留半衰期/d	土壤吸附常数/（L/kg）	蒸气压/ mmHg①
地虫硫磷	16.9	40	870	3.4×10^{-4}
伐虫脒盐酸盐	500000	100	1000000	0
伐虫脒铵盐	1790000	8	150	4×10^{-5}
三乙膦酸铝	120000	0.1	20	$<10^{-7}$
草铵膦铵盐	1370000	7	100	0
草甘膦异丙胺盐	900000	47	24000	0
环嗪酮	33000	90	54	2.0×10^{-7}
噻螨酮	0.5	30	6200	2.3×10^{-8}
氟蚁腙	0.006	10	730000	2.0×10^{-8}
咪唑烟酸	11000	90	100	$<1\times10^{-8}$
咪唑烟异丙胺盐	500000	90	100	0
咪唑喹啉酸铵盐	160000	60	20	0
咪唑乙烟酸	200000	90	10	—
异菌脲	13.9	14	700	$<1\times10^{-7}$
氯唑磷	69	34	100	8.7×10^{-5}
异柳磷	24	150	600	3×10^{-6}
异丙乐灵	0.1	100	10000	8.8×10^{-6}
乳氟禾草灵	0.1	3	10000	8×10^{-9}
高效氯氟氰菊酯	0.005	30	180000	1.5×10^{-9}
林丹	7	400	1100	3.3×10^{-5}
利谷隆	75	60	400	1.7×10^{-5}
马拉硫磷	130	1	1800	8×10^{-6}
抑芽丹钾盐	400000	30	20	0
代森锰锌	6	70	>2000	0
代森锰	6	70	>2000	0
2甲4氯二甲胺盐	866000	25	20	0
2甲4氯酯	5	25	1000	1.5×10^{-6}
2甲4氯丁酸	200000	14	20	0
2甲4氯丁酸二甲胺盐	660000	21	20	0
甲哌鎓	1000000	1000	1000000	0
甲霜灵	8400	70	50	5.6×10^{-6}
四聚乙醛	230	10	240	—

续表

农药名称	水溶解度 /（mg/L）	田间残留半衰期 /d	土壤吸附常数 /（L/kg）	蒸气压 / mmHg①
威百亩	963000	7	10	20.0
甲胺磷	1000000	6	5	8×10^{-4}
甲胂酸钠	1400000	1000	100000	0
灭草唑	1.5	14	3000	1×10^{-6}
杀扑磷	220	7	400	3.4×10^{-6}
甲硫威	24	30	300	1.2×10^{-4}
灭多威	58000	30	72	5.0×10^{-5}
甲氧滴滴涕	0.1	120	80000	—
溴甲烷	13400	55	22	1824
敌线酯	7600	7	6	20
甲基对硫磷	60	5	5100	1.5×10^{-5}
代森联	0.1	20	50000	0
异丙甲草胺	530	90	200	3.1×10^{-5}
嗪草酮	1220	40	60	$<1\times10^{-5}$
甲磺隆	9500	30	35	2.5×10^{-12}
速灭磷	600000	3	44	1.3×10^{-4}
禾草敌	970	21	190	5.6×10^{-3}
久效磷	1000000	30	1	7×10^{-5}
萘乙酸己基酯	105	10	300	1.6×10^{-5}
萘乙酸钠盐	419000	10	20	0
二溴磷	2000	1	180	2.0×10^{-4}
敌草胺	74	70	700	1.7×10^{-7}
萘草胺钠盐	231000	14	20	0
三氯甲基吡啶	40	10	570	2.8×10^{-3}
氟草敏	28	30	700	2×10^{-8}
氨磺乐灵	2.5	20	600	$<1\times10^{-8}$
噁草酮	0.7	60	3200	10^{-6}
杀线威	282000	4	25	2.3×10^{-4}
氧化萎锈灵	1000	20	95	$<10^{-5}$
亚砜磷	1000000	10	10	2.9×10^{-5}
乙氧氟草醚	0.1	35	100000	2×10^{-7}
甲基克杀螨	1	30	2300	2×10^{-7}

续表

农药名称	水溶解度/（mg/L）	田间残留半衰期/d	土壤吸附常数/（L/kg）	蒸气压/mmHg①
百草枯二氯盐	620000	1000	1000000	0
对硫磷	24	14	5000	5×10^{-6}
五氯硝基苯	0.44	21	5000	1.1×10^{-4}
克草敌	100	14	430	8.9×10^{-3}
二甲戊灵	0.275	90	5000	9.4×10^{-6}
氯菊酯	0.006	30	100000	1.3×10^{-8}
石油	100	10	1000	10^{-3}
甜菜宁	4.7	30	2400	1.0×10^{-11}
甲拌磷	22	60	1000	6.4×10^{-4}
伏杀硫磷	3.0	21	1800	$<5\times10^{-7}$
亚胺硫磷	20	19	820	4.9×10^{-7}
磷胺	1000000	17	7	1.6×10^{-5}
氨氯吡啶酸盐	200000	90	16	0
哌丙灵	20	30	5000	$<1\times10^{-7}$
甲基嘧啶磷	9	10	1000	1.5×10^{-5}
咪鲜胺	34	120	500	1.1×10^{-6}
丙溴磷	28	8	2000	9×10^{-7}
扑灭通	720	500	150	7.7×10^{-6}
扑草净	33	60	400	1.2×10^{-6}
戊炔草胺	15	60	800	8.5×10^{-5}
毒草胺	613	6.3	80	2.3×10^{-4}
霜霉威	1000000	30	1000000	0
敌稗	200	1	149	4×10^{-5}
炔螨特	0.5	56	4000	3×10^{-3}
扑灭津	8.6	135	154	1.3×10^{-7}
苯胺灵	250	10	200	—
丙环唑	110	110	650	4.2×10^{-7}
残杀威	1800	30	30	9.7×10^{-6}
辟哒酮	400	21	120	0.05
喹禾灵	0.31	60	510	3.0×10^{-7}
烯禾啶	4390	5	100	1.6×10^{-7}
环草隆	18	90	420	1.0×10^{-9}

续表

农药名称	水溶解度 /（mg/L）	田间残留半衰期 /d	土壤吸附常数 /（L/kg）	蒸气压 / mmHg[①]
西玛津	6.2	60	130	1.2×10^{-8}
甲嘧磺隆	70	20	78	6.0×10^{-16}
硫丙磷	0.31	140	12000	6.3×10^{-7}
丁噻隆	2500	360	80	2×10^{-6}
双硫磷	0.001	30	100000	—
特草定	710	120	55	3.1×10^{-7}
特丁硫磷	5	5	500	3.2×10^{-4}
特丁净	22	42	2000	2.1×10^{-6}
噻菌灵	50	403	2500	4×10^{-9}
噻苯隆	20	10	110	2.3×10^{-11}
噻吩磺隆	2400	12	45	1.3×10^{-10}
禾草丹	28	21	900	2.2×10^{-5}
硫双威	19.1	7	350	1×10^{-7}
甲基硫菌灵	3.5	10	1830	$<10^{-7}$
福美双	30	15	670	$<10^{-5}$
毒杀芬	3	9	100000	4×10^{-6}
四溴菊酯	0.001	27	100000	1.3×10^{-13}
三唑醇	71.5	26	300	1.5×10^{-8}
野麦畏	4	82	2400	1.1×10^{-4}
脱叶磷	2.3	10	5000	1.6×10^{-6}
敌百虫	120000	10	10	2×10^{-6}
三氯吡氧乙酸铵盐	2100000	46	20	0
三氯吡氧乙酸酯	23	46	780	1.3×10^{-6}
灭草环	1.8	28	5600	2.2×10^{-4}
氟乐灵	0.3	60	8000	1.1×10^{-4}
嗪氨灵	30	21	200	2.0×10^{-7}
混杀威	58	20	400	5.1×10^{-5}
三苯羧基锡	1	75	23000	3.5×10^{-7}
灭草敌	108	12	260	9.7×10^{-3}

① 1mmHg=133.3224Pa。

第五章

农药对农业生态环境生物的危害识别

农药进入农业生态环境中，将对生态环境造成污染，有时甚至会造成严重的危害后果。农药对生态环境的污染影响可以归纳为农药对水、土壤和大气等环境要素和陆生生物、水生生物产生的污染和危害。农业生态环境中的陆生生物主要是指人类、鸟类、蜜蜂、赤眼蜂、蚕和蚯蚓等有益非靶标生物；水生生物除鱼类外，农药也可能对虾、蟹、蛙、水中浮游动物、水蚤和其他水生生物产生危害。农药对农业生态环境造成污染危害的途径主要是经口、经皮和经呼吸道三种方式。对鱼类重金属及其他无机物和有机物的中毒症状的识别，是有效区别农药中毒的基础之一。

第一节　农药对水生生物的毒害

一、鱼类农药中毒的症状

正常死亡的鱼与被农药毒死的鱼症状表现存在一定的差异，正常鱼死亡后，闭合的嘴能自然拉开；毒死的鱼，鱼嘴紧闭，不易自然拉开。正常死的鲜鱼，其鳃是鲜红或淡红色；毒死的鱼，鳃为紫红或棕红色。正常死的鲜鱼，其腹鳍紧贴腹部；毒死的鱼，腹鳍张开而发硬。正常死的鲜鱼，有一股鱼腥味，无其他异味；毒死的鱼，从鱼鳃中能闻到一点农药味（不包括无味农药）。被毒死的鱼其腹张开且硬，颜色呈紫红色或褐色，用手掰鱼体不易弯曲，苍蝇很少叮咬。

鱼类中毒有“浮头”现象，但不太明显，中毒症状因中毒药物不同而表现不同。整个鱼塘或是鱼塘的某一个区域的所有鱼类均上浮水面，有的鱼表现为冲撞、狂游或快速圆周游动，有的鱼全身强烈震颤、痉挛，兴奋期过后则运动迟缓或麻痹不动，随后失去平衡而仰游或滚动，慢慢沉入水底而死。有的鱼体表黏液分泌增多，体表或者腹部或者背鳍下充血发炎，体色发黑或者发紫，或者鱼鳃变紫红色，眼球突出，出现缩瞳现象，眼球底角膜多出现血点，或者鱼鳞疏松竖立易于脱落。脏器方面有的鱼表现为肝肾不同程度肿大，肝脏血管扩张，并出现淤血，心跳迟缓，呼吸机能下降，有的鱼胸鳍伸至最前位置，尾部颤抖，脊椎可能发生弯曲、变形等。

鱼体背部至尾部体色变黑。中毒鱼的体色，由于不同剂量其变黑程度不同。浓度高，体色改变明显，浓度低，体色改变小；受毒时间不同，体色改变也不同，当浓度相同时，中毒时间长，体色改变大，染毒时间短，体色改变小。

二、鱼类对不同农药的症状反应

鱼类对不同农药中毒表现出来症状略不相同。

1. 有机氯农药中毒

如滴滴涕、狄氏剂等，残留时间长，性质稳定，容易在生物体内蓄积，对富含脂肪的神经组织、肝、肾以及心脏等产生毒害作用。当机体营养不足时，蓄积在脂肪中的有机氯农药也会释放到血液中，使动物中毒死亡。

中毒症状为狂游、冲撞、眼底出血。同等条件下，鱼比甲壳类先死亡；鱼体脂肪中蓄积明显。

（1）滴滴涕中毒　滴滴涕是多种异构体的混合物，其所有异构体都是白色结晶体，无味、无臭，鱼中毒后的症状与六六六相近，但滴滴涕中毒时，鱼表现为剧烈地冲撞、跳跃，而六六六则主要表现为快速游动、冲撞、跳跃不明显。

（2）狄氏剂中毒　狄氏剂中毒后，出现鱼肾小管内呈黄色、鱼体水肿、眼底出血等症状。

（3）五氯酚钠中毒　五氯酚钠主要是破坏肾脏系统以及腐蚀和麻痹细胞，使肾小管上皮细胞产生空泡，造成组织病变和坏死。作用机理为抑制动物体内酶氧化与磷酸化作用。虹鳟鱼受五氯酚钠毒害，肾脏周围淋巴细胞减少，肾小管、生殖系统发生变异。

受五氯酚钠的毒害，鱼类急剧游动，无目的上下窜游，横冲直撞、翻滚，鳃部充血甚至出血，一般小杂鱼先死，而后为花鲢、白鲢、草鱼、鲤鱼、鲫鱼等。鱼死亡前有靠岸、钻草的习惯。一般鱼类兴奋期过后，即麻痹不动，沉底死亡。死亡鱼体有的变黑，煮熟后有股刺鼻的酚味，慢性中毒的鱼类表现为黑鳍、眼球突出、腹水等，消化道毛细血管扩张，肾小管上皮细胞变性。

（4）灭蚊灵中毒　出现鱼鳃小片融合、鱼体水肿、易生动脉瘤等症状。

（5）甲氧滴滴涕中毒　鱼肝细胞萎缩，肉芽肿大，以及肝脏的肝索辐射走向消失。

（6）七氯中毒　鱼体水肿，呈现血斑或淤血块，体色加深，肝脏萎缩及失去脂质和糖原。

（7）异狄氏剂中毒　鱼的肾小管内呈黄色，有炎症、水肿，以及出现上皮分离等症状。

2. 有机磷农药中毒

有机磷农药常用的有磷酸酯类、硫代磷酸酯类、膦酸酯和硫代膦酸酯类，以及磷酰胺和硫代磷酰胺类等四大类。其对鱼类致病机理主要为与体内的胆碱酯酶结合，使胆碱酯酶失去活性，丧失对乙酰胆碱的分解能力。但是，依有机磷种类不同，出现急性中毒症状也有所不同。如乐果等致鱼发生狂游；敌敌畏使鱼游动有停顿且缓慢；敌百虫致鱼苗体表色素加深，游动缓慢、失调，并麻醉神经，这种麻痹效应乃是迟发性周围神经病变所致，与胆碱酯酶抑制无关。

肉食性的无鳞鱼类，对敌百虫毒性致病反应比草鱼、鲢鱼、鲤鱼等敏感，在池塘、湖泊等天然水体中敌百虫含量为0.9 ～ 1.35mg/L、水温为21 ～ 26℃时，经24小时吞食带毒水生生物后就可出现肠黏膜细胞受损及绒毛细胞被破坏，肛门严重淤血、流血，体表黏液凝结呈斑状，血液呈深褐红、棕红色，血液内胆碱酯酶活性比正常值下降35.6%以下，肝组织中央静脉扩张，肝细胞间隙增大，空泡化严重等现象。有机磷与无机磷的急性致病症状有很大差别。前者为干扰神经生理和机体内酶系，产生障碍所致，后者为溶血物质，破坏胃肠系统，使排泄器官产生障碍，导致腹水蓄积、腹部膨大，鳞片蓬松外翘，两眼突出以及使表皮细胞和眼角膜有点状出血等症状。

有机磷的种类繁多，鱼类对不同种类的有机磷毒性反应不太相同，鱼类有机磷中毒有三个共同特点：

一是虾、贝、水生昆虫对有机磷的耐受力低于鱼类。一般受有机磷污染的水体中虾、贝、水生昆虫发生死亡时，而鱼类则存活，甚至没有发生什么毒性反应。有机磷中毒的鱼外表呈现畸形现象，经过解剖发现，有机磷中毒的鱼类往往出现脊椎骨粘连和扭曲。

二是测定有机磷中毒鱼类的血液胆碱酯酶，其活性降低，这是因为有机磷农药作用于鱼的神经系统，降低了乙酰胆碱酯酶活性，而且鱼类对有机磷这一特异性反应特征较为敏感。

三是有机磷中毒的鱼类（亚急性或慢性中毒），一般出现鳞片竖立，用手紧压鳞片基部，有水射出或出现鱼眼球突出等症状。

（1）敌敌畏中毒　敌敌畏中毒后，鱼没有像其他大多数农药中毒时一样出现兴奋状态，而是一开始就进入麻木状态，时游时停，或缓慢游动、乏力，然后沉底死亡。

（2）敌百虫中毒　敌百虫中毒，鱼类开始极度不安、狂游、跳跃，之后鱼体发黑、游泳缓慢、乏力，反应迟滞。鱼种通常体色变黑，鱼苗游动缓滞、麻痹、鳃部充血，最后失去平衡，静卧水底死亡。

另外，敌百虫还是一种较强的胃毒药物，鱼体中毒后，不想摄食，因饥饿而死。解剖中毒后鱼体发现，内脏较小，特别是肝，几乎消失。在这种情况下，往往因鱼的种类不同、体质上的差异，产生抵抗力的不同而出现陆续死亡，不像其他农药中毒在较短的时间内鱼即出现很明显的毒性反应和大量死亡现象，敌百虫中毒后像得了细菌性鱼病一样，但两者之间有较明显的区别。

① 鱼病一般表现在一二种或一定规格的鱼类，而敌百虫表现在不同的规格和不同种类的鱼类。

② 敌百虫中毒开始都有一定的急性毒性反应，毒性反应也表现在不同规格和不同种类的鱼类，而鱼病则数量少，反应单一，而且持续时间长。

（3）甲基对硫磷中毒　甲基对硫磷对水环境的污染在低温季节毒性通常可持续2个月或2个月以上，在25℃水温条件下降解时间一般为7天。鱼类中毒后异常兴奋，运动失调，一会儿游泳速度异常加快，一会儿又突然停止，一会儿又是加速游泳，游泳时呈侧游状，特别是白鲢鱼种普遍有侧游现象，在高浓度下则游动缓滞，显得无力，中毒鱼眼球突出，眼底充血，肝、肾肿大，鳞片竖立。

（4）对硫磷中毒　鱼类对硫磷中毒后，胆囊肿大、鱼体腹部腹水、肝脏血管扩张，有混浊、肿胀、空泡变性，鱼体躯干后部充血，尾部弯曲，严重的头、胸、腹及全身表面均出血，金鱼中毒后尾柄弯曲，尾鳍侧面向上翘，浓度越高越明显。中毒的鱼可以看到躯干后部脊椎骨处充血点与其他鱼比较更为明显。中毒鲤鱼、鲫鱼鱼体弯曲，经解剖或透视，可以看到脊椎骨粘连、弯曲和扭曲。鲤鱼在0.09mg/L 5天即出现弯曲，中毒鱼体游泳迟缓，反应迟滞，显得无力，喜欢单独活动，不集群，不活跃。

（5）马拉硫磷中毒　马拉硫磷中毒后，白鲢苗种在1.6mg/L水中8天即出现外形变化，鱼体呈弯曲状态，中毒症状由兴奋，阵发性上窜、下钻，转为呼吸缓慢，呈昏厥假死状态，刺激后腹部朝上，呈螺旋式游动，渐渐鱼体变黑、弯曲，最后死亡。白鲢鱼种普遍发生侧游现象，低浓度时游泳滞缓。

马拉硫磷与甲基对硫磷的毒性反应基本相同，只是马拉硫磷刺激后鱼腹部朝上，呈螺旋式游动，这一特征甲基对硫磷没有。

（6）甲胺磷中毒　甲胺磷属有机磷农药，常用作杀虫剂。中毒后鱼类急躁不安，狂游冲撞之后游动缓慢，出现侧游、头部向下、尾部向上等症状，最后沉入水中死亡。

（7）乐果中毒　鱼类乐果中毒后，症状不明显，但鱼的肝脏明显肿大。

（8）嘧啶氧磷中毒　鱼苗、鱼种首先出现兴奋、运动失调、狂游、横冲直撞，然后痉挛、麻痹失去平衡，翻转打旋，最后行动缓慢，丧失活动能力，昏迷致死。另外在受毒过程中鱼体体色也有所改变，与药物浓度、受毒时间呈正相关。如果把因中毒引起的不同程度体色改变的鱼放入清水中饲养5～6天，则能基本恢复到原来的水平，而且体色改变小的鱼恢复得快。

（9）稻瘟净中毒　稻瘟净使鱼体表色素变黑，尤以尾部为甚。鱼96小时半数致死浓度为650mg/L。

（10）亚胺硫磷中毒　亚胺硫磷对感觉神经的刺激性很大，鱼中毒后出现狂游，继之侧游，头下垂，鱼鳃、体表严重充血，有血点，鱼体失去平衡、翻肚死亡。鲢鱼96小时半数致死浓度为623mg/L。

（11）黄磷中毒　黄磷致病症状近似感染水型点状极毛杆菌引起的竖鳞病。不过竖磷病的病鱼体外粗糙鳞片部分或全部竖立，有时腹部胀大，并有部分烂鱼鳍和鳍条充血症状，而且多发生在每年春、秋末低温期的鲤鱼、鲫鱼上，可用漂白粉等药物治愈。

有机磷对几种鲤科鱼类急性致病症状见表5-1。

表5-1　有机磷对几种鲤科鱼类急性致病症状　　单位：mg/L

农药种类	急性中毒浓度①	致病症状
甲拌磷	0.005	游动加剧，狂游，翻滚
内吸磷	0.081	游动加剧，冲撞，鳃充血
甲基对硫磷	1.30	游动加快，侧游
乐果	41.32	狂游，冲撞
谷硫磷	0.01	狂游，鳃充血
马拉硫磷	4.94	游动加快，侧游
敌百虫	79.87	游动缓慢，体色素加深
敌敌畏	20.16	游动有停顿，缓慢

①急性中毒浓度相当于48小时LC_{50}值。

3. 氨基甲酸酯类农药中毒

这类农药与有机磷农药同属于第二代农药，其特点为残留小、毒性较低。

（1）甲萘威中毒　甲萘威是一种兼具触杀和胃毒作用的高效杀虫剂，中毒反应强烈，致病机理主要为抑制胆碱酯酶，但不同于有机磷农药。它与胆碱酯酶形成较松的复合体而阻碍酶的活性，症状表现急剧，但易得到恢复。鱼类中毒后出现兴奋、急躁不安、上下乱窜、痉挛；由于甲萘威影响神经中枢，常使鱼体产生痉挛，尤其是鱼苗，经4～7天饲养常见头部与脊椎骨连接处发生弯曲，出现畸形鱼。最后身体失去平衡，侧卧水底，直到死亡。中毒的鱼胆碱酯酶活性显著降低。急性致病症状鱼类表现急躁、乱窜，鱼类96小时半数致死浓度为9.0mg/L。

（2）克百威中毒　克百威具有触杀作用和一定的内吸作用，对鱼类的中毒症状随不同的剂量而有差异。草鱼在浓度为2.1mg/L时，发生狂游、冲撞，尾部剧烈摆动，随即失去平衡，侧游，有的鱼畸形。浓度低时，则游动缓慢，鱼体翻转打旋，且鳃部有明显的充血现象。红鲤在0.4～0.9mg/L时，就出现狂游、乱撞、失去平衡、打转，排泄物不能离开肛门，产生拖尾，鳃部充血致死，没有死的鱼绝大部分的身体出现弯曲的畸形症状。克百威对鱼类的中毒症状是可逆的，当鱼类中毒至昏迷假死状态时，放入清水即可恢复。在半数致死浓度下存活的鱼大都出现鱼体弯曲、畸形。

4. 菊酯类农药中毒

鱼类中毒后群体主要表现为漂浮于水面，随波逐流，鱼体失去平衡。鱼类中毒后表现为烦躁不安，鳃盖张开，从鱼翻白至死亡挣扎时间可长达12个小时。鱼死亡后眼球突出，眼底有出血点，腹腔内有积水，鳃部颜色灰白。开始中毒时，出现瞬时兴奋，然后游泳缓慢，对周围刺激反应迟钝，鱼体静卧和侧卧，尾部缓缓摆动，嘴巴慢慢张合，最后沉入水底死亡。从开始中毒到出现死亡毒物作用时间短，鱼类中毒后死亡率高。

死鱼特征：死鱼口部自然合拢，眼球突出，眼底有出血点，鳃颜色较淡，特别是鳃耙部位颜色淡白，并有黑色污物，鳃及体表黏液多，各鳍颜色无变化，鳃及体表黏液多，胸鳍自然紧贴体表。解剖中毒死亡的鱼时，腹腔内有黄水流出，杀灭菊酯致死的鱼肾脏上有小黑点，肝、胰肿胀，胆囊肥大。菊·马乳油致死的白鱼肠子变黑，肠子上有小黑点。

鱼类对不同菊酯类农药中毒表现出来的症状略有不同。

（1）甲氰菊酯中毒　鱼类群体中毒后，停游、上浮、窜游，继而又停于水底。低浓度水体中，鱼类表现为神经中毒症状，并持续1～2天；高浓度水体中鱼类则迅速死亡。

（2）杀灭菊酯中毒　因杀灭菊酯而中毒的鱼有的鳃部充血，而且易导致畸形。

菊·杀乳油是杀灭菊酯与杀螟松的混合乳油，其比例为3∶7。杀螟松又称杀螟硫磷，为接触性有机磷杀虫剂，用于防治稻螟虫。菊·马乳油是杀灭菊酯和马拉松（马拉硫磷）的混合油剂，其比例为1∶3，实验证明，尽管菊·马乳油和菊·杀乳油中马拉硫磷和杀螟松的比例大于杀灭菊酯，但它们的毒性主要是由杀灭菊酯引起的，因此，表现出与杀灭菊酯相似的毒性。

急性中毒后鱼的行为特征：杀灭菊酯、菊·马乳油、菊·杀乳油三种农药致毒后，鱼表现烦躁、乱窜、翻滚游动，鳃盖、口部张大，表现出呼吸困难症状，从鱼翻白至死亡挣扎时间较长，最长的可达12个小时。

（3）氯氰菊酯中毒　具有触杀、胃毒及拒食作用，属于神经毒性类除虫剂。鱼类群体中毒时，开始表现出兴奋状态，狂游乱窜，继而失去平衡、抽搐、麻痹，濒临死亡。

5. 有机硫农药中毒

敌锈钠中毒。它刺激鱼皮肤，使鳃瓣充血，鱼头部下垂及出现狂游现象。急性致病鱼96小时半数致死浓度为357mg/L。

6. 有机氮类农药

杀虫脒中毒。使鱼体表色素变黑，游动迟缓，排出的粪便形成丝状拖尾，有迟发毒性作用。鲢鱼96小时半数致死浓度为11.61mg/L。

7. 沙蚕毒素类农药中毒

杀螟丹中毒。由沙蚕体内分离出的含毒物质而合成一种衍生物。使鱼鳃充血、鱼体侧游、头下垂。

8. 有机砷农药中毒

胂·锌·福美双（退菌特）中毒。能刺激鱼表皮细胞，在鱼尾部出现白色症状。蛙鱼96小时半数致死浓度为0.36mg/L。

9. 除草剂中毒

除草剂有触杀作用，对鱼类低毒，但浓度高时仍会引起鱼类急性中毒死亡。由于除草剂对藻类有杀伤作用，因此被污染的鱼塘水体容易缺氧，死鱼现象会在一天内的任何时间发生，水体透明度大大增加，水中浮游植物数量、品种大为减少，甚至基本消失。

三、死鱼的诊断指标及其特征

在鱼类的养殖过程中，有时候会遇到鱼类短期内大量死亡的情况。概括起来，造成鱼类短期内大量死亡的原因有以下几个方面：爆发性鱼病，缺氧，水质指标严重超标（主要是氨氮、亚硝酸盐、硫化氢、余氯这几个指标）引起的急性中毒，化学物质（含有污染物的水流进鱼池，以及重金属、菊酯类、有机磷类杀虫剂的不合理使用）中毒，有害藻类中毒引起的死鱼。在应对短时间内暴发性死鱼的时候，需要找准引起暴发性死鱼的原因，才能识别出农药危害等原因。

1. 鱼类农药毒性分级

按我国毒性分级标准属于对鱼类高毒的农药见表5-2。

表5-2 对鱼类高毒的农药

农药	对鱼类高毒农药
有机氯农药	绝大多数有机氯农药
拟除虫菊酯	绝大多数拟除虫菊酯农药，如氯氰菊酯、氰戊菊酯、氟氰菊酯、溴氰菊酯等（醚菊酯、溴灭菊酯和乙氰菊酯除外）
杀螨剂	如炔螨特、阿维菌素、灭螨猛、哒螨灵、苄螨醚、唑螨酯、吡螨胺等
含重金属农药	如三唑锡、三环锡、苯丁锡、福镁锌、硫酸铜、有机汞农药等
有机磷杀虫剂	如溴硫磷、毒虫畏、毒死蜱、乙硫磷、倍硫磷、地虫硫磷、马拉硫磷、甲拌磷、伏杀硫磷、辛硫磷、溴氯磷、线硫磷、氯唑磷等
氨基甲酸酯类农药	如噁虫威、丙硫克百威、克百威、丁硫克百威、唑蚜威和涕灭威等
含酚农药	如地乐酚、五氯酚、五氯酚钠、五氯酚钙、氯硝酚钠等
除草剂	如甲羧除草醚、丁草胺、乐草灵、乙氧氟草醚、二甲戊乐灵、毒草胺、氟乐灵等
杀菌剂	如苯霜灵、克菌丹、敌菌丹、百菌清等
其他一些农药	如氟虫腈、丁醚脲、鱼藤酮和浏阳霉素等

对鱼高毒的农药不能直接喷于水面，以免发生严重的死鱼事件和危害其他水生生物，也不宜用作水田和稻田农药，因稻田排水和降雨径流均能发生农药流失而导致对鱼和其他水生生物的危害，其中包括虾类，后者对农药一般比鱼类更为敏感。生物浓缩系数是指生物体中农药浓度与生物生存水中农药浓度的比值，比值越大说明农药越易在生物体内积累。生物浓缩系数和农药性质及生物种类密切相关。脂溶性农药和长残留农药易被水生生物浓缩，例如海水和湖水中滴滴涕可被水生植物和水生无脊椎生物浓缩1000～100000倍，甚至更高。据美国环保局的分级，当生物浓缩系数＞8000时为高度积累，700～8000时为中度积累。对非长残留农药，生物浓缩系数比较低，如氰戊菊酯对空心莲子草、白鲢鱼与相应时间水中的农药浓度比值都没有超1000。

除鱼类外，农药也可能对虾、蟹、蛙、水中浮游动物、水蚤和其他水生生物产生危害，这在农药使用时是必须注意的，特别是在鱼、虾、蟹养殖密集区更为重要。

2. 鱼类病原体疾病与中毒性疾病的不同

对鱼类重金属及其他无机物和有机物的中毒症状的识别，是有效区别鱼类农药中毒的基础之一。同时，对于鱼类还需要识别鱼类病原体疾病。鱼类病原体疾病是指因受比如细菌（含所有菌种）、寄生虫以及病毒等病原体感染或侵袭鱼类而引起生病的一种状态；鱼类中毒性疾病则是指因水质变坏或用药不当造成水体有毒、药物中毒等导致鱼类中毒的一种状态。两者是有本质性区别的，稍加注意即可区分。

（1）表现不同　鱼类病原体疾病一般表现为品种、规格单纯，数量较少。中毒性疾病表现为品种、规格齐全，通常是全池性的。

（2）病理反应不同　鱼类病原体疾病有比较明显的特异性病理反应。中毒性疾病尤其是急性中毒，主要表现为鱼类活动规律的变化。

（3）有无病原体　鱼类病原体疾病可以通过显微镜检查观察到病原体（如寄生虫、细菌），有的甚至肉眼都能观察到，如锚头鳋等。中毒性疾病无病原体。

（4）病程不同　病原体疾病要引起病鱼死亡最快都要数天甚至1～2星期，且病鱼死亡呈现零星、持续时间长等状态。中毒性疾病，特别是急性中毒，病鱼死亡时间短、速度快、死亡量大，有的甚至从鱼类中毒到死亡仅需几十分钟。

（5）体表症状不同　病原体疾病的病鱼体表往往有血斑、脓肿、溃疡。中毒性疾病，鱼体表一般没有这些症状。

（6）有无污染源　中毒性疾病有的有明显的污染源，如化工厂排放废水，且水中pH值发生变化等特征以及各种鱼类对不同化学物的不同反应特征，且通过一定的化学分析检测技术可以确定有毒物的名称和含量。

（7）体型瘦弱不同　病原体引起死亡的鱼类一般呈现体色暗淡、消瘦、头大尾小等症状。中毒死亡鱼类的肥满度与正常鱼类没有区别，尤其是急性中毒死亡的鱼类。

不同原因死鱼的诊断指标及其特征见表5-3。

表5-3　不同原因死鱼的诊断指标及其特征

序号	诊断指标	死鱼原因			
		化学物中毒	鱼病死鱼	缺氧死鱼	毒藻死鱼
1	死亡速率	突发，短期大批	突发，有一个少量死亡、前期死亡、逐渐死亡	突发大批、有一个前期	
2	品种选择	不明显，耐毒的存活	有选择性，品种较少	不明显，耐低氧存活	不明显，耐毒的存活
3	死鱼时间			午夜至黎明	光强的白天
4	死鱼季节			春末秋初夏季，尤其梅雨气压低时	

续表

序号	诊断指标	死鱼原因			
		化学物中毒	鱼病死鱼	缺氧死鱼	毒藻死鱼
5	个体大小	小>大		大>小	小>大
6	行为反应	冲撞、急游	冲撞，急游，游动缓慢、乏力	在表层吞咽空气，沿池边游动	
7	形态特征	眼球突出、鳃盖鲜红、脊柱弯曲	体表及内脏充血溃烂	胸鳍向前伸展、鳍条发白	
8	鱼体附着物	体表、鳃有附着物并有毒物特异气味			
9	浮游动物	大量死亡，品种数量减少	正常	品种数量减少	大量死亡，品种数量减少
10	浮游植物	大量死藻或濒死藻细胞	正常	大量死藻或濒死藻细胞	1～2种有毒藻类占优势
11	其他水生生物	水生植物可能变色	正常	正常	水生植物可能变色或死亡
12	病原体		体表、鳃、内脏可见大量细菌、霉菌、寄生虫		
13	死鱼发生形式	孤立发生	流行发生		
14	溶解		正常	低于渔业水质标准	光强时饱和或过饱和
15	酸碱度		正常	死鱼前几天或一周光强时pH>9	偏碱，中午pH>9
16	水体气味	毒气味	正常	酸白菜味、霉味、臭味	酸白菜味、霉味、臭味
17	水色		正常	灰白、黑色	铜绿、黄褐、红棕
18	急性致死实验	中毒或死亡	短期内不发生死亡	正常	中毒或死亡

第二节　重金属及其他无机物和有机物中毒症状

一、重金属污染概述

重金属的污染主要是指汞、锡、铅、铬、镍、铜等的污染，其中汞、镉的生物毒性最大。重金属对鱼类的毒性主要包括内毒和外毒两个方面，内毒是指重金属离子通过鳃和皮肤进入鱼体内，与体内主要酶的催化活性部位中的巯基结合成难溶解的硫醇盐，抑制了酶的活性，妨碍了机体的功能，从而引起鱼类死亡。外毒是指与鳃、体表所分泌的黏液结合成蛋白质的复合物，覆盖整个鳃和体表，并充塞在鳃瓣间隙内，使鳃丝正常活动困难，阻碍了鳃丝的正常呼吸，使鱼类窒息死亡。主要作用表现在5个方面。

（1）重金属为可蓄积性毒物　水中的重金属通过鱼的鳃呼吸、体表接触吸收以及水生生物的食物链作用，使重金属毒物被吸收、转移、浓缩、蓄积于鱼体内，蓄积量可以从几倍到成百上千倍，因此鱼体内含有较高的毒物残留量，从而影响鱼类的食用价值和人体健康。

（2）重金属污染的水域影响　可使鱼类及其他水生生物发生急性中毒死亡、亚急性中毒和慢性中毒，导致明显的生态和毒理反应，甚至给渔业生产带来毁灭性的破坏。

（3）重金属的变态影响　有的重金属会发生变态反应，其后果通常加强了毒物的毒理强度从而提高了污染危害的程度。如无机汞流入水体后，蓄积在生物体中，在微生物的作用下变成毒性更强的甲基汞。

（4）重金属的诱变影响　有些重金属对鱼类及其水生生物具有致癌、致畸、致突变的“三致”作用。表现为一定的诱变活性。如镉、六价铬等对水生生物产生明显的毒性和遗传变异。

（5）重金属中毒的鱼　一般鳃部呈灰白色，鳃上皮细胞受到破坏，上皮细胞缺损脱落，整个鳃叶往往由于腐蚀而溃烂掉，毛细血管中完全看不到红细胞，支持细胞也会膨胀坏死。在重金属中毒死鱼时藻类也会受到影响，水体存在大量濒死或死亡的藻细胞。但是，不同的重金属造成鱼的中毒反应和环境特性也有所不同。

二、重金属中毒症状

鱼鳃部分泌大量黏液并形成许多絮状沉积物，使鱼鳃阻塞，造成呼吸障碍，常有在水表层游泳等浮头现象出现。鳃部损害明显，皮细胞受到破坏，甚至整鳃叶溃烂、脱落。水体常呈酸性，有时 pH＜6。水体中有许多死藻细胞或将死的藻细胞。

（1）汞污染中毒　汞急性中毒后，鱼身体失去平衡，并且表现为周期性的反常游动，时而急速游动，时而缓慢，摄食减少，反应迟钝，体色变换，黏液增多，鳍条下垂，黏膜遭破坏，鳃及体表充血。鳃被腐蚀，鳃丝灰白色。肠胃通道黏膜出现腐蚀性病变，如水肿、出血和坏死，鱼体胃及口吐物混有黏液和血，肾组织出现炎症和退纤性病变，肝细胞肿胀，肝小叶坏死等。草鱼在0.1mg/L醋酸苯汞或氯化乙基汞的水溶液中可出现眼部出血，眼球被破坏，从而失明或鱼体残缺。

（2）铬污染中毒　浮游动物等无脊椎动物对于六价铬的毒性比鱼敏感。三价铬中毒鱼体表有一层不易脱落的灰白膜。六价铬中毒鱼体表呈深黄色，鳃丝呈黄褐色，消化道内可见大量圆柱上皮细胞坏死和溃烂的细胞残渣。

（3）镉污染中毒　镉污染曾引起震惊世界的公害“骨疼病”。镉在鱼体内可以有很高的残留，主要残留在肾脏和肝脏之中，会造成鱼体脊椎弯曲，产生癌变、畸变、突变。

诊断特征：剧烈游动，翻滚，肌肉痉挛。脊椎可能弯曲。鱼苗畸形。肠胃发炎充血，肝脏肿大。

（4）铅污染中毒　铅的毒性是由铅离子引起的，铅进入机体主要由肠道吸收后进入血液循环，主要积蓄在肝脏、肾和骨骼中。铅的毒性在造血系统、神经系统和血管方面的病变最为明显。血管痉挛是铅中毒的典型症状。

诊断特征：体色明显变黑。血管痉挛，肠道黏膜有炎症。脑水肿，脑血管周围出血。肝、肾包涵体形成和细胞坏死，红细胞大小、形状不一。

（5）锌污染中毒　锌是生物体必需的元素，但是过量会造成对生物的损害，如0.18mg/L的锌使雌鱼产卵次数明显减少，产卵率不到正常鱼的五分之一。

对白鲢的急性中毒实验结果表明：中毒后鱼体慢慢翻白浮起，无狂游、乱窜现象，口部张大，呼吸慢慢减弱。从翻白浮起至死亡时间较短，一般在4小时以内。死鱼口部张开，鳃部充血呈深红色，特别是鳃耙部位充血最为严重，鳃部有黏液，鱼体色加深，胸鳍挺直张开，胸鳍下方呈黄色。较长时间中毒，可使次级鳃丝上皮成片地从柱状细胞上分离。解剖浸泡染毒死亡的鱼，并在解剖镜下观察，发现浸泡6小时以内死亡的鱼的肝胰脏、胆囊和肾脏等内脏器官和对照组比较没有明显变化；浸泡24小时以上死亡的鱼肝脏颜色发暗，胆囊颜色变深，肾脏充血红肿。

诊断特征：中毒鱼无冲撞、跳跃。鳍色变黑、胸鳍下方呈黄色、胸鳍展开。死鱼张口口中有呕吐物、鳃耙充血严重。鱼体内碱性磷酸酶、黄嘌呤氧化酶活性降低。

（6）镍污染中毒　镍对鱼的损害主要是正二价的镍离子造成的，急性毒性实验表明，在高浓度时，鱼的行为异常，呼吸频率加快，鱼快速游动、上下冲撞，48小时后鱼体局部呈肿块状腐烂，鱼体失去平衡，鱼体排出大量排泄物，鳃盖黏液增多，以致于完全覆盖鱼鳃，使鱼窒息死亡。当浓度稍低时，虽然鱼的行为异常，但是其组织完好，没有产生腐烂。

诊断特征：冲撞、跳跃。组织肿块状、腐烂。

（7）铜污染中毒　正二价形态存在的铜离子会使鱼的鳃部受到广泛破坏，鳃腺体趋向瓦解并彼此覆盖，使鱼鳃部受到广泛的破坏，出现黏液、肥大和增生，使鱼窒息死亡。另外会造成鱼体消化道顶端圆柱上皮组织几乎坏死和溃烂，在消化道管腔内，可见大量细胞残渣和黏液，使鱼体灰白，口腔存在呕吐物，鳃丝呈淡绿色，且铜离子达到1.0mg/L以上时，水发生混浊并有异味。鱼的毒害受水体硬度影响较大，水的硬度增加会使其毒性降低。

诊断特征：鳃丝呈浅绿色。体色灰白。水体加入皂液生成绿色沉淀。

三、其他无机物和有机物中毒症状

1. 黄磷污染中毒

黄磷又称为白磷，为白色或浅黄色蜡样块状或棒状透明结晶体。具有大蒜臭味，可与蒸气一起挥发。黄磷有剧毒，受黄磷污染的水体会发生严重死鱼事件。中毒死亡的鱼，其鳃组织或肠胃内容物以及肝组织在酸性条件下经脱水处理后，在黑暗处由于挥发，可发现有磷光。黄磷在生物体内具有明显的蓄积作用，主要蓄积在肝脏和骨骼组织。

（1）急性中毒　主要毒理作用为损伤肝、肾等脏器，破坏细胞内酶的功能，引起肝脂肪变性和肝细胞坏死，以及骨骼脱钙等。黄磷引起鱼类中毒致死的原因主要为急性循环衰竭和急性肝、肾功能衰竭。

（2）急性中毒症状　体表症状为鱼体腹部有水肿（均为出血性血水），腹部充血明显，鱼鳞有不同程度的疏松竖立，易脱落，眼球突出，口、吻、眼呈红色，表皮、角膜点状出血；解剖症状为肝、肾肿大明显，肝体积重量比一般正常鱼高20%～40%，肝有胆汁淤积，胆囊突出肿大，肝组织外表有点状或片状出血灶，脏器发现有溢血等。

（3）诊断特征　眼球突出。口、吻、眼呈红色，角膜、表皮有出血点、有溶血现象。腹部积水肿胀，鳞片竖立。体表及鳃部有黄磷附着物。鳃及肠胃内容物在酸性条件下经脱水处理，在黑暗处可见磷光。

2. 氨污染中毒

氨是一种无色气体，有强烈的刺激性气味，易被液化成无色的液体，可溶于水、乙醇、乙醚，氨溶于水后形成氢氧化铵，俗称氨水，呈弱碱性。

（1）氨的慢性中毒　会造成鱼体肝、肾等组织损害。高浓度的氨接触鱼体黏膜或表皮时，可以吸收其水分，碱化脂肪，造成组织坏死，使深层组织受损，会使鱼的次级鳃丝上皮肿胀，黏膜增生，柱状细胞完全分解，使原来排列整齐的鳃小片产生扭曲，鳃上皮增生，甚至出现鳃小片融合。对鱼鳃的危害，使鱼从水中获取氧的能力降低，甚至使鱼窒息死亡。

（2）氨的急性中毒　表现为严重不安，由于水体呈碱性，具有较强的刺激性，使鱼体表黏液增多，全身性体表充血，鳃部和鳍条基部出血较为明显，严重时形成血斑、肛门红肿，鱼常在水表层游动，死亡前眼球突出，张大口挣扎。鱼体及血液有NH_3的蓄积。

中毒初期的鱼放入清水中可恢复正常，对于鲤鱼类急性毒性范围在0.5～1.8mg/L，回避阈值浓度约为1mg/L。

（3）诊断特征　水面游泳，张大口挣扎，眼球突出，体表黏液增多，全身性出血，肛门红肿，鳃部受损、鳃盖张开。水体呈碱性。鱼体鳃部及水体有氨刺激气味。

3. 余氯污染中毒

氯气为黄绿色气体，有剧烈刺激性臭味，溶于水和碱溶液。氯气和次氯酸盐在水体中可生成次氯酸。对鱼的损害主要是次氯酸，它的浓度越高，对鱼的毒性越大，而次氯酸的量主要取决于水体的pH值和水温，pH越低则次氯酸的含量越高，在相同的pH值下，水温越低次氯酸含量越高，毒性越大。

（1）症状表现　次氯酸有强烈的刺激作用，它可以使鱼的次级鳃丝上皮肿胀，柱状细胞完全分解，对于鳃的损害使鱼获得氧的能力下降，严重时会窒息死亡。且由于氯中毒失去平衡而垂死的鱼放在清洁的水中也不能再活，这是它与氨中毒的不同点。当鱼发生氯急性中毒时，会时而窜出水面，时而窜入水中，甚至鱼头会向石缝或泥土中钻，鱼死后往往呈弯曲形，眼底出血，鳃部损害，黏液增多。

（2）诊断特征　体色发白。体表黏液增加。鳃颜色变淡，鳃丝发白，鳃上皮受破坏。体形弯曲。水体及鱼体有漂白粉气味。水体pH值正常，不偏酸性。

4. 氰化物中毒

氰化物是指含有氰基（—C═N）的化合物，是一种剧毒的化合物。在氰化物中毒后，鱼似发狂样沿着容器四周急游，之后失去平衡，头向上，身体向下垂，张口呼吸，然后慢慢地下沉并侧身卧于底部鳃盖，扩张幅度大，呼吸频率减弱，稍后又游出水面张口呼吸，沿池壁急游，头向上，身体下垂，下沉卧于底部，如此反复多次，最后沉于底部死亡，也有少数鱼死后浮于水面。当鱼最初失去平衡后，如能及时将鱼取出，放入清水中，鱼也会慢慢复活。

（1）鱼中毒死亡症状　背部颜色变浅或变黑，其他部位呈微红色，白色尤为明显，头部微充血。由于氰化物中毒血管中的氧没有被利用，加之血液中的血红蛋白转变成氰化血红蛋白，因此，使血液呈鲜红色，鳃丝比正常鱼更为鲜红，且血液凝固缓慢，肠黏膜充血或出血明显。氢化钾对于白鲢鱼种的24小时LC_{50}为0.22mg/L。

（2）诊断特征　鳃丝鲜红，鳃盖张开，血液鲜红，血液不易凝固。水中溶解氧基本正常。pH常为中性或酸性。

5. 酚中毒

酚是多种酚类有机化合物的总称，是一种细胞原浆毒物，低浓度能使蛋白质变性，高浓度使蛋白质沉淀，对各种细胞有直接毒害作用。

（1）酚的毒害作用　酚的水溶液易被皮肤吸收，对水生动物中枢神经系统有刺激和破坏作用，亦可造成鱼肝、肾损害，对鱼的表皮和黏膜具有腐蚀作用，高浓度的酚会造成鱼类急性中毒死亡和饵料生物被破坏。

（2）诊断特征　鱼体及鳃部有明显酚刺激气味。鳃盖、吻部充血。眼下睑有充血点。水体有酚刺激气味。中毒血液（血清）中加入三氯化铁溶液数滴，出现蓝色。

6. 石油类中毒

石油是深褐色的结构和成分非常复杂的混合物。对于鱼类的致害机理是大量油类覆盖水面使水面与空气交换隔绝造成水体缺氧，另外大量的油污附于鱼鳃、体表、鳍条上影响鱼的呼吸和运动，且鳃上的油污可能引起鱼的鳃部发炎和呼吸障碍从而致鱼死亡。

（1）受石油污染的鱼的表现症状　体表及鳃部黏液分泌旺盛，体表及鳃部有较多附着物，中毒后行动缓慢、乏力，鱼苗易体形弯曲、畸形，鱼肉有煤油及酚味，特别是在加热后，气味更加明显，水体表面有油膜，在水草及周边物体上有油污堆积。

（2）诊断特征　鱼游动缓慢、乏力。体表及鳃部有油污附着物。鱼肉及鳃部有煤油或酚臭味，使用塑料袋封闭再打开或加热时，气味更为明显。水面及向风岸边及水草等物体有油污。

7. 硫化氢中毒

硫化氢是带有臭鸡蛋味的气体化合物，当水呈酸性时硫化氢浓度高、毒性大。当水体中含有大量的硫化氢时，它能与血红蛋白结合产生硫血红蛋白，生成如巧克力样的黑色血，即或在水体氧很多的情况下，血液也呈黑色，降低了血液携带氧的能力。同时硫化氢对鱼鳃有很强的刺激作用和腐蚀作用，使组织产生凝血性坏死，引起鱼类呼吸困难，使鱼窒息死亡。

（1）硫化氢中毒症状　鱼鳃呈褐色，鳃盖紧闭，鱼鳃切片上可见动脉瘤，取出尚未死的鱼，血会从鳃中流出，鱼血呈巧克力色，未死鱼在表层游泳，血液、肾、脾中硫代硫酸盐含量增加，用乙酸或盐酸酸化褐色血有H_2S臭鸡蛋味放出。水体中H_2S、CO_2、NO_3^-含量高，下风处有H_2S臭鸡蛋味（水中浓度为0.05mg/L时可嗅到），水体低溶解氧，向风处岸边有黑色腐败有机物。

（2）诊断特征　鱼鳃呈黑褐色，鳃盖紧闭。血液呈巧克力色。用醋酸或盐酸酸化褐色血液，有硫化氢的臭鸡蛋气味放出。

8. 砷中毒

砷俗称砒霜，是一种非金属元素，砷不溶于水，溶于硝酸和王水。砷及砷的化合物均属剧毒物，一般情况下砷的残留量不会对食用水生生物构成危害。

（1）砷中毒症状 鱼类出现兴奋状态，烦躁不安，乱窜乱跳，体表黏液较多，口腔中有呕吐物，肛门外翻，有的打旋，昏迷、抽搐、失去知觉直至死亡。

（2）诊断特征 口中有呕吐物。肛门外翻。腹部肿胀有腹水。

9. 氟化物中毒

氟化物通常指氟为负一价的化合物，其中氟化氢危害最甚，它为无色气体或液体，气体易溶于水，称之为氢氟酸，有强烈的腐蚀性和毒性。

（1）氟化物中毒症状 鱼类接触氟化物后极度兴奋，狂游、打旋，尾部肌肉颤抖，草鱼体色有明显变化，尤其在氢氟酸溶液中最为显著，放养于60～105mg/L氢氟酸试验液中的草鱼，24小时后体色明显变黑，而且随浓度的增加，体色变浓，随着时间的延长体色又逐渐变淡。草鱼幼鱼鳃盖溃烂，开始为鳃体充血红肿，突出于鳃盖之外，同时表现出呼吸困难，游动缓慢，几小时后即出现死亡。

氟化物属于原生质毒物，它极易通过各种组织的细胞膜与原生质结合，从而产生破坏原生质的作用，并且有刺激和腐蚀黏膜及皮肤的作用。当浓度较高时，其躯体防护较弱的部位，如鳃盖、鱼基部、生殖孔等，易受到氟离子的刺激和腐蚀而发生溃烂。氟在水溶液中，绝大部分以离子状态存在，极易被组织吸收，导致鱼体中毒；与水结合，形成氢氟酸，对鱼类有更强的腐蚀性毒害作用；氟可以与水中某些离子形成不溶性的氟盐，不能被鳃吸收，沉积于鳃部腐蚀鳃盖，造成溃烂，鳃盖骨基部还由于鳃盖提肌收缩而成开裂状，不能伸张闭合，鳃盖基部出现溃疡，逐渐向头部延伸，呈血斑状，之后溃烂，鳃盖缺损。另外氟还能引起鱼脊椎骨呈“弓”字形弯曲，致椎体肥大、骨骼变形。

由于氟化物引起草鱼烂鳃，则很容易与草鱼烂鳃病混淆，通过分析二者的病理特点可以找到以下区别。首先，氟侵蚀的对象为鱼苗，而烂鳃病多为鱼种，而且前者来势较猛，杀伤力大。氟中毒出现极度兴奋、狂游打旋等症状。

（2）诊断特征 鳃盖溃烂、缺损，鳃体充血红肿，可突出于鳃盖之外。腹鳍基部生殖孔周围出现明显血斑、溃烂。可能会造成骨骼变形。有明显抑制胆碱酯酶作用。

10. 酸中毒

鱼的酸中毒是由于酸的阳离子与蛋白质结合成为不溶性化合物，导致蛋白质变性使组织器官失去功能而造成鱼死亡。另外酸性对于鱼有较强的刺激性，因此鱼鳃部黏液增加，则过多的黏液和沉淀的蛋白质覆盖于鱼鳃使鱼窒息死亡，有些难解离的弱酸，如次氯酸、鞣酸及其他一些有机酸，可能透过鱼体组织，影响血液的pH值。在这种情况下，酸类将影响红细胞与二氧化碳的结合能力，降低整个机体的呼吸代谢机能。把强酸加到硬度高的水中时，水中的碳酸盐便生成大量游离的二氧化碳，而且不溶性重金属盐转变为可溶性盐，因而毒性增大。在酸性条件下水生生物的种类和数量都减少，其中软体动物最为敏感，pH在4以下已经无鱼生存。

（1）酸中毒症状　表现为极度不安、狂游、想往池外跳、呼吸急促，随后呼吸减缓、反应迟钝、游泳乏力，直至窒息死亡，鳃部严重充血，血色呈暗红色淤血，肛门及各鳞部皮下出血，体表特别是鳃部黏液增多，黏液pH比水体高1～2。死鱼眼珠混浊发白，角膜损伤，死鱼张口，鳃盖张开，体色发白，水体呈酸性，透明度增加，浮游生物数量少，水中植物变褐色或白色。

（2）诊断特征　体色明显发白。水生植物呈褐色或白色。水体透明度明显增加。水体呈酸性，一般pH＜4。水体存在许多死藻和濒死的藻细胞。

11. 碱中毒

碱是一种强烈的腐蚀性物质，又具有强烈的刺激性，由于碱对鱼强烈的腐蚀性，使鱼体及鱼鳃严重受损。同时，由于刺激性使鳃黏液大量分泌并凝结于鳃部，鱼呼吸困难窒息，对鱼体产生强烈腐蚀，鱼体表面黏膜被溶解，鱼失去了控制水分渗透压的能力而死亡。

（1）碱中毒症状　表现为狂游、乱跳，甚至窜上岸钻入草中、泥土中，体表现大量黏液。鱼鳃腐蚀损伤，鳃瓣血液血红细胞出现破裂、变形、自溶现象。

（2）诊断特征　刺激性狂游，乱窜。体表现大量黏液，甚至可拉成丝。鳃盖腐蚀、损伤。鳃部大量分泌凝结物。水体呈碱性，一般pH＞9。水体存在许多死藻和濒死的藻细胞。

四、混合废水中毒症状

（1）维尼纶工业废水污染中毒　鱼中毒后呈弱兴奋状态、侧泳、失去平衡、没有狂游，全身无出血点、黏液，以自由落体方式沉入水底，未死鱼体内脏器官明显充血，肝、胆肿大，受毒时间长，会出现鳞片竖立、个别尾部弯曲。

（2）炼焦、煤气、冶金、炼油厂废水中毒　这些废水主要是含酚及含油废水，此外含有大量NH_3、硫化物、氰化物和其他有机物，其中酚主要是毒性较强的树脂酚。鱼中毒后烦躁不安，尾柄首先开始颤动，随后全身颤动，呼吸不规则，出现痉挛、阵发性无定向的直线冲撞，而后失去平衡或仰泳或滚动，之后麻痹、侧卧水底、呼吸微弱死亡。

（3）造纸废水中毒　一般造纸废水含大量纤维、苛性碱、硫化物、硫酸盐、硫酸盐皂、亚硫酸盐、木质素、糠醛、松脂，pH、BOD（生化需氧量）较高，有大量黄黑色泡沫，毒性大的是硫酸盐皂。鱼中毒后浮头，极度兴奋不安，狂游、狂跃，身体水肿，鳞片侧立，死鱼鳃黏附纤维状物，口腔有残渣，体表、鳃部有黏液，鳃部现淡褐色斑块，腹部鼓胀，鳞及尾部有松油味。鱼头部气味更浓。

（4）染料厂废水中毒　其主要污染物是苯胺和硝基苯（浓度可达每立方米水数十至几百克），并有大量无机酸和有机酸，使水体呈酸性，BOD（生化需氧量）含量很高，可达每立方米水数千克。其中的硝基苯可破坏组织中蛋白质，影响鱼的神经系统，使鱼麻痹死亡，各种有机酸、无机酸影响血液pH，影响与CO_2结合力，使呼吸代谢发生障碍。鱼中毒后狂游、跳跃、分泌大量黏液，特别是鳃部黏液凝结使鱼窒息。原废水毒性很大，但当把pH调至6.7～7.5时毒性下降。

（5）制糖厂废水中毒　该废水中含有皂角素，鱼除有缺氧窒息死亡外，若皂角素含量较高还会有中毒死亡症状。鱼中毒后没有兴奋不安、狂游现象，一开始鱼便处于麻痹状态，当皂角素含量为5.88mg/L时，鱼开始发晕死亡，在10mg/L时，鲤鱼8～10小时开始失去平衡、侧泳，11小时后死亡。

（6）浸麻水中毒　浸麻水含有NH_3、挥发酚、硫化物、粪臭素、H_2S、乙醇、甲醛等，pH高达12.5，并含果胶、纤维素、单宁等有机物，因此鱼的中毒死亡是多种毒物的综合结果。另外，由于水中有机物数量大，因此耗氧严重，会使鱼窒息死亡。鱼中毒初期极度兴奋不安，窜游、侧游、仰卧水面，最后沉于水底死亡，鳃部多黏液，水色发黑、发臭、有气泡，溶解氧很低。

当确定是化学物中毒致鱼死亡及可疑的毒物之后，还须对这些化学毒物的来源进行调查。因为，有些化学毒物可能是由于外界排水所带来的，有些则是由于水体在一定条件下自身的物理化学反应所致，对于外界引入的化学毒物，应对污染源进行调查。

第三节　农药对陆生生物的毒害

一、农药对鸟类的危害

鸟类农药中毒事件占野生脊椎动物农药中毒事件总数的70%～80%或更多。农药主要通过3种途径对鸟类产生危害：一是直接造成的毒害作用；二是农药通过食物链在野生鸟类体内蓄积，引起鸟类生理、生活习性等一系列变化，以致降低了鸟类的生存能力和繁殖能力；三是改变了鸟类的生存环境。

有机磷和氨基甲酸酯类杀虫剂是AChE（乙酰胆碱酯酶）的抑制剂，能使鸟类的神经系统麻痹。鸟类AChE对这些抑制剂的敏感程度往往是哺乳动物的10～20倍，特别是小鸟感受性更高。有机磷农药急性中毒时，鸟类神经系统内和红细胞中的AChE活性降低程度与鸟类中毒的严重程度呈正相关。一般血细胞内AChE活性降低50%以上时可发生中毒症状，而且经几小时至2～3d即可变为难以逆转的酶活性降低，即所谓老化，这种情况下可导致鸟类死亡。所以，50%酶活性被抑制常认为是致死性的。有机磷酸酯类和氨基甲酸酯类农药的大量使用，使野生鸟类经常暴露在受有机磷酸酯类和氨基甲酸酯类农药污染的环境中，形成对鸟类潜在的、亚致死剂量的威胁。亚致死剂量的农药对鸟类虽然不能产生直接急性中毒死亡，但是它能通过影响鸟类的生理生化过程，对鸟类内脏器官造成毒害，或降低鸟类的生活能力、抗病能力和觅食能力，从而造成鸟类被捕杀和饿死的概率大大增加。

有机氯农药属于脂溶性较强的化合物，在鸟类体内难以被降解和排泄，所以，它们能在鸟类脂肪中积蓄，特别是在鸟类的脑、肝、肾及心脏这些器官大量富集，使这些器官受到损害。也有有机氯农药对鸟类是高毒的，如环戊二烯类杀虫剂，包括狄氏剂、异狄氏剂和七氯，它们能造成捕食性鸟类和猛禽发生急性中毒死亡。有机氯农药目前在多数国家已被禁用，环境中的残留量逐渐下降，使得这类农药对野生鸟类危害性逐渐降低，一些数量稀少的捕食性鸟类和猛禽数量开始增加，如一度面临灭绝的美国秃鹰开始由日益减少逐步走向恢复。

二、有机氟化物对家畜的危害

有机氟化物农药主要是指氟乙酰胺、氟乙酸钠，是剧毒而且难以降解、在动物体内残留期长、有二次中毒作用的毒药。部分家畜对于氟乙酰胺的中毒剂量（mg/kg体重）为：猪0.2～0.3，牛0.25～0.5，羊0.3～0.7，马0.5～1.75，狗0.05～0.2，猫0.3～0.5，而鼠类为5～8，家畜对氟化物的敏感程度是鼠类的10倍左右。家畜一旦发生中毒，发病急、死亡快，给畜牧业生产带来较大的经济损失。

家畜误食有机氟化物后，经过一个潜伏期即发病，潜伏期的长短与采食剂量、家畜的种类有关。一般剂量大，肉食家畜（如狗、猫）的潜伏期相对短，牛的潜伏期从7h至7d，临床症状主要表现为兴奋，烦躁不安，肌肉震颤，阵发性或强直性抽搐。常有心肌损害，表现为脉搏快而弱，心律不齐，出现心室纤颤。一旦出现症状，病情迅速发展死亡快，特别是牛、狗、猫，往往来不及治疗抢救就死亡。

三、农药对蜜蜂的危害

在采集时接触到杀虫剂的蜜蜂，有些在回巢途中就会死亡，在田间、果园、道路和蜂箱附近，都可发现死蜂。有些蜜蜂则在回巢后产生中毒症状。蜂群中毒后变得兴奋、暴怒、爱蜇人。大批成年蜂肢体麻痹、失去平衡，无法飞翔，在箱门前或地上打转，或颤抖爬行。中毒死蜂多呈伸吻、张翅、钩腹状，有时回巢的死蜂还带有花粉团。严重时，短时间内在蜂箱前或蜂箱内可见大量死蜂，且全场蜂群都有类似症状，群势越强，死蜂越多。开箱后可见脾上蜜蜂疲弱无力。此后外勤蜂明显减少。

当外勤蜂中毒较轻而将受农药污染的花蜜、花粉带回蜂巢时，巢内幼虫也会中毒，有的幼虫中毒后会发生剧烈抽搐滚出巢房（俗称跳子）；有的会在发育的不同时期死亡。即使部分能羽化成蜂，出房后也会成为残翅蜂，体重减轻，寿命缩短。蜂群因成蜂、幼虫大量死亡，群势下降，甚至全群覆灭。蜜蜂农药中毒，除出现以上急性中毒的症状外，还会导致出现农药慢性中毒，削弱蜜蜂的免疫系统，影响幼虫的正常生长发育，影响成蜂的劳动分工、学习和记忆能力以及采集行为等。曾经在欧洲开展的一项研究发现，在蜜蜂饲料里加入杀虫剂，导致1/3以上的蜜蜂迷失方向，无法返回蜂巢。高毒性的拟除虫菊酯类农药可引起呕吐，同时出现不规则的行动，随即不能飞翔、昏迷，以后呈麻痹、垂死状，随即死亡。中毒蜂常死于采集地区和蜂群之间。

蜜蜂在出现农药中毒以后，总体上来说具有四大特征，一是死亡特征，二是蜜蜂行为变化，三是蜂箱内蜜蜂变化，四是子脾变化。

（1）死亡现象　从死亡来说，由于蜜蜂是采集有毒的花蜜中毒，所以这种死亡发生非常突然，没有潜伏期，特征就是突然大量死亡，而且蜂群越强，死亡的蜜蜂就越多，因为强群的采蜜蜂数量多，死亡的也多，如果不加以制止，往往一两天内蜜蜂会全部死亡。

（2）蜜蜂行为变化　对于农药中毒的蜂群来说，典型的特征就是中毒的蜜蜂性情暴躁，会攻击人畜，出现蜜蜂大量死亡或者正在不断死亡，部分蜜蜂身体失去平衡，麻痹，失去飞行能力，在地上打滚，翻转，死亡后翅膀展开，身体蜷缩，吻伸出。

（3）蜂群内变化　由于农药中毒的蜂群没有力气，很多蜜蜂无法攀附在巢脾上，导致蜜蜂掉落在箱底，导致箱底出现大量死亡的蜜蜂，而且蜜蜂潮湿。

（4）子脾变化　有毒蜜源进入蜂群，如果幼虫接触到的话，也会导致幼虫中毒死亡，失去黏附在巢房中的能力，出现幼虫掉出巢房的现象。

随着流蜜期的到来，会发现越来越多蜜蜂农药中毒的现象，不同类型的农药，蜜蜂中毒后会呈现不同的症状，具体分类症状如下。

1. 有机磷农药

蜜蜂有机磷农药中毒后的典型症状，一般有呕吐，烦躁不安，不能定向行动，有许多蜜蜂留在箱内直到麻痹死亡。蜜蜂腹部膨胀，绕圈打转，双翅相连张开竖起。

2. 氯化氢烃类农药

氯化氢烃类农药包括艾氏剂、氯丹、滴滴涕、狄氏剂、异狄氏剂、七氯、毒杀芬等。蜜蜂氯化氢烃类农药中毒后典型症状为行动反常，震颤，好像麻痹一样拖着后腿，双翅相连张开竖起。有许多蜜蜂虽有以上症状，仍能飞出巢外，因而中毒蜜蜂会死在箱内，也会死在采集点与蜂箱之间。

3. 氨基甲酸酯类农药

氨基甲酸酯类农药包括甲萘威、虫螨威、灭害威、敌蝇威、自克威、灭多虫等。蜜蜂氨基甲酸酯类农药中毒的典型症状为爱寻衅蜇人，活动不规则，无法飞翔，昏迷，呈麻痹状死亡。多数蜜蜂死在蜂群内，蜂王停止产卵。

4. 二硝酚类农药

二硝酚类农药包括敌螨普、二硝甲酚、消螨酚、地乐酚等。蜜蜂二硝酚类农药中毒的典型症状类似氯化氢烃类农药的中毒症状，并像有机磷中毒那样，从消化道中呕吐一些物质。大部分中毒蜜蜂死在蜂群里。

5. 植物性农药

植物性农药包括除虫菊酯、烯丙菊酯及合成除虫菊酯、烟碱、鱼藤酮、鱼尼丁等。高毒性的合成除虫菊酯类可引起蜜蜂呕吐，同时出现不规则的行动；随即不能飞翔、昏迷，以后呈麻痹、垂死状，随即死亡。中毒蜂常死于采集地区和蜂群之间。这类农药中的其他农药，在田间使用标准剂量时，对蜜蜂没有毒害。

6. 微生物农药

微生物农药常见为苏云金杆菌。这种细菌由于会产生一种结晶毒素，对某些昆虫有毒性，但对蜜蜂没有发现有毒性。

四、农药对蚕的危害

蚕农药中毒的特点是突发性和群体性。蚕中毒后表现为乱爬、吐胃液（吐黄水)、摇头、打滚、痉挛、颤抖、侧卧等。有机磷农药中毒，表现为停食、乱爬、缩头、痉挛、打滚，吐出大量胃液，麻痹而死。有机氮农药中毒，表现为拒食，向四周吐乱丝或静伏不动；拟除虫菊酯类农药中毒，表现为吐液、后退、翻身打滚，体躯向背面及腹面弯曲十分严重，往往卷曲成螺状，最后大量吐液，脱肛而死。

1. 有机磷农药

蚕接触或食下此类农药后中毒，蚕即突然停止食桑、烦躁、乱爬、不断翻滚，吐出绿色的胃液、胸粗、尾小并萎缩，严重的有脱肛现象，数十分钟后即死亡。

如敌百虫和敌敌畏对昆虫有胃毒和触杀作用，敌敌畏还有较强的熏蒸作用，中毒蚕头胸昂起，头部突出，胸部膨大，吐出大量胃液，排出不规则形长粪或红水，并有部分脱肛，很快侧倒，头胸向腹弯曲，前半身环节膨大伸长，后半身几个环节尤其是尾部几节皱缩，蚕体稍缩短。

2. 有机氮农药

含有机氮成分的农药主要有杀虫脒、杀虫双、巴丹等。蚕食下或接触后，表现为兴奋，轻者食桑减少，拉平板丝或结畸形茧，重者食桑微量，乱吐浮丝，直到最后收缩死亡。接触或食下杀虫双、甲胺磷·异稻瘟净（病虫净）后的蚕，突然停止食桑，静伏不动，体躯伸直，口吐胃液和浮丝，手触蚕体极软。中毒轻者，数小时后能恢复食桑，可正常结茧，重者几天后蚕体内变成乳白色，以后渐渐干瘪死去。

3. 菊酯类农药

目前生产中使用的含菊酯成分的农药有氰戊菊酯、溴氰菊酯、氯氰菊酯等。蚕接触或食下此类农药后，随即出现拒食现象，头胸紧缩且左右摆动，烦躁、乱爬、翻滚，吐大量的胃液，蚕体抽搐死亡，死蚕头部伸出，体躯成“S”或“C”字形。

4. 植物性杀虫剂

中毒后蚕食桑突然停止，头胸昂起，并向背部弯曲，左右摇摆，吐出茶褐色胃液，不久即死；中毒轻的不食不动，胸部膨大，头胸时时抖动。鱼藤酮中毒，蚕停止食桑，静伏不动，或倒卧于蚕座，呈假死状。

5. 拟除虫菊酯农药

拟除虫菊酯类农药常见的主要有杀灭菊酯、氯氰菊酯、溴氰菊酯等，在急性中毒的情况下，蚕表现为吐液、退缩、剧烈翻滚，体躯向背面或腹面弯曲十分严重，蚕体缩小，往往卷曲成螺状，最后大量吐液，脱肛而死，在慢性中毒的情况下，症状不明显，需要仔细观察，一般会出现入眠时间推迟，引起全茧量和茧层率显著下降，部分个体身体软化而死。但死蚕不会马上腐烂，有的个体也会出现身体卷曲的症状。桑园治虫常用农药如乐果、敌敌畏、菊酯类等，由于生产过程中含有过量残液而引起的家蚕农药中毒情况也较为常见。

6. 有机氯农药

氯丹如使用不当，也亦使蚕中毒。氯丹对昆虫有触杀和胃毒作用。蚕中毒初期，摇头吐水，胸部略萎缩，节间被吐出的胃液污染，渐渐缩短，胸部向腹面弯曲，严重者翻滚吐水而死，向腹侧弯曲而呈半月形。

7. 沙蚕毒素类农药

蚕杀虫双中毒后，不表现兴奋状，重度中毒的蚕呈麻痹瘫痪状，静伏于蚕座，不吃叶、不摇摆、不吐水、不变色，瘫痪数日后死亡。杀虫双对蚕剧毒，且残效期极长。据试验，原药稀释250万倍仍能使蚕一次击倒，常规浓度沾上桑叶后，经过3个月仍能使蚕中毒致死，蚕中毒后，体躯软化，静伏拒食，行动呆滞，随着肠内粪便排空而呈透明状态，体躯瘦细，延续数日死亡。中毒极微的，可能缓慢复苏，5龄中毒极轻而复苏的，可能成为不结茧蚕。农药微量中毒时，往往当时不表现症状，一昼夜后，甚至到下龄起蚕时才出现症状。须随时仔细观察，才能及时发现。

8. 硝基亚甲基类农药

蚕吡虫啉中毒后，往往头尾翘起，胸部膨大，吐液、下痢、脱肛，体躯扭曲呈“S”形并缩短等，微量轻度中毒，蚕在就眠时表现为体躯绵软，头胸平伏，与正常蚕就眠后体躯较硬实、健壮显著不同，另外还表现出发育不齐、食桑不旺、眠起不齐等症状。

五、农药对蚯蚓的毒害

农药对蚯蚓的毒性还与农药致毒速度及农药在土壤中分解速率等因素有关。

凡遭受农药毒害的蚯蚓均会先后钻出土表，不同农药对蚯蚓的中毒症状有明显差异。甲基对硫磷、克百威、甲基异柳磷和嘧啶氧磷的毒性反应很快，染毒处理15～30min，蚯蚓皮肤发红充血，卷曲扭动遇到机械触动刺激更加急剧。1～2天即丧失逃避能力，一周后环节松弛脱节，体色变淡，甚至溃烂，逐渐死亡。林丹对蚯蚓的毒性反应较慢，一般在5天后才出现中毒症状，表现为体态松弛、体色变淡、处于麻痹状态，一般不会出现水泡，不遇到机械刺激不出现卷曲扭动现象。受林丹轻度毒害的蚯蚓，2～3周可恢复正常，且重新钻入土中。多菌灵中毒的蚯蚓，其典型症状是体态松弛、环带肿大、头部出现水泡，蚯蚓处于瘫痪状态，随后水泡破裂、溃烂致死。

第四节　农业生态环境中农药对人体的危害

在农药的生态环境污染事故中，最严重的是农药对人体的污染中毒事故。不同农药中毒以后，有不同的体征反应，表5-4列出了人体各部位发生某一临床表现时，引起该中毒症状所特有或可能的农药品种。不同农药对人体中毒症状分述如下：

1. 有机磷农药中毒

有机磷农药很容易经呼吸、吞服和皮肤接触而吸收，有机磷农药对人体的最初毒性作用是使神经末梢的乙酰胆碱酯酶（AChE）磷酸化。将出现如下的中毒症状和体征：早期症状为头痛、恶心眩晕、焦躁不安；中毒较深时无力、呕吐、出汗、肌肉抽搐、流涎、流泪、鼻和气管分泌物增多、视力模糊、瞳孔缩小、意识丧失、失禁、惊厥和呼吸困难等。呼吸功能衰退和肺水肿常常是导致有机磷农药中毒死亡的原因。

2. 氨基甲酸酯类农药中毒

N-甲基氨基甲酸酯类杀虫剂的中毒作用是引起AChE的可逆性氨基甲酰化，其中毒症状为不适、肌无力、眩晕、出汗、头痛、流涎、恶心、呕吐、腹痛、腹泻、呼吸困难、支气管痉挛和胸闷。

3. 有机氯农药中毒

有机氯类杀虫剂可以不同程度地经肠道吸收，也可经皮肤和肺部吸收。经皮肤的吸收率随品种不同而异，六六六、林丹、环戊二烯类（艾氏剂、狄氏剂、异狄氏剂、氯丹、七氯）和硫丹能有效地经皮吸收，而滴滴涕、三氯杀螨醇、甲氧滴滴涕和灭蚁灵的经皮吸收率则明显较低。脂肪和脂肪溶剂能加强有机氯农药的吸收。有机氯农药的主要毒性表现为对神经系统的作用。中毒早期出现感觉性紊乱；脸和四肢感觉过敏或异常，头痛、眩晕、恶心、运动失调、发抖以及精神错乱，较严重时肌肉阵发性抽搐、阵发性惊厥，发作时可出现昏迷和呼吸困难。

4. 拟除虫菊酯类农药中毒

拟除虫菊酯类农药是一种神经轴突毒剂，可导致神经传导完全阻断，也可引起神经系统以外的其他细胞产生组织病变而导致死亡。然而大多数拟除虫菊酯类农药对哺乳类动物的毒性较低，并且在哺乳类动物肝脏酶的作用下能迅速生物降解（酯类水解和氧化）而排出体外，一般吸入和经皮接触时发生全身性毒性的可能性不大。因而该类农药被广泛应用于农业、家庭和花园管理中。

拟除虫菊酯类农药因误服的中毒症状，在消化道方面表现为呕吐恶心、打喷嚏、呼吸急促、呼吸困难；在心血管方面表现为先血压过低、脉搏迟缓，接着出现高血压和心搏过快；在神经方面表现为短时间反应迟钝、乏力、运动失调、心悸，然后全身兴奋、惊厥等。皮肤接触的中毒症状多为局部性过敏，出现红疹，眼、鼻、口周围及接触部位有刺痛感；少数也可出现神经中毒症状。

5. 含砷类农药中毒

含砷类农药包括无机类农药与有机类农药两类。无机砷类农药一旦被吸收后，对神经系统、血管、肝和其他组织的细胞均有毒性作用。急性砷中毒的症状一般在吞服一小时内出现，但也可延至几小时后出现，以胃肠道症状为主。严重病人的呼吸气味和粪便中有蒜味可帮助确诊。胃肠道中毒反应包括胃部和食管炎症，腹部烧灼性疼痛，口渴，呕吐，甚至出现米汤样或血性腹泻；肾脏中毒表现为蛋白尿、血尿、葡萄糖尿、少尿、管型尿，严重时出现急性肾小管坏死；中枢神经系统中毒症状为头痛、眩晕、肌无力和肌痉挛、低体温、体僵、昏迷和惊厥；心血管受损表现为休克、发绀和心律失调；肝脏受损可导致血液内循环的各种肝细胞酶浓度增高并导致黄疸，造血组织受损可引起贫血、白细胞和血小板减少。无机砷农药中毒后，会导致猛烈腹泻。

胂为强溶血剂，这是其他砷类化合物所没有的毒性作用。中毒症状在接触后1～24小时出现，表现为头痛、不适、无力、眩晕、呼吸困难、恶心、腹痛、呕吐、暗红色尿、黄疸，严重时体弱无力、腹痛和肝大症状明显。溶血性贫血一般能帮助确诊，血涂片上可见到红细胞碱性点彩，血浆中游离胆红素含量增高，出现高铁血红蛋白血症和高铁血红蛋白尿。

6. 有机锡类农药中毒

有机锡类农药对眼睛、皮肤和呼吸道均有一定的刺激作用，其毒性作用主要表现在大脑上。中毒原理是抑制脑细胞的氧化磷酸化作用，造成脑和脊髓间质水肿，肝脏和造血系统损害。其中毒症状为头痛、恶心、呕吐、头昏，有时抽搐、失去知觉，并出现畏光和精神紊乱、排尿困难。中毒严重时出现脑水肿，病情变化迅速是有机锡农药重度中毒的特征之一。皮肤接触会局部发痒，出现淡红色斑状小点，严重时将造成大面积皮肤糜烂。

7. 沙蚕毒素类农药中毒

沙蚕毒素类农药是一类神经性毒剂，其中毒症状为头痛、头晕、乏力、恶心、呕吐、腹痛、流涎、多汗、瞳孔缩小、肌束震颤，严重时出现肺水肿，与有机磷农药中毒症状相类似，但胆碱酯酶活性不降低，应加以区分。

表5-4　农药中毒临床表现特征

体系	临床表现	可能出现该中毒症状的农药	出现该中毒症状所特有的农药
全身性	呼吸气味		
	蒜味	砷、磷、磷化物	福美双
	苦杏仁味	氰化物	
	烂菜味	二硫化碳	
	坏蛋味	硫	
	花生味	抗鼠灵	
	体温下降	鼠特灵	
	体温升高（发热）	硝基酚、五氯酚（钠）	无机砷、四聚乙醛（蜗牛敌）、氯苯氧基化合物
	寒战	磷化氢、砷化氢	
	过热感	硝基酚、杀虫脒	五氯酚（钠）
	肌痛	百草枯、氯苯氧基化合物	
	口渴	五氯酚（钠）、硝基酚、无机砷、磷、磷化物、氟化钠	硼酸盐、草多索
	食欲不振	有机磷酸酯、氨基甲酸酯、烟碱、五氯酚、六氯苯、杀虫脒	卤代烃熏蒸剂、硝基酚、无机砷、抗鼠灵
	不能耐受酒精	福美双	
	口内甜味	杀虫脒	
	口内金属味	无机砷、有机汞	
	口内咸味或肥皂味	氟化钠	
皮肤	潮红	氰胺、硝基酚	福美双+酒精
	皮肤过敏	毒草胺、克螨特、环氧乙烷	敌菌灵、百菌清、敌菌丹、燕麦灵
	刺激感、皮疹、水泡或溃疡（无过敏反应）	铜、百草枯、敌草快、磷、硫、福美双、溴甲烷、草多索、威百亩、环氧乙烷	五氯酚、毒草胺、氯苯氧基化合物、鱼藤酮、刺激性杀菌剂和除草剂、克菌丹

续表

体系	临床表现	可能出现该中毒症状的农药	出现该中毒症状所特有的农药
皮肤	肉红色手掌和脚掌，荨麻疹	硼酸盐	氟化物
	大泡	液体熏蒸剂	六氯苯
	感觉异常（主要脸部，短时的）	氰戊菊酯、氟胺氰菊酯、氯氰菊酯、氟氰戊菊酯	
	苍白	有机氯、熏蒸剂、氟化钠	
	发绀	百草枯、鼠立死、烟碱	有机磷、氨基甲酸酯
	黄染	硝基酚	
	角化病，皮肤变棕	无机砷化物	
	黄疸	四氯化碳、磷与磷化物、百草枯	敌草快、无机砷、铜化物
	毛发生长过多		六氯苯
	指甲脆弱、脱落		百草枯、无机砷化合物
	出汗、发汗	有机磷、氨基甲酸、烟碱、硝基酚、五氯酚	铜化合物
眼	结膜炎（黏膜刺激，流泪）	铜、锡化合物、威百亩、百草枯、敌草快、溴甲烷、环氧乙烷、草多索	福美双、硫代氨基甲酸酯、五氯酚、氯苯氧基化合物、百菌清、毒草胺
	流泪	有机磷酸酯、氨基甲酸酯	五氯酚、除虫菊酯
	黄色巩膜	硝基酚	
	角膜炎	百草枯	
	复视	有机磷酸酯、氨基甲酸酯、烟碱	
	畏光		有机锡化合物
	视野缩小	有机汞	
	瞳孔缩小	有机磷酸酯、氨基甲酸酯	烟碱（早期）
	瞳孔放大	氰化物、氟化物	烟碱（后期）
	瞳孔无反应	氰化物	
神经系统	头痛	有机磷酸酯、氨基甲酸酯、烟碱、砷、铜、锡、氟化合物、有机汞、硼酸盐、磷化氢、敌草快、卤代炔烃类熏蒸剂	有机氯、硝基酚、福美双、五氯酚、百草枯
	行为、情绪紊乱（错乱、兴奋、狂躁、易激动）	有机汞、锡化合物、无机砷、烟碱、氟醋酸钠、敌草快、硝基酚、抗鼠灵、溴甲烷	有机磷酸酯、五氯酚、氟化钠、有机氯
	神经系统抑制，体僵，昏迷，呼吸衰竭，通常无惊厥	有机磷酸、氨基甲酸酯、氟化钠、硼酸盐、敌草快	无机砷、磷与磷化物、百草枯、氯苯氧基化合物

续表

体系	临床表现	可能出现该中毒症状的农药	出现该中毒症状所特有的农药
神经系统	惊厥（阵发性、僵直性），有时昏迷	有机氯、鼠立死、氟醋酸钠、烟碱、氰化物	硝基酚、五氯酚、无机砷、敌草快、溴甲烷、氯苯氧基化合物、有机磷酸酯、氨基甲酸酯、硼酸盐
	肌肉扭曲	有机磷酸酯、氨基甲酸酯、烟碱	有机汞、氯苯氧基化合物
	肌肉强直		氯苯氧基化合物
	肌强直，手足痉挛	氟化物、磷与磷化物	
	震颤	有机汞、有机磷酸酯、氨基甲酸酯、烟碱、硼酸盐	五氯酚、硝基酚、福美双
	共济失调	有机磷酸酯、氨基甲酸酯、烟碱	有机氯、有机汞
	瘫痪，肌无力	无机砷、有机磷、氨基甲酸酯、烟碱	有机汞
	四肢感觉异常	无机砷、有机汞、抗鼠灵	拟除虫菊酯（短暂性）
	听力丧失	有机汞	
心血管系统	低血压，休克	磷与磷化物、氟化钠、硼酸盐、铜化物、茵多酸	无机砷、烟碱（后期）、放线菌酮、鼠特灵
	高血压	烟碱（早期）	有机磷酸酯
	心律失常	氟醋酸钠、烟碱、氟化钠、抗鼠灵	
	心动过缓（有时心搏停止）	有机磷酸、氨基甲酸酯	烟碱
呼吸系统	上呼吸道刺激鼻炎、喉部搔抓感、咳嗽	百草枯、安妥	铜、锡、锌化物、硫代氨基甲酸酯和有机农药粉尘、鱼藤酮、氯苯氧基化合物
	鼻涕	除虫菊酯、无机砷、有机磷酸酯、氨基甲酸酯	
	肺水肿	磷与磷化物、溴甲烷	有机磷酸酯、氰化物、除虫菊酯
	肺实变	百草枯、溴甲烷	敌草快
	呼吸困难	有机磷酸酯、氨基甲酸酯、烟碱、百草枯、安妥、五氯酚	硝基酚、氰化物、除虫菊酯
胃肠道和肝脏	恶心，呕吐，常伴腹泻	有机磷酸酯、氨基甲酸酯、烟碱、砷、氟、铜化合物、有机锡化合物、硼酸盐、氯苯氧基化合物、磷与磷化物、内氧草索、氰化物	五氯酚、苏云金杆菌、福美双、刺激性农药
	血性腹泻	氟化物、百草枯、敌草快、草多索、砷化物	磷与磷化物、放线菌酮
	腹痛	有机磷酸酯、氨基甲酸酯、百草枯、敌草快、烟碱、氟化物、硼酸盐、磷与磷化物、无机砷、铜、锡化合物	氯苯氧基化合物、草多索、放线菌酮
	胃炎	无机砷、百草枯、敌草快、铜化合物	

续表

体系	临床表现	可能出现该中毒症状的农药	出现该中毒症状所特有的农药
胃肠道和肝脏	流涎	有机磷酸酯、氨基甲酸酯、烟碱、氟化钠、氰化物	
	肠梗阻绞痛	敌草快	
	便秘	抗鼠灵	
	肝大	铜化合物、磷化氢、氯仿、四氯化碳	无机砷、六氯苯、其他有机氯
肾脏	蛋白尿，血尿，有时少尿，伴有氮血症的急性肾衰竭	无机砷、铜、氟化物、硼酸盐、硝基酚、五氯酚、百草枯、敌草快	磷与磷化物、氯代苯氧基化合物、有机锡化合物
	排尿困难，血尿，脓尿	杀虫脒	
	尿潴留	抗鼠灵	
	酒红色尿	六氯苯	
	多尿		
	血红素尿		
	糖尿		
	酮尿		
血液	溶血	砷化氢、氯酸钠	铜化合物
	高铁血红蛋白血症	氯酸钠	
	前凝血酶减少		磷与磷化物、四氯化碳
	低钾血症	砷化氢、氯酸钠	氟化钠
	低钙血症	氟化物	磷与磷化物
	碳氧血红蛋白血症		二氯乙烷
	高血糖	抗鼠灵	有机锡化合物
	酮酸中毒	抗鼠灵	
	贫血	砷化氢、氯酸钠、无机砷	
	血细胞减少，血小板减少，下列酶增高：LDH、GOT、GPT、ALT、AST、碱性酶、酸酶	无机砷、四氯化碳、氯仿、磷化氢	磷与磷化物、无机砷、氯酸钠、硝基酚、五氯酚、有机氯、氯苯氧基化合物
	红细胞AChE和血浆假性ChE受抑制	有机磷酸酯	氨基甲酸酯
生殖系统	低精子数	二溴氯丙烷	开蓬

注：LDH为乳酸脱氢酶；GOT为谷草转氨酶；GPT为谷丙转氨酶；ALT为丙氨酸转氨酶；AST为天冬氨酸转氨酶。

第六章
农药对农作物与农业环境危害的调查处理程序

农药对农作物、农业环境危害的调查鉴定工作，是农药危害事故及时有效处理的重要环节，调查鉴别工作的目的是对污染事故的原因、污染物（农药）种类及来源、污染范围及途径、危害程度作出科学结论，对其造成的经济损失作出评估，直接为农药环境污染事故的处理处置提供科学依据。

第一节　农业环境的危害调查鉴定

一、农药危害生态环境鉴定材料的收集

1. 基本材料

（1）自然地理信息　受鉴区域及周边地形、地貌、生态、植被等资料信息。

（2）土壤资料　土壤类型、土壤肥力水平和污染状况等。应根据鉴定需要，收集土壤污染源调查资料、土壤类型资料、土壤背景值、土壤肥力水平及土壤耕作管理制度等情况。

（3）水资源资料　受鉴区域及周边灌溉水资源的数量和水环境质量。包括地表水年径流量、地下水水位、主要河流走向、相关水质参数、沿岸污染源分布、工农业利用情况等。

（4）农业生物资料　农业生物生产规模、品种、数量、商品率等资料；农作物、畜禽、水产养殖用水水体等资料；农业生物产品污染程度和范围等资料；环境

污染对农业生物（农作物、畜禽、鱼虾等）生长发育、产量、品质影响等资料。

2. 气象资料

农业生物受损时和受损前的气象资料，包括降雨频率与降雨量、风力风向、温度、湿度、日照等，气象资料以当地气象部门出具的气象数据、图表为准。

3. 与污染源有关的资料

环保部门提供的疑似污染源的环评批复、验收报告等，污染源责任主体被投诉、处罚的记录；环保监察部门的环境监察记录；环境监测部门的监督性监测报告；现场检查笔录、视频、照片等证据。

4. 农业生产资料

所在地区种植作物类型、养殖生物类型、农业生产习惯、土地利用情况、灌溉情况以及耕地和养殖水质量现状和变化情况等，近三年自然灾害、病虫害、污染事故发生情况等。

5. 其他资料

与鉴定事项相关的其他信息、资料、物品。

二、现场调查

1. 调查方法

现场调查应采用走访座谈、现场勘察、遥感调查等方法，充分利用先进科技手段和仪器设备。

2. 调查内容

（1）农业生物受害情况　包括受害农业生物种类、品种、数量、面积、不同受害区域损失程度等。

（2）农业生物产量及质量　包括减产农业生物名称、受损前三年平均产量、种植养殖面积、对照区单位面积产量、农业生物产品污染物检出率和超标率、受损农业生物产量和农业生物平均销售价格等。

（3）农业生物受害症状　选择受害严重、症状典型的区域，随机选取受害生物样品若干，观察受害的部位和受害症状。植物类要重点观察根、茎、叶、花、果等部位及农产品形状、大小、重量、颜色等；禽鸟等主要观察其外表特征、习性变化、五官和内脏，辨别受害部位及症状。重点关注其部位的异常情况以及日常的不正常行为，后代健康情况等；水产品重点察看是否有异常行为、器官是否畸变等。

3. 污染源与污染物情况

企业等固定污染源基本情况：固定污染源所在地的地理位置、地形地貌、四邻状况。

能源、水源及原辅材料：能源成分、水源类型、供水方式、供水量，原辅材料种类、成分及含量、总消耗量等。

4. 农业生产管理

（1）施药情况　包括农药品种，有效成分含量，施用剂量、频率、时间等。

施肥情况：施用的肥料品种、有效成分、单位面积施用数量、方式、频率、时间等。生产环境调查：降雨、灌溉情况，土壤类型、地质结构、土壤沙化程度等。

（2）农药化肥种子等的外包装物处理方式等。

（3）其他　受损农业生物种养殖习惯、种植养殖方式、是否受到人为破坏等。

受鉴区域的地形地貌（山地、平原、沟谷、丘陵）和损害发生时的气象特征（降雨、降雪、降雹、寒潮、大风等）等。

三、采样与监测分析

针对不同类型的污染损害，分别采集空气、水体、土壤及农业生物等样品并及时进行监测。

采样点位布设和样品采集应依照采样方案和有关技术要求进行。点位设置困难时，可由样品的可获取性决定，但须做出说明。对可以保存的样品，应同时采集正样和副样，副样的数量应能满足至少两次检测需要。

农区环境空气、农用水源、农田土壤、农畜水产品的布点采样及现场监测。按照NY/T 395—2012、NY/T 396—2000、NY/T 397—2000和NY/T 398—2000执行。

四、监测要素、监测项目及监测分析方法的确定

1. 监测要素和监测项目确定原则

依据相关技术标准，结合鉴定事项和鉴定案件实际情况，确定监测要素和监测

项目。对于在鉴材收集和现场调查阶段可以明确排除的环境要素和污染项目，可不予监测。

2. 监测项目分析方法及适用标准确定原则

按照国家标准、行业标准、地方标准的顺序，确定监测分析方法。标准缺失时，鉴定机构可选用行业认可的权威著作文献中推荐的方法。上述依据均缺失的情况下，鉴定机构有自定方法或技术规范，在征得委托方或主管部门、司法机关认可的情况下，可予采用。

3. 实验分析

将采集的空气、水体、土壤及农业生物样品，依照相关要求，送达实验室。根据鉴定人确定的待检指标，按照对应的检测方法标准、仪器设备使用规范上机检测，依照检测规范分析检测数据。通过添加标准物质控制检测质量。检测应符合仲裁检测的相关要求，包括备样、平行样、结果表述等。

样品检测应当采取质量控制方法确保检测数据的真实性和可信性。

对农区环境空气、农用水源、农田土壤、农畜水产品样品检测、数据分析、结果评价按照GB 3095—2012、GB 3838—2002、GB 4284—2018、GB 5084—2021、GB 5749—2022、GB 7959—2012、GB 8978—1996、GB 11607—1989、GB 15618—2018、GB 16297—1996、GB 16889—2008、GB 18484—2020、GB 18596—2001、GB/T 16157—1996、NY/T 395—2012、NY/T 396—2000、NY/T 397—2000、NY/T 398—2000执行。

五、因果关系鉴定

应准备以下资料：

（1）基础资料　污染物的背景资料，包括污染物质的物理、化学性质，环境行为，毒性数据等。

（2）必备资料　污染源种类，污染物释放速率、数量、频率、周期、位置，污染物存在形态；污染物进入环境介质的特性，周围环境生物的类型、种类、空间分布、生态环境特性等。

（3）参考资料　包括国内外相关研究文献、行业公认的理论和方法等。

六、判定依据

（1）判定条件　如果同时具备下列条件，可认定污染物与农业生物或农业环境损害之间具有因果关系：

——污染源的存在向农业环境排放某种或某几种污染物；

——农业生物或农业环境受到该污染物的影响，且影响程度可检测；

——农业生物或农业环境中检测出该污染物，且含量明显超出国家或地方标准、权威研究文献中农业生物和农业环境要素污染物限值，或者对照区含量；

——对照区相同农业生物或农业环境没有检测出该污染物，或含量属正常范围；

——受害农业生物或农业环境受影响范围内可以排除其他污染源；

——受害农业生物或农业环境在受影响期间可以排除明显非正常状态的影响，如属于高背景值地区、病虫害、降雨强风等。

（2）判定依据选择规则　按照国家标准、行业标准、地方标准的顺序，选择判定依据。

标准缺失时，鉴定机构可选用权威文献中经反复验证的限量，上述依据均缺失时，鉴定机构有研究成果的，在征得委托方和司法机关认可的情况下，可予采用。

（3）因果关系判断　在资料翔实、证据充分的基础上，进行科学分析，做出因果关系判断。分析判断过程中应当进行污染物的真实性和危害性认定、环境特征和传输污染物的可能性认定、受害生物分布和受害症状的专一性认定、污染物排放与生物伤害后果在时间和空间尺度上的同一性认定。

因果关系鉴定意见应当明确，形成肯定性或否定性意见，供有关部门或司法机关参考。

（4）其他规定　因果关系分析时，注重污染物种类、数量及其相互间关系的分析。

在确定因果关系时，注意区分受害农业生物的毒理与病理效应，考虑污染物进入农业生物体后的分布、生物降解与积累、活性增减，考虑多种污染物间的毒性相加、加强、协同、拮抗作用的变化情况。

对于慢性农业环境污染损害事件，注重分析生物和环境的自然可变性；污染物的组成、强度、速率和持续时间的可变性；污染物在环境中的时空分布和生物受体规模间的一致性；污染物在传输过程中的数量、形态变化等情况。

七、损失程度

农业生物和农业环境受损程度根据GB 2762—2022、GB 3838—2002、GB 4284—2018、GB 5084—2021、GB 5749—2022、GB 7959—2012等污染物限量标准，以及受鉴区域样品检测值、对照区样品检测值和相关鉴定材料综合评定。污染物限量标准缺失的，可参考权威研究文献评定，也可以通过对比或模拟实验综合评定。

农业生物和农业环境经济损失估算，依照GB/T 21678—2018等标准执行。

第二节 农业环境的危害调查鉴定意见书编写

主要内容依次包括：委托方、鉴定事项、鉴定对象、基本案情、资料摘要、现场调查、监测采样、样品检测、分析说明、因果关系判定、损失评估、限定性条件、鉴定意见。

附件包括检测报告，农业生物和农业环境受害照片，受鉴区域示意图，采样点位图及其他相关资料、相关标准及方法等。

一、调查程序

农作物农药危害鉴定调查基本步骤：调查准备、基本情况调查、田间管理调查、农作物受害症状调查、受害原因初步分析、污染物与污染源调查、监测调查、编制调查报告。

现场调查应采用视频资料提取设备、GPS、文字描述、绘制图表、实物提取等方式提存现场照片、影像资料、实物样品、农作物标本、污染物质样本、当事人和见证人现场描述等。

记录现场，固定证据。现场调查应填写现场调查登记表，并做好调查记录。

调查记录应载明：受害方对受害情况的反映、看法和证词；其他见证人对受害情况的反映、看法和证词；排污单位或个人对农作物受害情况及与自己行为关系的陈述和申辩。

调查记录由委托方代表、当事人代表签字，一方拒绝签字的，应注明拒签，告知理由的，应注明理由。

调查人员从事现场调查工作应出示工作证，鉴定人应当出示鉴定人执业证。

现场调查应在委托方代表、当事人代表到场的情况下进行，无法通知、拒绝到场或到场后影响公正的除外。

二、调查方法

（1）资料收集法　通过委托方提供、司法机关收集、鉴定机构自行收集等途径，获取能够反映农作物受污染及污染源情况所有资料信息的方法收集资料时，应保证资料的现时性与可靠性。

（2）现场勘查法 通过对受鉴区域的实地踏勘，观察受害农作物伤害症状，记录污染源分布情况，核实收集资料的准确性等活动，获取受鉴区域一手资料和数据的方法。

现场勘查应遵循整体与重点相结合原则，在综合考虑污染源、污染物分布和种植功能的同时，突出污染严重区域和农作物受害时段的调查，采用笔录、摄像等方式及时记录所观察到的信息，核查委托方提供鉴定材料的真实性、有效性和时效性。

（3）对比调查法 将受害区域农作物与对照区同种农作物进行比对，观察和监测二者外部表征、产量、质量的变化及差异，从而获取相关信息的调查方法。在对比调查中，要根据调查需要，灵活开展定性对比、定量对比、定点对比、定时对比。

（4）访谈法 通过询问、问卷、座谈等方式，向当事人、见证人、利害关系人等相关人员，了解农作物损害发生经过，农作物受害症状和变化过程等信息，弥补现场勘查中遗漏信息的方法。

（5）现场监测法 依据国家现行监测规范和技术标准，根据受害农作物分布、污染源位置、受害面积等布设监测点位，确定监测位置与频率，获取农作物和污染物样品数据的方法。当资料收集、现场勘查、访谈等方法获取的信息无法满足调查任务对精准性的需求，且受害现场及危害行为仍在发生时，应当采取现场监测法。

（6）遥感调查法 依靠现代测量手段，以地理信息系统和全球定位系统为基础，根据调查对象和调查需要加载不同的卫星遥感信息，经过计算机处理，得到所需要的图形及调查数据的调查方法。

当农作物受害面积较大，通过人力踏勘较为困难或难以完成评价时，可采用遥感调查法。遥感调查可通过航拍、卫星定位等方法获取受鉴区域空间分布等图像和数据信息。遥感调查应当辅之以必要的现场实地勘查。

三、调查准备

（1）制定方案 分析委托方提供的文件资料及实物等鉴定材料，了解调查对象的基本特征，明确鉴定调查的具体要求，根据鉴定事项，制定鉴定调查工作方案。

（2）工具准备 包括照相机、摄像机、记录表格、计算器、标本夹、镊子、剪刀、采集袋、GPS、放大镜、望远镜、标签本等以及现场监测所需的便携式仪器。

（3）规范准备 熟悉现场调查仪器设备的使用规范，采样与监测规范，以及其他与调查有关的法律规范和技术规范。

（4）成立鉴定调查组 鉴定机构根据鉴定事项和实际情况，由鉴定人、鉴定辅助人及其他技术人员组成鉴定调查组，开展鉴定调查工作。

四、基本情况调查

（1）受鉴区域的地形、地貌、地质结构、土壤类型、土壤肥力等。

（2）损害发生时间、损害过程及持续时间。

（3）受鉴区域的气象、水文、空气状况。包括农作物受害期间各气象要素如温湿度、风向、风速、气压以及田间小气候。

（4）受害农作物种类、品种、面积、区域分布，以及受害时所处的生育阶段、生长速度与处于旺盛生长的器官或部位等的变化情况。

（5）受害农作物产量与质量，包括不同受害区域农作物减产量、超标率。农作物植株受害率、叶片受害率、果实受害率、生物受害指数等。

（6）正常农作物产量和质量，包括受鉴区域农产品受害前三年平均产量及品质情况，或对照区单位面积产量及品质情况。

五、农作物受害症状调查

选择受害严重、症状典型的地块或水域，随机选取受害农作物样品若干，观察受害部位和受害症状。重点查看整体受害情况，对局部部位进行详细的观察与比对分析。

（1）观察受害农作物株苗与正常生长农作物株苗的区别，重点确认受害农作物株苗根部的长度、重量、形状、颜色、根须情况以及根部是否腐烂、变质等。

（2）观察受害农作物株苗叶片与正常生长农作物株苗叶片的区别，重点确认受害农作物株苗叶片的形状、脉络以及伤斑的位置、颜色、形状和大小，查看叶片是否卷曲、枯死、腐烂等。果树还要查看落叶情况以及上风向的叶片受害情况。

（3）观察农作物植株是否有干枯、组织破坏的表征，查看形状、颜色、生长发育等情况与正常植株是否存在明显差异。

（4）观察受害农作物果实与正常生长农作物果实的差异，确定是否存在瘪小、干枯腐烂的情况，特别留意伤斑形状、颜色、大小和部位。

六、田间管理调查

（1）当地种植习惯、栽培管理、种植业结构，灌溉用水及灌溉频率等。

（2）本茬及前一茬农作物种子、种苗、商品苗木质量状况。

（3）施用农药的品种、有效成分含量、稳定性、残效期，单位面积施用剂量、方式、时间、施用频率，以及是否按规范施用等。

（4）本茬及前一茬农作物施用肥料的品种、数量、成分、施用方式、时间、频率、单位面积施用量，以及是否按规范施用等。

（5）与农作物受害症状相同或相似的病害、虫害等在近期是否发生与流行。农作物秸秆、农用机油渣、农用薄膜等农业废弃物的产生量与处理方式。

（6）农用机械设备等使用过程是否会造成农作物此种症状。近期田间管理的所有环节中，是否实施过有可能引起该种受害症状的措施。

（7）生产者已采取恢复补救的措施及成本。包括增施肥料的种类、名称、用量、价格，增加的耕种、培管的生产用工量，当地用工日平均薪酬等。

七、受害原因初步分析

结合基本情况调查、农作物受害症状调查和田间管理调查，判断受害症状是否由种子质量、病害、虫害、肥害、药害、气象灾害或其他田间管理不当所致。

若是上述因素所致，调查即可终止。若受害症状与上述原因无关，或不完全由上述原因所致，则应随即转入污染源与污染物调查。

若不完全由上述原因所致，对上述原因在农作物受害中所起作用（主要、次要、加速）和比重做出初步判断。

八、污染源周边环境勘查

（1）污染源附近水流主干、分支以及固体废弃物、大气污染物的分布。包括污染物进入受害田块的部位、距离、浓度、时间等。污染物在进入不同农作物后的迁移、扩散、转化规律。绘制污染物水平和垂直分布及迁移示意图。

（2）污染物致害时的条件与农作物受害期间所处的实际环境条件是否相符。

污染源与污染物认定，应把握如下原则：

（1）受害农作物周围某一方位存在某污染源；

（2）该污染源向环境排放某污染物；

（3）农作物受害症状与该污染物致害症状一致；

（4）该污染物造成污染的条件与农作物受害期间所处的实际环境条件相符，其他致害因素的可能性可以排除。

九、监测调查

针对不同污染类型及污染源分布，监测灌溉水、农田土壤、农区环境空气及受害农作物中的污染物及其含量。

农区环境空气、农用水源、农田土壤、农产品的监测项目、监测数量、分析方法、质量控制、数理统计、结果评价按照NY/T 395—2012、NY/T 396—2000、NY/T 397—2000、NY/T 398—2000、GB 3838—2002、GB 4284—2018、GB 5749—2022、GB 15618—2018、GB 16297—1996、GB/T 16157—1996执行。

十、农作物农药药害鉴定书

农作物污染司法鉴定调查报告书要对调查过程和结果进行分析、总结和评价。内容主要包括基本情况概述、农作物受害症状调查、田间管理调查、污染源及污染物调查、监测调查、分析说明、不确定性及限制条件分析、调查意见、附件等。

农作物和农业环境污染鉴定调查报告书格式及具体要求见下文。

一、基本情况

委托方：

鉴定事项：

鉴定对象：

二、基本案情

三、资料摘要

四、鉴定过程

现场调查

调查方法

调查范围

调查内容

调查结论

监测采样

监测项目

监测依据

监测点位布设

样品采集

实验检测

检测项目

检测依据

检测结果

五、分析说明

六、因果关系判定

七、损失评估

八、限定性条件

九、鉴定意见

十、附件

十一、检测报告

采样布点图、监测点位布设图、农业生物和农业环境受害照片。

相关鉴定材料，包括气象报告单、监测报告、现场分布图、调查记录等技术标准或其他依据。

第三节　农药污染物检测方法示例

一、水、土壤中有机磷农药的测定

气相色谱法适用于水、土壤样品中有机磷农药残留量（速灭磷、甲拌磷、二嗪磷、异稻瘟净、甲基对硫磷、杀螟硫磷、溴硫磷、水胺硫磷、稻丰散、杀扑硫磷等）的测定。本方法采用有机溶剂提取，再经液-液分配和凝结净化步骤除去干扰物，用气相色谱氮磷检测器（NPD）或火焰光度检测器（FPD）检测，根据色谱峰的保留时间定性，外标法定量。

1. 气体和试剂

载气：氮气，纯度99.99%；燃气：氢气；助燃气：空气。配制标准样品和试样分析的试剂和材料：所使用的试剂除另有规定外均系分析纯，水为蒸馏水。农药标准品：速灭磷等有机磷农药，纯度为95.0% ～ 99.0%。丙酮（CH_3COCH_3），重蒸；石油醚60 ～ 90℃沸腾，重蒸；二氯甲烷（CH_3Cl_2），重蒸；乙酸乙酯（$CH_3COOC_2H_5$）；氯化钠（NaCl）；无水硫酸钠（Na_2SO_4），300℃烘4h干燥后备用。助滤剂：Celite 545；85%磷酸（H_3PO_4）；氯化铵（NH_4Cl）；凝结液。20g氯化铵和85%磷酸40mL，溶于400mL蒸馏水中，用蒸馏水定容至2000mL，备用。

2. 农药标准溶液的制备

准确称取一定量的农药标准样品（准确到0.0001g），分别配制浓度为0.5mg/mL的速灭磷、甲拌磷、二嗪磷、水胺硫磷、对硫磷、稻丰散；浓度为0.1mg/mL的杀螟硫磷、异稻瘟净、溴硫磷、杀扑磷储备液，在冰箱中存放。

农药标准中间溶液的配制。用移液管准确量取一定量的上述10种储备液于100mL容量瓶中用丙酮定容至刻度，则配制成浓度为50μg/mL的速灭磷、甲拌磷、二嗪磷、水胺硫磷、甲基对硫磷、稻丰散，以及100μg/mL的杀螟硫磷、异稻瘟净、溴硫磷、杀扑磷的标准中间溶液，在冰箱中存放。

3. 仪器设备

振荡器、旋转蒸发器、真空泵、水浴锅、微量进样器、气相色谱仪（带氮磷检测器或火焰光度检测器，备有填充柱或毛细管柱）。

4. 样品采集和保存

样品种类：水、土壤。按照NY/T 395—2012和NY/T 396—2000规定采集。

（1）水样采集　取具代表性的地表水或地下水，用磨口玻璃瓶取1000mL，装水之前，先用水样冲洗样品瓶2 ～ 3次。

（2）土壤样采集　按有关规定在田间采集土样，充分混取500g备用，装入样品瓶中，另取20g测定含水量。

（3）样品保存　水样在4℃冰箱中保存；土壤保存在−18℃冷冻箱中，备用。

5. 样品的分析

（1）水样的提取及A法净化　取100.0mL水样于分液漏斗中，加入50mL丙酮振摇30次，取出100mL，相当于样品量的三分之二，移入另一500mL分液漏斗中，加入10 ～ 15mL凝结液（用浓度为0.5mol/L的氢氧化钾溶液调至pH值为4.5 ～ 5.0）和1g助滤剂，振摇20次，静置3min，过滤入另一500mL分液漏斗中，加3g氯化钠，用50mL、50mL、30mL二氯甲烷萃取三次，合并有机相，经一装有1g无水硫酸钠和1g助滤剂的筒形漏斗过滤，收集于250mL平底烧瓶中，加入0.5mL乙酸乙酯，先用旋转蒸发器浓缩至3mL，在室温下用氮气或空气吹浓缩至近干，用丙酮定容5mL，供气相色谱仪测定。

（2）水样的B法净化　向滤液中加入10 ～ 15g氯化钠使溶液处于饱和状态，猛烈振摇2 ～ 3min，静置10min，使丙酮从水相中盐析出来，水相用50mL二氯甲烷振摇2min再静置分层，将丙酮与二氯甲烷提取液合并，经装有20 ～ 30g无水硫酸钠的玻璃漏斗脱水入250mL圆底烧瓶中，再以约40mL二氯甲烷分数次洗容器和无水硫酸钠。洗涤液也并入烧瓶中，用旋转蒸发器浓缩至约2mL，浓缩液定量转移至5 ～ 25mL容量瓶中，加二氯甲烷定容至刻度。

（3）土壤样的提取及A法净化　准确称取已测定含水量的土样20.0g，置于300mL具塞锥形瓶中，加水，使加入的水量与20.0g样品中水分含量之和为20mL，摇后静置

10min，加100mL丙酮水的混合液（体积比为1/5），浸泡6～8h后振荡1h，将提取液倒入铺有二层滤纸及一层助滤剂的布氏漏斗中减压抽滤，取80mL滤液（相当于三分之二样品），除凝结2～3次外，其余按“（1）水样的提取及A法净化”操作。

（4）土壤样的B法净化　向样液中加入10～15g氯化钠使溶液处于饱和状态。猛烈振摇2～3min，静置10min使丙酮从水相中盐析出来，水相用50mL二氯甲烷振摇2min，再静置分层，将丙酮与二氯甲烷提取液合并，经装有20～30g无水硫酸钠的玻璃漏斗脱水滤入250mL圆底烧瓶中，再以约40mL二氯甲烷分数次洗容器和无水硫酸钠。洗液也并入烧瓶中，用旋转蒸发器浓缩至约2mL，浓缩液定量转移至5～25mL容量瓶中，加二氯甲烷定容至刻度。

6. 气相色谱测定

（1）测定条件A

① 柱：a. 玻璃柱：1.0m×2mm（内径），填充涂有5%OV-17的Chrom Q，80～100目的担体。

b. 玻璃柱1.0m×2mm（内径），填充涂有5%OV-101的Chromsorb W-HP，100～120目的担体。

② 温度：柱箱200℃，汽化室230℃，检测器250℃。

③ 气体流速：氮气（N_2）36～40mL/min；氢气（H_2）4.5～6mL/min；空气60～80mL/min。

④ 检测器：氮磷检测器（NPD）。

（2）测定条件B

① 柱：石英弹性毛细管柱HP-5，30m×0.32mm（内径）。

② 柱温：$130℃ \xrightarrow{\text{恒温3min;5℃/min}} 140℃ \xrightarrow{\text{恒温65min}} 140℃$，进样口220℃，检测器（NPD）300℃。

③ 气体流速：氮气3.5mL/min；氢气3mL/min；空气60mL/min；尾吹（氮气）10mL/min。

（3）测定条件C

① 柱：石英弹性毛细管柱DB-17，30m×0.53mm（内径）。

② 柱温：$150℃ \xrightarrow{\text{恒温3min;8℃/min}} 250℃ \xrightarrow{\text{恒温10min}} 250℃$，进样口220℃，检测器（FPD）300℃。

③ 气体流速：氮气9.8mL/min，氢气75mL/min；空气100mL/min；尾吹（氮气）10mL/min。

（4）气相色谱中使用标准样品的条件　标准样品的进样体积与试样进样体积相同，标准样品的响应值接近试样的响应值。当一个标准样品连续注射两次，其峰高或峰面积相对偏差不大于7%，即认为仪器处于稳定状态。在实际测定时标准样品与试样应交叉进样分析。

进样方式：注射器进样，进样量为1～4μL。

7. 气相色谱法测定结果

（1）气相色谱法定性分析　组分的色谱峰顺序：速灭磷、甲拌磷、二嗪磷、异稻瘟净、甲基对硫磷、杀螟硫磷、水胺硫磷、溴硫磷、稻丰散、杀扑磷。

检验如存在干扰，可用5%OV-17的Chrom Q，80～100目色谱测定后，再用5% OV-101的Chromsorb W-HP，100～120目色谱在相同条件下进行验证色谱分析，可确定各有机磷农药的组分及杂质干扰状况。

（2）气相色谱法定量分析　吸取1μL混合标准溶液注入气相色谱仪，记录色谱峰的保留时间和峰高（或峰面积）。再吸取1μL试样，注入气相色谱仪，记录色谱峰的保留时间和峰高（或峰面积），根据色谱峰的保留时间和峰高（或峰面积）采用外标法定性和定量。

8. 计算

$$X=\frac{c_{is}V_{is}H_i(S_i)V}{V_iH_{is}(S_{is})m} \tag{6-1}$$

式中　X——样本中农药残留量，mg/kg或mg/L；

c_{is}——标准溶液中i组分农药浓度，mg/L；

V_{is}——标准溶液进样体积，μL；

V——样本溶液最终定容体积，mL；

V_i——样本溶液进样体积，μL；

$H_{is}(S_{is})$——标准溶液中i组分农药的峰高或峰面积，mm或mm^2；

$H_i(S_i)$——样本溶液中组分农药的峰高或峰面积，mm或mm^2；

m——称样质量，g（这里只用提取液的2/3，应乘2/3）。

9. 结果表示

（1）定性结果　根据标准样品色谱图各组分的保留时间来确定被测试样中各有机磷农药的组分名称。

（2）定量结果　根据计算出的各组分的含量，结果以mg/kg或mg/L表示。

精密度［变异系数（%）］：2.71%～11.29%。准确度［加标回收率（%）］：86.5%～98.4%。最小检出浓度：$0.86\times10^{-4}\sim0.29\times10^{-2}$mg/kg。

（3）方法的最小检测量和最小检测浓度见表6-1，最小检测浓度计算见式（6-2）。

表6-1　方法检测限

农药名称	最小检测量/g	最小检测浓度	
		水/（mg/L）	土壤/（mg/kg）
速灭磷	3.4461×10^{-12}	0.8600×10^{-4}	0.4308×10^{-3}
甲拌磷	3.8736×10^{-12}	0.9600×10^{-4}	0.4843×10^{-3}
二嗪磷	5.6615×10^{-12}	0.1415×10^{-3}	0.7078×10^{-3}
异稻瘟净	1.0080×10^{-11}	0.2520×10^{-3}	0.1260×10^{-2}
甲基对硫磷	7.5733×10^{-12}	0.1893×10^{-3}	0.9468×10^{-3}
杀螟硫磷	9.4857×10^{-12}	0.2372×10^{-3}	1.1858×10^{-3}
溴硫磷	1.1428×10^{-11}	0.2860×10^{-3}	0.1428×10^{-2}
水胺硫磷	2.2880×10^{-11}	0.5720×10^{-3}	0.2860×10^{-2}
稻丰散	1.7600×10^{-11}	0.4400×10^{-3}	0.2200×10^{-2}
杀扑磷	1.6948×10^{-11}	0.4240×10^{-3}	0.2118×10^{-2}

$$\text{方法最小检测浓度}=\frac{\text{最小检测量(g)}\times\text{样本溶液定容体积(mL)}}{\text{样品溶液进样体积(}\mu\text{L)}\times\text{样品质量(g)}}\qquad(6\text{-}2)$$

二、蔬菜和水果中植物生长调节剂的测定

方法适用于蔬菜和水果中矮壮素、氯吡脲、多效唑、烯效唑、6-苄基嘌呤、噻苯隆、甲哌鎓、赤霉素、脱落酸、2, 4-二氯苯氧乙酸、2-萘氧乙酸、4-氯苯氧乙酸、1-萘乙酸、4-氟苯氧乙酸、3-吲哚乙酸、3-吲哚丙酸、3-吲哚丁酸17种植物生长调节剂残留量的定量测定。试样经含1%乙酸的乙腈溶液提取，盐析离心，用C_{18}净化剂和无水硫酸镁净化，液相色谱-串联质谱仪检测蔬菜和水果中17种植物生长调节剂，外标法定量。

1. 试剂和材料

除另有规定外，所用试剂均为分析纯，水为GB/T 6682—2008规定的一级水。甲醇：色谱纯；乙腈：色谱纯；乙酸：优级纯；甲酸：色谱纯；冰乙酸；C_{18}净化剂：粒度40～50μm；无水硫酸镁（$MgSO_4$）：550℃烘干2h；氯化钠。

2. 试剂配制

含1%（体积分数）乙酸的乙腈溶液：取10mL冰乙酸，用乙腈定容至1L，混匀。乙酸铵溶液（5mmol/L）：准确称取0.385g乙酸铵溶解于适量水中，定容至1L，混匀后备用。

3. 标准品

17种植物生长调节剂标准品（矮壮素、氯吡脲、多效唑、烯效唑、6-苄基嘌呤、噻苯隆、甲哌鎓、赤霉素、脱落酸、2, 4-二氯苯氧乙酸、2-萘氧乙酸、4-氯苯氧乙酸、1-萘乙酸、4-氟苯氧乙酸、3-吲哚乙酸、3-吲哚丙酸、3-吲哚丁酸），纯度均≥98%。

4. 标准溶液配制

（1）标准储备液　分别称取17种植物生长调节剂标准品各5.0mg，用甲醇溶解并定容至50.0mL。储存于棕色玻璃瓶中，−20℃下避光保存。

（2）混合标准储备液　吸取17种标准储备液适量，配制混合标准储备液，用甲醇稀释并定容。根据相关化合物在仪器上的响应差异，将17种植物生长调节剂分成四组，配制相应浓度的混合标准液。其中A组为矮壮素、氯吡脲、多效唑、烯效唑、6-苄基嘌呤、噻苯隆、甲哌鎓，浓度为200ng/mL；B组为脱落酸、2, 4-二氯苯氧乙酸、2-萘氧乙酸、4-氯苯氧乙酸、1-萘乙酸、4-氟苯氧乙酸，浓度为2μg/mL；C组为赤霉素，浓度为5μg/mL；D组为3-吲哚乙酸、3-吲哚丙酸、3-吲哚丁酸，浓度为20μg/mL。混合标准储备液于−20℃下避光保存。

（3）标准曲线配制　分别吸取混合标准储备液适量，用空白基质溶液配制标准系列溶液。A组浓度为0.5ng/mL、1.0ng/mL、2.0ng/mL、5.0ng/mL、10ng/mL、20ng/mL；B组浓度为5.0ng/mL、10ng/mL、20ng/mL、50ng/mL、100ng/mL、200ng/mL；C组浓度为10ng/mL、20ng/mL、50ng/mL、100ng/mL、200ng/mL、500ng/mL；D组浓度为50ng/mL、100ng/mL、200ng/mL、500ng/mL、1000ng/mL、2000ng/mL。经LC-MS/MS分离检测，以浓度为横坐标X，峰面积为纵坐标Y，采用外标法建立标准曲线。标准溶液应现用现配。

5. 仪器和设备

离心机：高速低温离心机，离心转速10000r/min；分析天平：感量0.0001g和0.01g；超声波发生器；涡旋振荡器；液相色谱-串联质谱仪：配有电喷雾电离源（ESI）；有机微孔滤膜：0.22μm；均质机。

6. 样品检测

（1）试样的制备　按GB/T 27404—2008规定的方法制备样品，将试样于−20℃贮存备用。

（2）色谱条件

① 色谱柱：Acquity UPLC BEH C_{18}柱，100mm×2.1mm（内径）。

② 流动相：A相乙腈；B相：5mol/L乙酸溶液（0.1%甲酸）；柱温：30℃；进样量：5μL；洗脱程序见表6-2。

表6-2　洗脱程序

时间/min	流速/(mL/min)	A相/%	B相/%
0	0.2	5	95
2	0.2	5	95
12	0.2	70	30
14	0.2	5	95
18	0.2	5	95

（3）质谱条件　离子源：电喷雾离子源ESI；电离方式：正负离子电离ESI；监测模式：多离子反应监测MRM；离子源温度：150℃；脱溶剂温度：350℃；脱溶剂气流量：1000L/h；锥孔气流量：50L/h；质谱采集参数见表6-3。

表6-3　质谱采集参数

化合物	电离模式	母离子/（*m/z*）	子离子/（*m/z*）	锥孔电压/V	碰撞能量/eV
矮壮素	ESI+	122.1	59.0*	34	18
			63.1	34	18
氯吡脲	ESI+	246.1	91.1	22	28
			127.0*	22	10
多效唑	ESI+	294.1	70.0*	26	18
			125.1	26	36
烯效唑	ESI+	292.1	70.0*	34	22
			125.0	34	24
6-苄基嘌呤	ESI+	226.1	65.0	26	48
			91.0*	26	22
噻苯隆	ESI+	221.0	102.1*	26	16
			128.0	26	16
甲哌鎓	ESI+	114.2	58.1*	44	20
			98.2	44	18
脱落酸	ESI+	263.2	153.1*	22	12
			204.1	22	18

续表

化合物	电离模式	母离子/（m/z）	子离子/（m/z）	锥孔电压/V	碰撞能量/eV
2，4-二氯苯氧乙酸	ESI-	219.0	125.0	18	28
			161.0*	18	12
2-萘氧乙酸	ESI-	201.1	115.0	20	34
			143.1*	20	12
4-氯苯氧乙酸	ESI-	185.0	111.0	18	16
			127.0*	18	12
1-萘乙酸	ESI-	185.0	141.1*	15	8
			115.0	15	10
4-氟苯氧乙酸	ESI-	169.0	91.0	18	28
			111.1*	18	14
赤霉素	ESI-	345.2	143.1*	34	28
			239.2	34	16
3-吲哚乙酸	ESI-	174.1	128.0	16	20
			130.3*	16	18
3-吲哚丙酸	ESI-	188.1	59.0	26	14
			116.1*	26	14
3-吲哚丁酸	ESI-	202.1	116.1*	26	18
			158.5	26	20

注：*为定量离子。

（4）样品处理及测定　称取试样10g（精确至0.01g）于50mL离心管中，加入10mL含1%（体积分数）乙酸的乙腈溶液涡旋2min后，超声10min加入脱水试剂（4g无水硫酸镁和1g氯化钠），涡旋振荡1min离心3min，取2.0mL上清液，加入100mg C_{18}和100mg无水硫酸镁，涡旋混匀1min后，离心5min（10000r/min），所得上清液经0.22μm有机微孔滤膜过滤后，上机测定。

（5）空白试验　除不加试样外，均按上述分析步骤进行操作。

7. 结果计算

试样中被测植物生长调节剂残留量以质量分数计，单位以mg/kg表示，按下式计算。

$$X=(C_i-C_0)V/m/1000$$

式中　X——样品中植物生长调节剂含量，mg/kg；

C_i——从标准曲线上得到的样品中被测组分溶液质量浓度，ng/mL；

C_0——从标准曲线上得到的空白样品中被测组分溶液质量浓度，ng/mL；

V——样品提取液体积，mL；

m——试样的质量，g。

计算结果保留两位有效数字。

（1）精密度　在重复性条件下获得的两次独立测定结果的绝对差值不得超过算术平均值的15%。

（2）准确度　在测定过程中，每测定20～30个样品用同一份标准溶液或标准物质检查仪器的稳定性。为了保证分析结果的准确性，要求每批样品至少做一个加标回收实验，当样品加标为10倍检出限时，回收率在80%～120%之间。

（3）定性　每种被测组分选择1个母离子、2个子离子，在仪器最佳工作条件下，以保留时间和离子比率相结合进行定性。样品图谱中各组分定性离子的相对离子丰度与浓度接近的对照品工作液中对应的定性离子的相对离子丰度进行比较，若偏差不超过规定的范围，则可判定为样品中存在对应的待测物。相对离子丰度偏差范围见表6-4。17种植物生长调节剂的检出限见表6-5。

表6-4　相对离子丰度偏差范围

相对丰度/%	允许偏差/%
＞50	±20
20～50	±25
10～20	±30
≤10	±50

表6-5　17种植物生长调节剂的检出限

化合物	检出限/（μg/kg）
矮壮素	0.27
氯吡脲	0.18
多效唑	0.13
烯效唑	0.11
6-苄基嘌呤	0.09
噻苯隆	0.34
甲哌鎓	0.39
脱落酸	1.82
2,4-二氯苯氧乙酸	1.32
2-萘氧乙酸	1.52
4-氯苯氧乙酸	3.01
1-萘乙酸	3.10
4-氟苯氧乙酸	2.94

续表

化合物	检出限/（μg/kg）
赤霉素	5.43
3-吲哚乙酸	15.7
3-吲哚丙酸	10.6
3-吲哚丁酸	14.4

三、土壤中磺酰胺类除草剂残留量的测定

液相色谱-质谱法用于测定土壤中烟嘧磺隆、噻吩磺隆、甲磺隆、甲嘧磺隆、氯磺隆、胺苯磺隆、苄嘧磺隆、吡嘧磺隆、氯嘧磺隆9种磺酰胺类除草剂的残留量。方法的检出限为0.6 ～ 3.8μg/kg，方法的线性范围为0.1 ～ 10mg/L。土壤中磺酰胺类除草剂残留经碱性磷酸缓冲液提取，提取液经C_{18}固相萃取净化浓缩后调整pH到酸性，使待测组分形成分子形式，待测物经液相色谱柱分离、质谱检测器检测，外标法定量。

1. 试剂和材料

除非另有说明，在分析中仅使用分析纯试剂和GB/T 6682—2008中规定的一级水。乙腈（CH_3CN），色谱纯；磷酸二氢钾（KH_2PO_4）；磷酸氢二钾（K_2HPO_4）；83%磷酸（H_3PO_4）；冰乙酸（CH_3COOH）；氢氧化钠（NaOH）；磷酸缓冲溶液配制的0.038mol/L的KH_2PO_4和0.16mol/L的$K_2HPO_4 \cdot {}_3H_2O$，用磷酸或氢氧化钠调节pH至7.8；C_{18}固相萃取小柱。

（1）农药标准物质　纯度≥96%。

（2）农药标准溶液

① 单一标准储备溶液分别准确称取0.010g 9种除草剂标准品，并转入10mL的容量瓶中用乙腈定容，该溶液的质量浓度为1000g/L，在4℃条件下避光贮存。

② 混合标准储备液。分别准确取1mL每种单一农药标准储液于10L容量瓶中，用乙腈定容至相应刻度，转移至标准溶液储备瓶中。本储备液应在4℃条件下避光保存，有效期为一个月。

③ 混合标准工作液。使用时由混合标准储备液稀释得到。

2. 仪器

液相色谱-质谱仪：配有质谱检测器、紫外检测器；分析天平：感量0.0001g和0.01g；超声波振荡器；离心机：转速不低于4000r/min，配备50mL聚苯乙烯具塞

离心管；氮吹仪；旋涡混合器。

3. 试样的制备

土壤样品过1mm筛后备用。将试样于−18℃冷冻箱保存。

4. 分析步骤

（1）提取　称取10g试样（精确至0.01g）于50mL聚乙烯具塞离心管中，加入10.0mL乙腈＋磷酸缓冲溶液（体积比2∶8）（以下简称提取液），在混合器中剧烈涡旋1min，然后在超声波仪中超声提取5min，4000r/min离心5min。提取步骤重复3次，每次提取液为10mL。合并3次提取并离心后的上清液于50mL烧杯中，加约1mL磷酸调节pH至2.5±0.1待净化。

（2）净化　C_{18}-SPE小柱的活化：依次使用5mL乙腈，5mL磷酸缓冲液（用磷酸调节pH至2.5±0.1），淋洗活化SPE小柱。所有提取液过柱，整个过程中小柱上液面不能干。全部过完后，抽真空10～15min。用3mL乙腈＋磷酸缓冲液洗脱，收集到试管中，氮气吹干后用1mL乙腈定容。

5. 测定

（1）色谱参考条件

① 色谱柱　4.6mm×250mm，5μm；

② 柱温箱温度　30℃；

③ 进样量　10μL；

④ 检测波长　254nm。

流动相组成见表6-6。

表6-6　流动相组成

时间/min	水（0.2%冰乙酸）的体积分数/%	乙腈的体积分数/%	甲醇的体积分数/%
0.00	80	10	10
14.00	10	45	45
16.00	4	48	48
18.00	80	10	10

可根据不同仪器的特点，对给定参数进行适当调整，以期获得最佳效果。

质谱条件：采用正电子电离方式；扫描范围*m/z* 100～500；碎裂电压为2.75V；喷雾电压为3.5kV；雾化气压力为40psi（1psi=6894.757Pa）；干燥气为氮气，流速为6mL/min；温度为350℃；碰撞气为氦气。9种磺酰脲类除草剂的质谱检测结果见表6-7。

表6-7　9种磺酰脲类除草剂的质谱检测结果

除草剂	分子量	监测离子	保留时间/min
烟嘧磺隆	410.4	411；433；455	10.7
噻吩磺隆	387.4	388；410；432	11.1
甲磺隆	381.4	381.7	11.5
甲嘧磺隆	364.4	365；387；409	11.9
氯磺隆	357.8	358	12.2
胺苯磺隆	410.4	411；433；455	12.4
苄嘧磺隆	410.4	411；433；455	13.9
吡嘧磺隆	414.4	415；437；459	15.0
氯嘧磺隆	414.8	415；437；459	15.3

（2）定性测定　保留时间及质谱提取离子定性。如果此方法不能确证，可以采用将前处理后的样品按照一定倍数浓缩或者增加进样量重新进样的方式。

（3）定量测定　分别吸取10μL混合标准溶液及样品净化液注入色谱仪中，以试样的提取离子峰面积与标准峰对应提取离子峰面积比较，外标法定量。

（4）空白试剂试验　不添加土壤样品按上述步骤进行空白试剂试验。

6. 结果计算

试样中农药的残留量用质量分数w计，单位以mg/kg表示，按式（6-3）计算：

$$w=\frac{\rho_s V_s A_x V_0}{V_x A_s m F} \tag{6-3}$$

式中　ρ_s——标准溶液质量浓度，mg/L；

V_s——标准溶液进样体积，μL；

V_0——试样溶液最终定容体积，mL；

V_x——待测液进样体积，μL；

A_s——标准溶液中农药的峰面积；

A_x——样品溶液中农药的峰面积；

m——试样质量，g；

F——分取体积/提取液体积。

计算结果保留两位有效数字。

在重复性条件下获得的两次独立测试结果的绝对差值不大于这两个测定值的算术平均值的15%，大于这两个测定值的算术平均值的15%情况不应超过5%。

参考文献

[1] 关成宏, 辛明远, 王险峰. 旱田主要作物药害图谱. 北京: 中国农业出版社, 2005.
[2] 马国瑞, 侯勇. 常用植物生长调节剂安全施用指南. 北京: 中国农业出版社, 2008.
[3] 孙家隆, 金静, 张如琴. 植物生长调节剂与杀鼠剂卷. 北京: 化学工业出版社, 2014.
[4] 汪俏梅, 郭得平. 植物激素与蔬菜的生长发育. 北京: 中国农业出版社, 2002.
[5] 陶博. 除草剂安全使用与药害鉴定技术. 北京: 化学工业出版社, 2014.
[6] 崔玉亭. 农药与生态环境保护. 北京: 化学工业出版社, 2000.
[7] 林玉锁. 农药环境污染调查与诊断技术. 北京: 化学工业出版社, 2003.
[8] 李慧明, 赵康. 蔬菜病虫害诊断与防治使用手册. 上海: 上海科学技术出版社, 2012.
[9] 李倩, 柳亦博, 滕葳, 等. 农药残留风险评估与毒理学应用基础. 北京: 化学工业出版社, 2015.
[10] 李倩, 滕葳, 柳琪. 农药使用技术与残留危害风险评估. 北京: 化学工业出版社, 2023.
[11] 李玉浸, 段武德. 农业环境污染事故诊断技术指南. 北京: 化学工业出版社, 2008.
[12] 张国良, 王伟. 农作物环境损害鉴定评估操作实务. 北京: 中国标准出版社, 2019.
[13] 王伟. 农业生态环境及农产品质量安全司法鉴定专论. 北京: 中国法制出版社, 2013.
[14] 刘凤枝. 农业环境监测使用手册　北京: 中国标准出版社, 2001.
[15] 汪兴汉. 蔬菜环境污染控制与安全性生产. 北京: 中国农业出版社, 2004.
[16] 徐映明, 朱文达. 农药问答. 4版. 北京: 化学工业出版社, 2008.